リアリティ番組の社会学

『リアルワールド』、『サバイバー』から『バチェラー』まで

■ダニエル・J・リンデマン 高里ひろ 訳

True Story:
What Reality TV
Says About Us
by Danielle J. Lindemann

Danielle J. Lindemann

ue Story:
hat Reality TV
ys About Us
Danielle J. Lindemann

ue Story:
hat Reality TV
ys About Us
Danielle J. Lindemann

ue Story:
hat Reality TV
ys About Us
Danielle J. Lindemann

ue Story:
hat Reality TV
ys About Us
Danielle J. Lindemann

ue Story:
hat Reality TV
ys About Us
Danielle J. Lindemann

ue Story:
hat Reality TV
ys About Us
Danielle J. Lindemann

ue Story:
hat Reality TV
ys About Us
Danielle J. Lindemann

ue Story:
hat Reality TV
ys About Us
Danielle J. Lindemann

ue Story:

True Story:
What Reality TV
Says About Us
by Danielle J. Lindemann

True Story:
What Reality TV
Says About Us
by Danielle J. Lindemann

True Story:
What Reality TV
Says About Us
by Danielle J. Lindemann

True Story:
What Reality TV
Says About Us
by Danielle J. Lindemann

by Danielle J. Lindemann

True Story:
What Reality TV
Says About Us
by Danielle J. Lindemann

True Story:
What Reality TV
Says About Us
by Danielle J. Lindemann

True Story:
What Reality TV
Says About Us
by Danielle J. Lindemann

True Story:
What Reality TV
Says About Us
by Danielle J. Lindemann

True Story:
What Reality TV
Says About Us
by Danielle J. Lindemann

True Story:
What Reality TV
Says About Us
by Danielle J. Lindemann

True Story:
What Reality TV
Says About Us
by Danielle J. Lindemann

True Story:
What Reality TV
Says About Us
by Danielle J. Lindemann

True Story:
What Reality TV
Says About Us
by Danielle J. Lindemann

青土社

True Story:

True Story:
What Reality TV
Says About Us
by Danielle J. Lindemann

True Story:
What Reality TV
Says About Us
by Danielle J. Lindemann

True Story:
What Reality TV
Says About Us
by Danielle J. Lindemann

True Story:
What Reality TV
Says About Us
by Danielle J. Lindemann

True Story:
What Reality TV
Says About Us
by Danielle J. Lindemann

True Story:
What Reality TV
Says About Us
by Danielle J. Lindemann

True Story:
What Reality TV
Says About Us
by Danielle J. Lindemann

True Story:
What Reality TV
Says About Us
by Danielle J. Lindemann

True Story:
What Reality TV
Says About Us
by Danielle J. Lindemann

by Danielle J. Linde

True Story:
What Realit
Says About
by Danielle J. Linde

True Story:
What Realit
Says About
by Danielle J. Linde

True Story:
What Realit
Says About
by Danielle J. Linde

True Story:
What Realit
Says About
by Danielle J. Linde

True Story:
What Realit
Says About
by Danielle J. Linde

True Story:
What Realit
Says About
by Danielle J. Linde

True Story:
What Realit
Says About
by Danielle J. Linde

True Story:
What Realit
Says About
by Danielle J. Linde

True Story:

リアリティ番組の社会学　目次

フィオナへ

リアリティ番組の社会学

『リアルワールド』、『サバイバー』から『バチェラー』まで

序

リストを二つ作成する。

左のA欄には、あなたがすぐに思いだせる現役の最高裁判所判事の名前を書く。右のB欄には、カーダシアン家の人々の名前を書く。

先日わたしは、「社会学入門」クラスの受講生らにこの演習を課した。二〇〇人近くの学部生のなかで、九人の判事全員の名前を書けたのは三人、そしてB欄よりもA欄の名前が多かったのは一人だけだった。こんな指摘をする目的は生徒たちを槍玉に挙げるためではない。実際、わたし自身、最高裁判所判事全員の名前を思いだすのは難しい。それにカーダシアン家の人々のほうが最高裁判事よりも人数が多いし、増えつづけている（ジェナー家も含めればなおのこと）。しかし一流大学の学生たちが最高裁陪席判事のソニア・ソトマイヨールよりもキム・カーダシアンの子供たちの名前をよく知っているのなら、そろそろリアリティ番組を真剣に考察すべき頃合いだ。

二五年以上前にMTVで放送が始まった『リアル・ワールド（The Real Wrold）』は、リアリティ番組の草分けと言えるだろう。それ以来、このジャンルは爆発的に拡大し、二三〇万人の視聴者が『億万長者と結婚したい人は？（Who Wants to Marry a Multi-Millionaire?）』[1]でダーバ・コンガーとリック・ロックウェルとの結婚を見届け、二〇〇〇年には五一〇万人の視聴者が『サバイバー（Survivor）』[2]シーズン

1の最終回にチャンネルを合わせた。二〇一〇年には『アメリカン・アイドル（American Idol）』が毎回、二五〇〇万人の視聴者を引きつけた。それはミズーリ州、メリーランド州、ウィスコンシン州、ミネソタ州、コロラド州の人口を合わせたのと同じ人数であり、オーストラリアの全人口よりも多い。[3]二〇一七年に合衆国内で放送された人気のテレビ番組上位四〇〇位のうち、一八八はリアリティ番組だった。[4]

リアリティ番組は〝後ろめたい楽しみ〟と言われたり、ひどい場合は〝ゴミ番組〟や〝大惨事テレビ〟と呼ばれたり、テッド・コッペルが公言するように、「文明の終焉」を告げるジャンルだと評されたりもする。[5]現実にはわたしたちの多くがリアリティ番組を視聴しており、[6]目を背けている人々でもその影響からは逃れられない。ある研究によれば、リアリティ番組を視聴しない、またはほとんど観ないという大学生でも、そうした番組の具体的な細部を知っている。[7]身近な例では、わたしが会った人や同僚や友人らもそれを裏付ける。たとえば最近知り合った人が、リアリティ番組は観ないと言ったとする――しかしそのすぐあとで、もちろん『アンナ・ニコール・ショー（The Anna Nicole Show）』とロゴテレビの『ファイア・アイランド（Fire Island）』と『ル・ポールのドラァグ・レース（RuPaul's Drag Race）』全話〝だけ〟は観ていると言い直す。こうした会話はしょっちゅうだ。

しかし本当にまったく観ない人々にとっても、リアリティ番組は文化的日常の一部となっている。コラボ商品、インスタグラムの投稿、宣伝、会話の一部、台本のあるメディアでの言及、ニュースや政治との接点等、避けようのない断片という形でわたしたちのところに届く。それらはわたしたちの個人的現実（パーソナル・リアリティ）に入りこみ、教養ある消費者や、番組に批判的な人々でさえ、激昂してテーブルをひっくり返すニュージャージーの専業主婦〔『リアル・ハウスワイフ・インニュージャージー（The Real Housewives of New Jersey）』のテリサ〕や、人差し指を立て、ひと言ひと言区切るように「お前は、クビだ！」と言う男〔『アプレンティス（The Apprentice）』におけるドナルド・トランプ〕への何がしかのイメージをもっている。

なぜリアリティ番組が重要なのか？

リアリティ番組はばかにされることの多い娯楽のひとつで、日々の生活という真剣な問題とくらべればどうでもいいものだと思われがちだが、実はわたしたちの日常の経験に光を当てるポップカルチャー的試金石であり、複雑な社会的力学を理解する助けにもなる。たしかにこのジャンルはびっくりハウス〔遊園地などにある、錯覚を楽しむ体験型アトラクション〕のゆがんだ鏡のようなものではあるが、その鏡はわたしたちの社会という世界の輪郭を強力に映しだしている。集団的嗜好、規範、タブー、社会的不平等といった、わたしたちの行動様式の中核を成す要素をさらけ出し、ありえないほどの細部にいたるまでわたしたちに見せつけてくる。

ポップカルチャーがわたしたち自身のことを教えてくれるという考えは、何も新しいことではない。メディア研究者たちは以前から、テレビはわたしたちの文化的価値観を反映していると指摘している。[8]テレビはどの媒体にも増してわたしたちの集合的な語り部だということだ。[9]人々の好みによって形づくられているのはほかの形態のメディアも同じだが、主流のテレビ番組は社会の幅広い人々の心に訴えるものでなければ打ち切りの憂き目にあう。つまりその内容は、もっとも広範な社会的パターンと価値観を示している。[10]

そしてリアリティ番組は、そうしたパターンをさらけ出すのにとりわけ適している。[11]なぜなら明白な台本がないリアリティ番組におけるドラマ、陰謀、対立は、互いに似ていない人々を配役することにかかっており、そうすることで社会を構成している者たちのさまざまなカテゴリーをあらわにするからだ。このことは、人種、階級、性別、セクシュアリティの不平等という広範な問題に取り組んだ『リアル・ワールド』の最初のシーズンから顕著だった。またこのジャンルが映し出す文化的な矛盾も人を引きつける。たとえばアーミッシュの人々がタイムズスクエアをぶらついたり、スヌープ・ドッグとマーサ・スチュワートがいっしょに夕食をつくったり、裕福な女性たちがグッチのバッグで殴りあったり。そうした普通ではない組み合わせが、実生活における格差や緊張を増幅して見せる。

リアリティ番組というジャンルは、生活のなかに目立たない形で存在する社会的力学をわたしたちに突きつける。ジェンダー理論家のジュディス・バトラーは、ドラァグ・クイーンが誇張した形でジェンダーを主張することで、わたしたちが当然視しているジェンダー規範がさらけ出されると述べた。[12]同様に、日常の状況の極端な例を見せることによって、リアリティ番組はわたしたちの文化的景観の輪郭を目立たせる。たとえば『リアル・ハウスワイフ in アトランタ（The Real Housewives of Atlanta）』『ハニー・ブー・ブーがやってくる（Here Comes Honey Boo Boo）』は、観ていて楽しいだけではなく、その誇張された戯画をとおして、わたしたちが自然で固定されたものだと思いこんでいる人種や階級の社会的な虚構を明らかにしていく。

道化じみた人物と極端な場面に焦点を合わせるリアリティ番組がわたしたちの普通の生活に関して多

くを教えてくれるというのは、一見、直感に反していると感じられるだろう。だが学者たちは昔から、極端な事例を観察することで社会の基本的な特徴を学べると主張している。[13] リアリティ番組の参加者を文化的な余興にしているのと同じふるまいは、一般の人々の文化のなかにも広まっている。参加者たちは、たとえばわたしたちの物質主義や、身体に対するこだわりや、わが子を自分のイメージに合わせて育てようとする熱意などをことさら大げさに具現化した存在なのだ。リアリティ番組の参加者たちは、テレビのなかで進んで昆虫を食べたり妊娠検査をしたりするような人々だが、彼らはわたしたちのパロディーなのだ。彼らは平凡であることから顰蹙を買う存在までの曖昧な空間のどこかに存在し、それはわたしたちも全員同じだということを示している。

リアリティ番組というジャンルは、そうした興味深い人々を出演させて、これまで台本のある番組がそっとしておいた石をひっくり返す。社交界に初めて出る娘から世界滅亡に備える生存主義者まで、専業主婦からゴミ屋敷の住人まで、リアリティ番組は社会の中央だけでなく隅々までサーチライトで照らす。その範囲もすべてを包括するわけではないが、何が不在かということでさえ、わたしたちが文化としてどの種類の人々に正統性を与えているかを理解する手掛かりになる。

最後に、リアリティ番組を理解することが重要なのは、それを視聴することは受動的な経験ではないからだ。それはわたしたちを変化させる。それらの番組で扱われる題材と、人々が実生活で考えたり行動したりすることとは直接的につながっている。コッペルの「文明の終焉」という言葉でも明らかなように、このジャンルは長年、わたしたちの文化的不安の原因だった。一部の研究によれば、この懸念には根拠があるのかもしれない。たとえばある実験において、減量番組の『激痩せ一番を目指せ（The

Biggest Loser)』の一話分を見せられた被験者は、自然番組を見せられた被験者とくらべて、太り過ぎの人に対する嫌悪が増大した。[14] しかしそうしたリアリティ番組がより建設的な結果を生むということもある。〈アメリカン・エコノミック・レビュー〉に掲載された別の研究では、『16歳での妊娠～16 & Pregnant～（16 & Pregnant）』によって一〇代の出産が減少したことを示す有力な証拠が見つかった。[15]
リアリティ番組を理解するのが重要なのは、それがわたしたち自身について教えてくれるだけではなく、わたしたち自身に影響を与えているからでもある。そうした番組を視聴するという経験は、鏡をのぞきこむのと同じで、相互に作用する。わたしたちはそこに自分自身を見て、それに従って自分自身を整える。

それはどこからやってきて、どんなものなのか

リアリティ番組がわたしたちについて何を教えてくれるのか、その核心に入る前に、このジャンルがどうやって生まれ、その境界はどこにあるのかを明確にするのは重要だ。ところが残念なことに、「リアリティ番組とは何か?」「どこからやってきたのか?」という問いへの答えはおそらく、もどかしいほど曖昧なものになるだろう。〝リアリティ番組〟は社会的に構築されたものであり、本書の各所で示されるとおり、あらゆる社会的構築物と同じく、つかみにくい。

リアリティ番組がいつ、どこで始まったのかについても、定かではない。一部のメディア歴史学者はその始まりを一九五〇年代のクイズ番組や六〇年代に流行った恋愛系ゲーム番組（たとえばABCの『デーティング・ゲーム（The Dating Game）』や『新婚ゲーム（The Newlywed Game）』）だと考えている。

（リアリティ番組はそれよりもさらに古いドキュメンタリーに属するとする学者もいるが、他方でリアリティ番組とドキュメンタリーはまったくの別物だとする向きもある）[16]。重要な先輩に、『クイーン・フォー・ア・デイ（Queen for a Day）』（一九五六―一九六〇）がある。この番組では女性参加者の誰がいちばんお涙頂戴の話をするかを競い、拍手の多寡で順位が決まり、優勝者は新品の冷蔵庫から補聴器までの中からひとつの商品を受け取る。同時代の『どっきりカメラ（Candid Camera）』（隠しカメラ撮影によるバラエティ番組）も重要なプレーヤーだ。当初はCBSで放送され、驚くほどの長寿番組となり、二〇一四年までさまざまな形式で断続的に放送が続いた。また、ラウドLoudという苗字の家族の崩壊を記録したPBSのドキュメンタリー番組『あるアメリカの家族（An American Family）』にも、最初のリアリティ番組の称号を争う資格はじゅうぶんにある。しかし現在のわたしたちが知るリアリティ番組の特徴の多く――たとえばカメラだらけの家や、番組の〝連続性〟や、キャスティング・プロデューサーの「対立や劇的な物語の展開をあおるという狙い」等――が現われたのは、『リアル・ワールド』からだ[17]。ジャンルの始発点を特定しようとするのは無益なことで、言うまでもなく、リアリティ番組は晴れた日に突然発生した嵐ではない。それは、しばらく前から時間をかけて醸成された。

リアリティ番組というジャンルの登場が厳密にはいつだったのかについては議論があるが、二〇〇〇年に初回が放送された『サバイバー』がすべてを変えたということには、ほとんどの人が同意するだろう[18]。文字どおり弧島で、参加者たちがさまざまな競技で競い合い、脱落者を投票で選ぶという企画は、当初はなかなか売れなかった。CBSとの契約が決まったのは、ブランド統合の可能性が理由だった[19]。『サバイバー』は放送前に広告収入によって製作費の元が取れ、リアリティ番組がいかにドル箱となりうるかの最初の兆候となった。[20] それから二〇年ほどたった今、番組の参加者たちはいまだにチームの審議会に集まり、同盟を結ぶ。行儀の良さはないかもしれないが、利益と視聴率について言えば、リアリティ番組のジャンルはポップカルチャーの影から出て、表舞台に立ったと言える。[21]

『サバイバー』のエグゼクティブ・プロデューサーのマーク・バーネットは確実に利益を出すひな型を手に入れた。だがジャンルの成功はすべて彼のおかげだと言うことはできない。と言うのも、バーネットはまさにリアリティ番組さながらに、『サバイバー』の形式を三年前にスウェーデンで放送された『ロビンソンの冒険（Expedition Robinson）』から再利用したからだ。当時リアリティ番組の人気が出たのには、さまざまな歴史的要因があった。ケーブルテレビが完全に定着したために、三大ネットワーク〔NBC、CBS、ABC〕のテレビ局の広告収入が減少し、有名な俳優たちの出演料が高騰する中で、リアリティ番組は抱き合わせのプロモーションをおこないながら製作費を比較的抑えることが可能だった。そうした番組のプロデューサーたちは参加者や脚本家やスタッフに組合規定の報酬を支払ったり健康保険に加入させたりする必要がなかった。[22] 高価な音響舞台をつくる必要もなかった。[23] 比較的安価な手持ちカメラなどの技術的な進歩が、リアリティ番組の制作を容易にした。いわゆる〝フィンシン〟(Financial Interest and Syndication) ルール〔三大ネットワークの独占的影響力を排除することをねらって連邦通信委員会が導入した規制〕が一九九〇年代半ばに廃止されたことにより、ネットワーク以外のローカルテレビ局に対して番組放送権を販売する権利が大手テレビネットワークに戻ったことも、リアリティ番組にとっては大きな後押しとなった。要するに、フィンシン・ルールの廃止は、たとえ視聴率や評価では台本のある番組には及ばなくても、制作費の安いリアリティ番組を三大ネットワークが放送する誘因となった。[24]

さらに二〇〇七年後半以降、〈全米脚本家組合〉がおこなった一〇〇日間のストライキによって台本のある番組が中断され、三大ネットワークはコンテンツを奪い合った。このときリアリティ番組に光が当たった。脚本家らのストライキはリアリティ番組というジャンルが爆発的に増える原因ではなかったが、きっかけであったことは間違いない。二〇〇七年から二〇〇八年のテレビシーズンで、放送が開始したり再開したりしたリアリティ番組は一〇〇以上にのぼる。[25]

新たな市場への急拡散でリアリティ番組は新境地を開き、さまざまな姿をとり、その境界を曖昧にした。[26]それでも、何がリアリティ番組なのかを絞りこむことは可能だ。

たいていの場合、俳優ではない人々（ただし再現映像では俳優をつかうこともある）が参加し、（何らかの〝台本進行〟が実際にあるかどうかにかかわらず）現実（リアル）であると主張するが、番組のおもなねらいは情報伝達ではなく娯楽だ。[27]そして大事なのは、リアリティ番組のほとんどが、『リアル・ワールド』で開拓された要素を再利用しているということだ。具体的には、〝トーキングヘッド〔話しをする人物の顔または上半身を撮影した映像〕〟、〝デスティモニアル〟、または〝ＩＴＭ〔"In the moment"〕〟などと呼ばれる技法で、参加者は番組内でのできごとについてインタビューを受ける。リアリティ番組の定義には、競争系番組、デート番組、ドキュソープ〔メロドラマを想起させる恋愛模様に焦点をあてたリアリティ番組〕、変身／セルフヘルプ番組、独特なサブカルチャーやライフスタイルを紹介する番組、犯罪とそれに対する司法の番組、セレブリティ番組、さらに上記各種のセレブリティ版の番組等、さまざまなサブジャンルが包含される。これらの包括的カテゴリーでは、一部の境界線上の番組が入らないかもしれないし、いくつかの番組は複数のカテゴリーにまたがっている。やはりつかみにくい。

なぜ観るのか

なぜリアリティ番組がどんどんつくられるのか、その理由はわかっている。比較的短期間で安価に制作可能で、ドル箱になる可能性もあるからだ。番組提供側にすれば、考えるまでもない。しかし、なぜわたしたち視聴者は、リアリティ番組を観つづけているのだろうか?

研究によれば、人々はリアリティ番組から複数の〝満足〟を得ているという。そのひとつが、のぞきの快感だ。[28] わたしたちは、人々が無防備でいるところを観るのを楽しみ、好奇心をそそられる。この先に大惨事が待っていると思われる場合はなおさらだ。[29] 逆説的ではあるが、リアリティ番組を観るのは冷ややかな目で見られることであるにもかかわらず、人々は社会的つながりを求めてそれを観ている。[30] このつながりは、ファンたちが視聴パーティーをしたり、番組の展開について友人とチャットしたり、他人とでも話し合ったりすることで発生する。またそれはオンラインや、インタラクティブなウェブサイトや、ソーシャルメディアの書き込みや伝言板でも起きている。[31]

わたしたちが観るものはほかにもある。だがリアリティ番組というジャンル特有の魅力として、現実の人々が現世界の刺激に反応するということがあり、視聴者であるわたしたちに参加者の身になって考えることを促すというものがある。(わたしだったら、ベッキーが陰口を叩いていることをシャノンに言うだろうか? バーベキューチャレンジでわたしならどのタンパク質を選ぶだろう?)リアリティ番組は、台本のある番組とは違って視聴者を運転席に座らせる。本編でも論じるが、これはリアリティ番組のマルチ・プラットフォーム・アプローチと関係している。視聴者は、さまざまな形態の消費やソーシャルメディアにおけるスターたちとの関わりをとおして番組に参加し、ときには文字どおり投票によって結果をも左右する。驚くべきことではないのだろうが、リアリティ番組の視聴者は、非視聴者よりもソーシャルネットワークに費やす時間が多く、また熱心に利用しているということが調査で判明した。[32]

リアリティ番組の基本である番組の登場人物たちの原型も、彼らとのつながりを感じさせるのに一役買う。[33]『リアル・ワールド』にまで遡る、明白な社会的カテゴリーに分類されることがひと目でわかるさまざまな人物たちは、リアリティ番組の背骨を形づくってきた。たとえば、『バチェラー(The Bachelor)』の元プロデューサーはジャーナリストのエイミー・カウフマンに以下のように語っている。「わたしたちは参加者が到着する前に彼らについていやっていうほど研究した。……全員を事前に分類し、彼らがどんな人間かをひと言で表現するあだ名をつける。ママ。南部美人。チアリーダー。ビッチ。そういうばかげた名前で呼んでいた。太っちょ、セクシー娘、泣き虫もいた」[34] さらに、本書で考察するとおり、こうした原型をつくりだすのは制作者だけではない。参加者自身も、そうした明白なカテゴリーにしがみつき、それに沿ったふるまいをする。[35]

わたしたち視聴者もそれに同調する。精神医学の研究によって、視聴者がテレビの登場人物とのあいだに〝傍社会的関係〟、すなわち対面の関係に準ずる関係を築く仕組みが解明されている。視聴者は、自分の知人に似ているテレビ出演者にはとくにつながりを感じる。[36] また、こうした〝関係〟は、リアリティ番組の登場人物とのあいだでより成立しやすい。[37]

リアリティ番組以外の娯楽でも人々は明白な性格類型に自分を重ねあわせているという意見もあり、

それは正しい。女の子が『若草物語』を読み、自分は〝ジョー〟だと思い込んだり、女性が『セックス・アンド・ザ・シティ（Sex and the City）』を観て自分を〝サマンサ〟だと思ったところ、友だちからあなたは（強いて言うなら）〝ミランダ〟だ、同じようなことをしているでしょうと言われたりする。しかしリアリティ番組の場合、表向きはその人自身である誰かに反応しているという点が違う。それと同様に、ある研究によれば、リアリティ番組を視聴する人々はとくに番組の要素を自分の生活上のことに結びつける傾向があり、〝自己言及的な過度の真正性〟をつくりだす。[38] つまり、視聴者は自分の経歴とスターの経歴、自分の性格とスターの性格を結びつけ、番組中で起きる憧れの想像上の状況に自分を置いてみたりする。たとえば、自分が〝あか抜けた人〟の立場だったらと想像するだけではなく、イタリアのトスカーナの空に浮かぶ熱気球のなかで、男性二人が競いあって求婚する〝あか抜けた人〟であったら、と想像するのだ。登場人物と自分を重ねるだけでなく、その人物が置かれるドラマティックな状況について熱心に想像する。そのためには、台本なんてものがないほうが明らかにやりやすい。

実際、リアリティ番組のスターたちの多くは、視聴者が彼らをとくに身近に感じているという事実を利用し、想像上のつながりを自分たちの収入源にしている。『サバイバー』を見ればわかるが、リアリティ番組は〝アドバテインメント〔広告（アドバタイズメント）と娯楽（エンターテイメント）の合成語〕〟、つまり〝広告と娯楽番組の融合〟が盛んな場だ。[39] メディア学者であるジューン・ディーリィは、リアリティ番組は「商業的な意図を埋めこむことを標準化する」と説明している。[40] その〝商業的な意図〟は画面の外にこぼれ出し、授賞式番組へのスターの出演、ブックツアー、ツイッターの書き込みなどで見ることができる。折にふれ、たとえば二〇一七年、ケンダル・ジェンナーが〈ファイア・フェスティバル〉〔詐欺的なマーケティング手法によって企画された音楽フェス。大失敗に終わった〕を宣伝するインスタグラムの投稿ひとつにつき、どうやら二五万ドルを受けとっていたと報じられたときなどに、よりあからさまになる。[41]〈ファイア・フェスティバル〉はあまりにも大規模なスキャンダルだったので、ドキュメンタリー映画二本の制作および複数の訴訟につながった。そうした推薦をおこなっているリアリティ番組のスターは、カーダシアン／ジェンナー家の人々だけではないが、彼らは間違いなくもっとも成功している。たとえば『バチェラー』の過去の出演者には、このようなスポンサード‐コンテンツ、略して〝スポンコン〟で生計を立てている人間もいる。[42]タブロイド紙業界も、リアリティ番組と持ちつ持たれつの関係だ。〈OK!〉や〈USウィークリー〉の紙面はリアリティ番組のスターたちで占められている。リアリティ番組とその参加者たちは、「ほぼすべての社会的交流は結局のところ売り込み、後援、脚色だ」という考えの強化に手を貸している、とディーリィは指摘する。[43]もしあなたがフェイスブックで、高校時代の友人からつきあいの再開を求めるメッセージを受けとり、最終的にレギンスやグリーンスムージーを売りつけられそうになったことがあれば、この考え方にピンとくるだろう。

リアリティ番組はカウチポテトのお供だ。わたしたち視聴者の多くがそれに引きつけられるのは、自分の脳のスイッチをオフにして、わたしたちをくつろがせ、麻痺させるコンテンツの波に身を任せられるからだ。だが、逆説的に、わたしたちはある意味では、リアリティ番組を台本のある番組よりもより能動的に消費している。その登場人物たちはしばしば、わたしたちが普段遭遇するよりもおもしろい状況に置かれた、より肥大した自分自身となる。視聴者はその興味深い人々の生活をのぞきたくなる。そして彼らと自分たちの類似性が、わたしたちを釘づけにする。わたしたちはのぞく側だが、わたしたちをこのフリークショーに引きつけているのは、わたしたち自身なのだ。

本書では……

リアリティ番組というジャンルから、わたしたちの社会的世界について学べるとする理由のひとつは、そこには〝誇張した〟自分たちがいるからだ。わたしたち自身の戯画の輪郭をたどることで、社会がわたしたちに及ぼす力を――わたしたちが社会的ヒエラルキーから生じる信念に基づいてどのように行動し、確立しているヒエラルキーをどのように強化しているのかを――より深く理解できる。

そして皮肉なことに、極端な人物やありえない設定にもかかわらず、リアリティ番組はわたしたちがいかに退行的であるかを反映している。それは、私たちがいかに硬直したやり方(それは歴史がしつこく誘導してきたことの反映である)で社会的世界を理解しがちであるかを示している。テレビ画面にはびこる、ノリノリのパーティー参加者たちや三歳の美人コンテスト優勝者は、わたしたちが――人種やジェンダーについてどう考えるかから、表現はどこまで認められるかまで、あらゆることに対して――いかに保守的であるかの証拠だ。ここで言う〝保守的〟は、保守政治の保守を意味しない。もっとも、わたしが論じる保守主義がそうした政治的価値観と合致することはある。わたしは〝保守主義〟を、世界を狭く揺るぎないものとしてとらえる考え方という意味で使い、そうした解釈が比較的現代のものか、あるいは歴史に基づいているかどうかにはかかわらない。(本書で見ていくとおり、わたしたちは前者を後者と同じものとすることもある――たとえば、比較的新しい母性についての考えを〝伝統的〟だとする場合。)

カーニバル的な側面はあれど、リアリティ番組は、誰、そして何が正統であり〝現実である〟のかについての単純過ぎる集団的概念にわたしたちがいかに固執しているかということを映し出している。リアリティ番組は、基本的で、生物学的で、不動のものだと人々が思い込んでいるカテゴリーや意味にスポットライトを当てる。ところが、そうすることによってリアリティ番組は、わたしたちにそうした思い込みを疑わせ、〝本当で〟〝普通で〟〝健康的で〟〝正統で〟〝良い〟と思っているものが社会的に構築されたものであるという本質をあらわにする。それは〝現実の〟結婚とは何かといったことから、どのパンツを買うべきかといったことまで多岐にわたる。リアリティ番組はわたしたちの保守的な現実をあらわにし、同時に現実そのものが社会的フィクションであることを暴露する。

誤解のないように言っておくと、わたしたちの日常の多くは社会的な産物だという指摘は、それが重要ではないということではなく、むしろ反対だ。それらのフィクションはきわめて決定的なやり方でわたしたちの世界の経験を形づくっている。社会学者のW・I・トマスとドロシー・スウェイン・トマスも、「もし、人がある状況を現実（リアル）だと決めたら、その結果も現実（リアル）なのだ」と指摘している[44]。わたしたちが世界を整理するために使うカテゴリーの多くは、社会的につくり出されたという点で〝非現実〟であり、同時にわたしたちの生活への影響という点で〝現実（リアル）〟だ。本書で取り扱う番組は、ある意味では度を超えているように見えるが、こうした非現実の現実について多くのことを教えてくれる。

本書の二部構成になった二つの部分には、ゆるやかに異なる、だが重なる目的がある。第一部（一章から五章）では、社会学のレンズをとおしてこうした番組を観る方法の基礎を定める。第二部（六章から十章）では、その基礎を足場として論を発展させる。わたしたちが社会学によって見せられる世界は、見慣れた場所かもしれない。社会学は新たな知見をもたらすものだが、その意義のひとつにはわたしたちがすでに薄々感じていたことを確認することがある。そのため、本書でも同じことを感じるだろう。本書の一部は、驚きをもたらし、読者がこれまで気づかなかった社会の要素をさらけ出して、リアリティ番組だけでなく、自分の人生も新たな視点で見られるようにするかもしれない。一部の結論――たとえば、家族はいまも人々にとって重要だとか、階級制度は生活のすべてを形づくっているとか――も同じく重要ではあるが、驚きはそれほどないかもしれない。意外なのは、しばしば常軌を逸するそれらの番組が、わたしたちの退行的な価値観を照らし出していることだ。たとえば、一夫多妻主義者の女性がなりすましのアカウントにだまされて、誘惑するようにバナナを舐めている写真を送ったエピソードは、わたしたちがいかに家族を硬直的にとらえているかを明らかにする。ある意味で、常軌を逸した設定――姉妹が妻、結婚するための競争、孤島での〝生き残り〟――のリアリティ番組は、テレビのもっともまともなコンテンツなのだろう。

本書では幅広く番組を扱う。その一部はたとえて言うと文化的な高波であり、それ以外は基本的にケーブルテレビのさざ波で、一、二シーズン放送されただけで消えていく。『自分が妊娠してるなんて知らなかった（I Didn't Know I Was Pregnant）』や『わたしの奇妙な依存（My Strange Addiction）』は、『リアル・ワールド』や『サバイバー』ほどの文化的な影響力はなかった。本書で取りあげる番組はそれぞれの目的と対象とする視聴者がいて、その一部はより〝芸術的〟だ。

しかしすべての番組が、わたしたち自身について何かを教えてくれる。

各章でわたしは、主流寄りの番組と非主流の番組のバランスをとっている。後者を扱うのが重要なのは、そうした番組はしばしば極度に常軌を逸していると同時に極度に退行的だからだ。それに非主流の番組には、わたしたちをカビくさい使い古した考えから解放してくれる大きな潜在力がある。ゲイのための『バチェラー』が生まれることはないかもしれないが、ケーブルテレビ局のさほど視聴率の高くない番組は数十年前からクィアの可能性を視聴者に提供しつづけている。リアリティ番組は、わたしたちの足が過去という泥にはまっていることを確かめながら、そうである必要はないということを示すこともできる。

本書ではまず社会の最小単位から始めて、徐々にレンズを広げ、より大きな社会構造にも目を向けていく。各章はリアリティ番組が明らかにする社会的テーマや原則に焦点をあてる。たとえば自己、カップル、集団、家族、子供時代、階級、人種、ジェンダー、セクシュアリティ、逸脱。同時に、そうしたカテゴリーがどのように関連し合っているかにも注目する。その他——経済、教育、移民、大量消費主義、スポーツ等——の社会的テーマも、本書に登場する。さまざまな学者とその理論も重要な役者として登場する。そしてわたしたち一人ひとりから始まり、広がり、全員を包みこみ、個人としてまた集団としての——さらに国としての——物語を語る。

本書に書かれていないこと

〝リアリティ番組〟の不完全な定義を念頭に置くとしても、ある種の番組は今後の章には登場しない。リアリティ番組は世界的現象だが、本書はアメリカで制作された番組に焦点をあてる。〝犯罪ドキュメンタリー〟タイプの番組にも少しは言及するが、本書ではコートTV〔アメリカで、裁判所の裁判を専門に放送するケーブルテレビ〕と、『Making a Murderer ～殺人者への道～（Making a Murderer）』（ネットフリックス、二〇一五年、二〇一八年）で人気に火が点いた、数回にわたってひとつの事件を追う〝実際にあった犯罪〟ドキュメンタリー番組は取り扱わない。また本書には、ニュース番組、ドキュメンタリー、トークショー（社会学者がすでに分析している）[45]、スポーツ、『ホイール・オブ・フォーチュン（Wheel of Fortune）』のような伝統的形式のゲーム番組はほとんど出てこない。『サバイバー』のようなドキュメンタリー形式のゲーム番組は別だ。本書はこれまでに制作されたあらゆるリアリティ番組を論じるものではないが（『とんでもなく太った不愉快な上司！（Big Fat Obnoxious Boss!）』は出てこない）、先にあげたほとんどすべてのサブジャンルについて論じる。

最後に、本書では、プロデューサーの介入、台本、演出、編集の多寡によって番組を区別することはしていない。〝現実（リアル）〟という社会的構築は本書の大きなテーマではあるが、番組そのものが〝本当に現実〟なのか、それは何を意味するのかという厄介な論点を解決するものではない。人間によって文化的産物として形づくられたものが、純粋な現実を提供することはありえない。リアリティ番組には特定の参加者が選ばれる。彼らはしばしば人工的な極限の環境に放りこまれる。そして彼らを写した映像はカットされたり再構成されたりする。別々の会話を継ぎ接ぎして〝物語〟をつくる、〝フランケンバイティング〟というプロセスだ。[46]シーンの台本があるとか、参加者がシーンの再演を求められるとか、つくられたストーリー展開が存在するといった噂は、『The Hills～カリフォルニア・ガールのライフスタイル～（The Hill）』をはじめとするいくつかの番組にずっとつきまとっている。[47]そしてプロデューサーによる介入の問題もある。たとえば『バチェラー』の参加者たちは、身体的な孤立、あらゆる娯楽の剥奪、巧みなインタビュー術、アルコールの常時供給等によって心理的に操られている。[48]

だがリアリティ番組を観るのに、それが一〇〇パーセント純粋な現実であると信じる必要はないし、ましてや好きになる必要もない――もっとも現実だと信じることでより楽しく観られるということは、ある研究で示されている。[49] また、番組には台本がいっさい存在せず、自発的なものだと信じこまなくても、リアリティ番組を分解し、埃を払い、かけらを分析することでわたしたちについて何か重要なことを知ることは可能だ。そして実際、それらのリアリティ番組は、わたしたちの日常的な交流や、世渡りに影響を与える社会構造や文化的理解などをテーマとして取り上げている。リアリティ番組には、ドアを大きく開き、わたしたちの日常生活すべてを形づくっているおもな動力回路を明らかにする力がある。

免責事項：わたしはファンだ

『リアル・ワールド』の最初の回が放送されたとき、わたしは一二歳の誕生日を迎える三日前だった。わたしは放送開始に気づかなかったので、当時は視聴しなかったが、同番組はわたしの子供時代後期の背景に薄布のようにかかっていた。わたしが番組に興味をもったのは、ロンドンを舞台にしたシーズン4のときだった。高校一年生で、うちがケーブルテレビに加入したばかりで、わたしはそれに夢中になった。興味深いことに、『リアル・ワールド』の共同制作者であるジョナサン・マレーはそのシーズンを失敗のひとつにあげている。そのシーズンがあまりにも退屈だったため、プロデューサーは次のシーズンから、ルームメイトが暮らす部屋のテレビを撤去して、参加者たちに共同の仕事やプロジェクトを与えた。[50] たぶんそのせいで、『ロンドン』編は再放送されることがほとんどないが、わたしはキャットとニールの性的緊張関係やジェイの脚本家を志望するところなど、好きなところをたくさん見つけた。よく夜更かしして、宿題そっちのけで、VHSテープに録画した番組をときどき停止したり巻き戻したりしながら、食い入るように観ていた。

そうした番組はわたしの旧友となり、自分の人生の主な転機や曲がり角についてきた。最初に『リアル・ワールド』に出会ったとき、わたしはつらい思いをしていた。番組は奇妙な慰めだった。大学を卒業してニューヨークに移り住み、わたしは毎週友だちと集まって『アメリカズ・ネクスト・トップ・モデル（America's Next Top Model）』でカーレンとナイマがにらみ合うのを観ていた。番組は大人としてどのように世の中を渡っていけばいいのかというわたしたちの不安をやわらげてくれた。『リアル・ハウスワイフ in オレンジ・カウンティ（Real Housewives of Orange County）』を見つけた時、わたしは恋人と別れた直後だった。同居していたアパートメントから出たばかりのわたしに必要なのは、偽の賞を受けとるためにステージから落っこちるヴィッキー・ガンヴァルソンだった（彼女にけがはなかった）。大学院では、別の院生とふたりでひそかに『The Hills～カリフォルニア・ガールのライフスタイル～』のスペイディとジャスティン・ボビーの低俗な満足感に浸り、それから長時間にわたる死ぬほど退屈な評論の世界に戻った。二回目の流産のあと、わたしはYouTubeで、ロックバンドのドラマーと美女コンテスト優勝者の夫妻に密着したMTVの『バーカー一家をよろしく（Meet the Barkers）』に出会い、数日間、彼らの自由な軽薄さに釘付けになった。

わたしがリアリティ番組の多くに出会ったのは、人生のどん底や厳しいプレッシャーを受けていた時だったが、そういう経験はわたしだけに限らない。元ファーストレディのミシェル・オバマ氏は自伝で、夫の選挙のストレスを緩和するためにそういう番組を観ていたと述べている。「忙しい一日を終えたあとは、若い夫婦がナッシュヴィルで理想のマイホームを見つけたり、もうすぐ花嫁になる女性がドレスを決めたりする様子を観るのが最高だ[51]」それに関連して、宗教学者のキャスリン・ロフトンは、リアリティ番組を一気観(いっきみ)することは〝瞑想的な〟行動と見なされるのだろうかと、問いかけている。[52]実際、リアリティ番組の一気観は、少なくもわたしにとっては、一種の麻酔効果がある。

ここではっきり言っておく。わたしはファンだ。いくつかのリアリティ番組に感情的な愛着がある。その番組が視界に入るたびに、生まれ育った慣れ親しんだ家にいるような気がする。夜中に目が醒めると、『リアル・ワールド・サンフランシスコ』のパムとジャッドは今でもいっしょにいるのだろうかと考えたりする人間だ(ふたりは今でもいっしょにいる! 子供もふたり!)。自分の結婚の誓いでは『プロジェクト・ランウェイ(Project Runway)』や『BADガールズ・クラブ〜クレイジーな集団生活〜(Bad Girls Club)』の両方に感謝を捧げた。このようにわたしはリアリティ番組好きだが、本書はリアリティ番組へのラブレターではない。番組の多くに深刻な問題があるのもわかっているが、本書は非難の書でもない。ゲオルク・ジンメルが一九〇三年に書いたように、社会学者の仕事は「文句を言ったり大目に見たりすることではなく、理解することだ[53]」。本書はむしろ、社会学への――しばしば低俗、軽薄、何のためにもならないと酷評されるポップカルチャーが、わたしたち自身の社会的世界を生き生きと照らし出すその力への――ラブレターだ。

現在、リアリティ番組は遍在し、参加者の一部は文化の象徴になっているので、リアリティ番組というジャンルが〝後ろめたい楽しみ〟から昇格して正統性のお墨付きを得たのではないかと、つい考えそうになる。しかし遍在は社会的受容と同じではない。リアリティ番組を題材にして教え、本を書いている者として、またそれについて話したくてたまらないファンとして、わたしはリアリティ番組がいまなおスティグマ（汚名の烙印）を押されていることをよくわかっている。たしかに、わたしの周りには学者が多く、学者は一般人よりもそうしたものを認めない人々だ。しかしツタで覆われた学舎から親戚の集まりまで、郵便局の順番待ちの列から新学期保護者懇談会まで、社会的な状況のどこででも、リアリティ番組に対する嫌悪が消えるところまではいっていないのがわかる。たとえば子供の誕生日パーティーで、わたしはある父親と、本書のテーマについて話した。彼は興奮した様子で妻を呼び、『バチェラー』の大ファンだと紹介した。「ええ、でも誰にも知られていないのよ」彼女は顔を赤らめて動揺し、早口で言った。その後彼女とは何度も話す機会があったが、わたしたちは二度とリアリティ番組については話さなかった。そういうことは、よくある。

本書で見ていくとおり、リアリティ番組に関して言えば、その受容にはヒエラルキーがある。参加者が叫ぶような衝突によって進行する番組から、国中の歯科医の待合室で映されている、HGTV〔家庭のことに特化した有料チャンネル〕の無難な家のリフォーム番組まで。リアリティ番組は、ある種の社会的集団（たとえば大学教授）にとっては、ほかの集団（たとえば生徒たち）とくらべて、〝より後ろめたい〟ものだ。それでも、わたしの勘では、現在も多くの人々——何も考えずにアメフトのゲームや『フレンズ（Friends）』の再放送にチャンネルを合わせる人々——が、ジムでエリプティカルマシンをこぎながら『カーダシアン家のお騒がせセレブライフ（Keeping Up With the Kardasians）』の再放送にチャンネルを合わせるのは恥ずかしいと感じている。

わたしの勘に頼る必要もない。ある研究によれば、『リアル・ワールド』の参加者たちがニューヨークのロフトアパートメントに集められてからこれほどの年月がたった今でも、リアリティ番組はすごく人気だが、いかがわしさのにおいからは逃れられない。いまだに〝後ろめたい楽しみ〟であり、視聴者はチャンネルを合わせることに多少の良心の呵責を覚えている。[54] そして、『ティーン・マム〜ママ一年生〜（Teen Mom OG）』を一気に全シーズン観ることは、チョコレートチップクッキーひと袋を一気食いすることと同じことであり、恥ずべきことだ（この二つは完全に仮定の例であり、わたし自身の生活からとったわけではない）。それでも、リアリティ番組というジャンルに栄養価がないわけではない。数百万人の人々が視聴し、誰でも知っていて、人々が互いに打ち解けるための文化的な符丁を生み出す。リアリティ番組の参加者たちはしばしば低俗で、変わっていて、ふしだらで、だらしなく、暴力的で、極端だと言われる。同時に、わたしたちがリアリティ番組を観るのをやめられない理由のひとつが、画面に自分自身のイメージを垣間見ているからだ。このジャンルをばかばかしいと考える人々が、リアリティ番組のホストを大統領にするなどということを可能にしたのは、まさにこの二面性だった。

誰もが認識しているが話したがらない問題と言えば、ドナルド・トランプの選挙戦とその結果としての大統領職では、しばしばリアリティ番組の隠喩や慣習、とくに事実とフェイクの境界線についての人々の集団的不安を利用するというやり方が利用された。本書はトランプ大統領時代の回顧録ではないが、彼は、リアリティ番組がいかに文化を反映すると同時に文化を形作るかを理解する上での重要なデータポイントとなる。本書の結論でこの点について再びふれる。

リアリティ番組はわたしたちが経験してきた、そしていまも経験しつづけている醜い現実を見せる。文化を深く分断し、修復不可能かもしれない轍を残す不平等を明らかにする。わたしたちの文化のさまざまな要素を、大胆でけばけばしいドラァグ風に見せつける。それと同時に、このジャンルには新たな可能性、多様性、創造性が秘められている。わたしたちはリアリティ番組を視聴することで、このジャンルの本質だけでなく、大小の人間関係の力学についての洞察を得て、最終的には、より幅広い力の中の自分たちの生活についてよりよく理解できるようになる。びっくりハウスの鏡をのぞきこむと、そこに映る像は美しくはないかもしれないが、自分自身をより的確に理解できるはずだ。

第一部

七人の他人がテーブルを囲んで坐り、自己紹介をしている。

ヘザーは生徒全員が黒人の高校に通っていたと説明する。「もしかしたら――」少し間をあけて続ける。「ううん、やっぱり黒人だけの高校だった」ほかの人々が笑う。「だって、〝もしかしたら（ひとりぐらいは白人がいたかも）〟とは言えないもの。黒人だけの高校だった」

いっぽう、エリックの地元は、白人の中流から中上流階級の家族が住む場所だった。「でも二マイルくらいジョギングすると、アズベリー・パークに入る。そこは圧倒的に黒人が多い地区だよ」

「わたしはど田舎出身」ベッキーが言う。「それはつまり、まっ白ってこと――あそこにはひとつの文化しかない」

ケヴィンは「ひとつの文化」という言葉に目を丸くする。

リアリティ番組がわたしたちに何を教えてくれるのかを掘り下げるのには、一九九二年にMTVで放送開始された『リアル・ワールド』の初回(1)が最適だ。オリジナルのオープニングの文章でも謳われているように、『リアル・ワールド』は「ニューヨーク市のロフトアパートメントに住み、生活を録画されるために選ばれた見ず知らずの七人の真実の物語」なのだから。『リアル・ワールド』は〝最初の〟リアリティ番組であると同時に、社会学的に考えることの意味を極めて明確な形で示してくれる。

社会学とは要するに、人間の集団体験を理解することだ。わたしたちが集団でどうふるまうのか、そうした集団はどのように機能するのか、集団は時間の経過とともにどう変化するのかといったことを研究する。しかし社会学が個人を無視しているというわけではない。一貫して、自己と、自己を形作り、また自己によって形作られる社会的コンテキストの厄介な関係を探ろうとしてきた。たとえば、社会学の古典的なテーマは失業だ。それは個人的であると同時に集団的な問題であり、幅広い文化的また経済的様式に影響される。[2]

明らかに社会学の父のひとりと考えられているフランス人社会学者、エミール・デュルケーム（一八五八―一九一七年）は、わたしたちの生活は社会的要因によって形作られ、体系立てられた科学的な方法で分析することが可能だという考えを唱えた。デュルケームは個人の経験に焦点をあてる（心理学のような）既存の分野や、社会的な世界をもっと人文主義的に分析する（哲学のような）分野と決別した。社会学を正当な分野とするために、デュルケームはすでに確立されたハード・サイエンスとの類似点を示した。たとえば社会学者は、生物学者が細胞の構成要素を調べるのと同じ方法で、社会のさまざまな構成要素を調べられる。社会は研究対象として価値があるだけでなく、それを調べることによってわたしたちは定量化可能な真実を抽出し、未来を予想することが可能になるとデュルケームは主張した。

社会というものは、単純に個々人の集団ではなく、むしろそれ自体が独自の存在であり、独自の分析を必要とするとデュルケームは考えた。具体的には、わたしたちの生活は〝社会的事実〟によって左右される。そして社会的事実は、「行動、思考、および感覚の諸様式から成っていて、個人にたいしては外在し、かつ個人の上にいやおうなく影響を課することのできる一種の強制力をもっている」[3]。たとえば自殺は、その行為をおこなう個人の決断だが、それでは自殺率が国によって差があり、一国の中でも経済の変化に伴って変化する理由を説明できない[4]。

個人と、より大きな社会との関係についてさらに思いを巡らした現代の社会学者、C・ライト・ミルズ（一九一六―一九六二年）は、〝社会学的想像力〟を、「人間とは隔絶されたような客観的な変化から身近な自己の親密性へと眼を映し、そして両者の関わりを見ることのできる能力[5]」だと定義した。デュルケームもミルズも、少し違ったやり方で、「どのようにして個人の生活をより大きなものの一部として理解するのか？」という、社会学の中核をなす問題について考察した。

「わたしたちは誰でも社会的環境に影響される」という前提は画期的には見えないかもしれないが、デュルケームの時代、ミルズの時代、そして現在でも、わたしたちの多くはこれがどれほど真実であるかをほとんど理解していない。ミルズによれば、わたしたちは生活の中で困難に遭遇するときに社会学的想像力を欠いていることが多い。できごとを、大きな規模の社会歴史的な力による結果ではなく、個人の失敗の結果として見てしまうのだ。誤解のないように言っておくと、社会学的想像力は個人の間違った選択を免責するものではなく、わたしたちはそうした選択をつねに特定の社会的制約の中でおこなっているということを示しているのだ。ここで先にあげた失業の例に戻ると、わたしが高校時代のアルバイトでやっていた銀行の窓口係の職を失ったのは、わたしの手際が悪くてやる気がなかったからだ。しかし景気が悪化し、支店が誰かを解雇する必要があったというのも客観的な事実だった。もっとも新人で、若く、仕事ができない従業員として、わたしはいちばん解雇しやすかった。

一見したところ、リアリティ番組がわたしたちの生活に影響を与える社会的な力について何かを教えられるとは、とても思えない。リアリティ番組というジャンルはある意味では個人に過度の焦点をあて、興味深い特徴を持ち変わった行動をする人間（ドラァグクイーン！　セレブ！　ソファーを食べる人！）を見世物にして、個人の責任を強調している。[6] しかし同時に、そうした人物が、彼らがたまたま生きることになった社会生活によってどのように育まれたのかを明らかにする。さまざまな環境で社会化された人々が出会うとき、火花が散り、わたしたちの世界観は生まれつきではなく後天的なものだという事実に光があたる。

『リアル・ワールド』にようこそ

社会的差異を拡大して見せるのが『リアル・ワールド（The Real World）』の中心的なテーマだ。シーズン1の参加者たちは全員、二〇代半ばから二〇代後半で、それぞれある意味で注目に値する人物だった。南部の保守的な生い立ちから自由になろうとしていたジュリーは、他人のバイクの後ろに乗ったり、ホームレスの人といっしょに過ごしたりしていた。ヘザー（またの名を〝ヘザー・B〟）は、すでにラップグループの一員としてキャリアを確立し、ソロアーティストとしての成功を目指していた。ベッキーとアンドレもミュージシャンだ。エリックはモデル。ケヴィンは詩人。ノーマンは、バランスを取るためのクイアキャラクター（シリーズに出た数多くのクイアの最初の人）で画家。なぜかは不明だがインタビューではバスタブで話をする。

『リアル・ワールド』は明らかにそうしたユニークな個人についての番組だが、社会学的想像力によって番組を観ることは容易にできる。なぜなら番組がその作業の大部分をしてくれているからだ。

ジュリーの〝水からあがった魚〟風の軌跡は、冒険したいという熱意にもかかわらず、彼女の生い立ちが多くの意味でその世界の見方を形作っていることを際立たせる。その象徴的なシーンでは、ヘザーのポケベルが鳴った時に、ジュリーはヘザーにあなたは麻薬の売人なのかと訊く。その言葉はドラマティックな効果音で強調されたが、番組の参加者は誰も、それは人種差別だと指摘しなかった。実際、自身も黒人であるケヴィンはカメラに向かって、ジュリーは〝ひじょうにあけっぴろげな〟人だと話す。

しかし別のシーンでは、人種が夕食時の話題になり、ケヴィンは人種差別は〝健在だ〟と言った。彼はさらに人種差別的な言葉を言われる経験やバスケットボールが得意だろうという人々の思い込みについて語り、ヘザーは店に入ると万引き犯候補のように扱われるという話をした。集団的、歴史的な人種とジェンダーの共通認識が、このハウスメイトたち三人の認知と世の中とのやり取りに影響を与えているということが容易に想像できる。そしてわたしたち視聴者が自分ではその「跳躍」を実現できなくても、ケヴィン、ヘザー、ジュリーが、アメリカが共有する歴史はさまざまな集団の人々にそれぞれまったく異なる影響を及ぼすと指摘することで、わたしたちがハードルを飛び越えるのを手伝ってくれる。

「ぼくは人生のどこかで、ぼくの歴史の大部分がぼくには否定されていると気づいたよ」とケヴィンは言う。

「あなたの歴史はわたしの歴史だよ」ジュリーが言い返す。

「そうだ」ケヴィンはうなずく。「きみたちはただ、それを実現していない」

まさに〈社会学入門〉のクラスそのもの。すばらしい。

『リアル・ワールド（Real World）』（二〇一四年にタイトルから〝The〟が削られた）の最近のシーズンは、

基本的に、昔ながらの魅力的な人たちが温水浴槽でいちゃいちゃする形に進化している。見方によっては、この変化それ自体が文化について明らかにしていることがあるとも言えるだろう。だが人々がテーブルを囲んで人種、階級、ジェンダーがいかに自分の生活を形作っているかを話し合うような意味での明らかさではなくなった。それでも、リアリティ番組はそれらについて教えてくれる。最近では、社会学的な肉を骨からこそげとるのに少し努力が必要かもしれないが、肉はまだたっぷりある。

頭に猫をのせた男

リアリティ番組はいまでも、わたしたちが社会的コンテキストの中で自分自身をどのように形成するのかの理解に役立つ豊かなコンテキストでありつづけている。たとえば、小さな町の出身者と都会出身者の対比は、このジャンルでくり返し現われるテーマだ。『リアル・ワールド』の最初の回で、ジュリーが乗っていた地下鉄が止まってしまう。トークンを返金してもらおうとする彼女に、ハウスメイトたちはその世間知らずを笑い、彼女は明らかにニューヨーカーじゃないね、とケヴィンがコメントする。

急速な産業化の時代に本を書いた初期の社会学者は、そうした個人のタイプの差異に強い関心をいだいていた。急成長する都市は、具体的かつ目につく方法で社会的存在としての人々の経験を変え、新しい行動基準を生み出した。たとえばジンメルは一九〇三年出版のエッセイ『大都会と精神生活』の中で、そうした環境における生活はある特定の〝タイプ〟の個人をつくりだすと述べた。都会人はつねに見るべきものや聞くべきものを浴びているから、そうした刺激に対する免疫ができる。小さな町の出身者とは異なり、〝都会人タイプ〟は〝投げやり〟になり、〝新しい刺戟に対して、それに見合ったエネルギーで対応することがもうできない〟[7]。それと関連して、都市には、多様性と独自性の一層の受容——あるいは少なくともそれらへの無関心——が見られる。

要するに、都会と小さな町は、どのように周囲に反応するか、内面でどのように感じるか、他人をどのように扱うかなどの点でまったく違う個人をつくりあげる。さまざまなリアリティ番組がこの差異にふれている。たとえば『アーミッシュ in NY（Breaking Amish）』（TLC、二〇一二—二〇一四年）では、アーミッシュやメノー派〔一六世紀にメノー＝シモンズによって始められたキリスト教プロテスタント教会の一派〕の共同体出身の若者たちの一団がニューヨーク市に引越し、新しい環境をともに経験する。番組はしばしば参加者たちが都市で〝感覚過負荷〟に陥る様子を強調している。例をあげると、シリーズの最初の回で、若者たちは生まれて初めてタイムズスクエアに行く[8]。彼らはあとで、この経験に「圧倒された」、通りはうるさくて、「安全だと感じられなかった」と話した。通りがかりの人々は彼らの脇を早足で通り越し、アーミッシュの人たちだけでなくテレビカメラにも、ジンメルの言う〝投げやりな〟態度だ。しかしアーミッシュの人たちは大きな口笛の音にもおびえる。たいていのニューヨーカーなら足もとめないさまざまな光景、たとえば猫を頭に乗せて歩道に立っている男性に、新参の彼らは興味津々だ。「少しいかれている」あるタクシー運転手が彼らに助言した。「だがそれがニューヨークのすべてだ」

参加者たちの水からあげられた魚のような経験は、彼らが現代技術を拒絶している文化の出身者だということで増幅されてはいるが、視聴者の多くにとっては見慣れた光景だろう。実際、わたしが二〇代前半に初めてニューヨークに引っ越したとき、地下鉄でマルハナバチの着ぐるみを着た老人と乗り合わせたが、車内の人々からは何の反応もなかった。あとになって、地下鉄にもすっかり慣れたわたしはヘッドフォンをつけ、本かクロスワードパズルを見つめて、ジンメルの言ったとおり、〝防衛装置[9]〟の中に閉じこもった。都会の経験に対する特定のカルチャーショックを乗り越えたら、わたしたちの多くは、新しい行動規範に適応する必要――人種の境界や国際的な空間を越えて異なる社会経済的文脈のあいだを行き来する必要があった。『リアル・ワールド』のベッキーとヘザーが、自分たちが通った単一人種の高校を超えた世界に入っていくのには調整が必要だと語ったのは印象的だった。そうした瞬間に明らかになったのは、わたしたちがどんな人間になるのか――態度や好み、ふるまい、世界への心理的姿勢など――を形作る上で、社会化はきわめて大きな役割を果たしているということだ。

カーディ・Bと社会的自己

社会が自己を形作る。だがその説明ではあまりにも単純すぎる。なぜならわたしたちも能動的な参加者なのだから。社会学でよく研究される大きな緊張のひとつが、いっぽうに構造、そして他方に主体性という二者の関係だ。構造は（わたしたち個人を抑制したり力を与えたりするかもしれない方法で）社会がどのように組織されているかということであり、主体性とはその組織のシステムの中で動き、ときにそれを超越するわたしたち個人の自由意志のことだ。ほぼあらゆる状況で、程度はさまざまだが、この二者が働いている。

たとえば『リアル・ワールド』のシーズン1では、社会的格差に焦点が当てられていたものの、主体性も残っていた。参加したハウスメイトたちは社会的な力がどのようにわたしたちの生活を抑圧し、わたしたちの自己意識を形作るかを示すと同時に、そうした力を超える能力があることを実演した。デュルケームが指摘したとおり、社会は大勢の個人ではないので、社会的事実は、社会的事実たるために全員にあてはまる必要はない。[10] 自殺率が急上昇した時期でさえ、誰もが自殺しているわけではない。そして努力は必要かもしれないが、社会的事実から抜け出すことも可能だ。たとえばジュリーのストーリー展開は、ニューヨークにやってくることによって、これまでの経験の外に踏み出すという彼女の選択が柱になっている。彼女はいろいろな意味で〝あけっぴろげで〟、自らさまざまな冒険に飛びこみ、新しい人々と会い、世界を理解するためのさまざまな価値観を試してみる。『リアル・ワールド』の初期のシーズンではとくに、参加者がお互いの相違点にもかかわらず親しくなる瞬間にハイライトをあてた。ヘザー・Bが、最初のハウスメイトたちとのつきあいが長く続いていると語ったことが、多くを語っている。[11]

古典的な社会学者と『リアル・ワールド』の参加者たちが示したように、社会が自己を形作るというのは話の半分に過ぎない。個人もまた、社会的コンテキストの中で能動的に自己を形作り、その自己を他者に売り込もうとする。チャールズ・ホートン・クーリー（一八六四―一九二九年）は、〝鏡に映った自己〟という概念を主張した。鏡を見て、そこに映っている自分に満足したり不満を感じたりするように、わたしたちは自分に対する他人の反応に反映される自己を見る。そしてそれが、わたしたちのふるまいだけでなく、自分が考える自己を形作るのに一役買うのだと、クーリーは論じた。[12] アーヴィング・ゴッフマン（一九二二―一九八二年）もまた、人は、他人が自分をどう見ているかに基づいて能動的に考え、活動すると述べた。現代社会学でもっとも影響力のあるひとりと言っても間違いないゴッフマンは、「ドラマツルギー分析」をおこない、演劇の用語や概念を用いて社会的世界を説明した。ゴッフマンによれば、人はみな役者であり、小道具や衣装を動員し、他人に対して台詞を暗誦している。〝舞台裏〟と呼ばれる場所があり、そこで人は他者から離れて、ソファにだらしなく寝そべり、社会的に認められないこと——たとえば『リアル・ハウスワイフ』を観ること——をするが、そのときでも、完全に他者とのつながりを絶っているわけではない。裏舞台ではいくらかリラックスできるものの、そのときでも、今後の社会的パフォーマンスのリハーサルをしていたり小道具を作っていたりして忙しい。[13]（ちなみにゴッフマンの妹は、映画『俺は飛ばし屋／プロゴルファー・ギル』でアダム・サンドラーの祖母を演じていた）

さまざまなリアリティ番組で、個人が広い社会的世界と作用し合い、その社会的環境と呼応して自己をつくりあげていく様子が見られる。ゴッフマンとクーリーが指摘したとおり、それは誰でもしていることだが、リアリティ番組の参加者たちはそれを人前で、強調された方法でおこなっている。実際、リアリティ番組はジャンルとしてとくに、この過程を公開するのに適している。コミュニケーション学者のスーザン・マレーとローリー・ウレットは、台本のないテレビ番組は昔から、新しいインタラクティブな技術をつかう先駆者だったと指摘している。さかのぼれば、『ビッグ・ブラザー（Big Brother）』（CBS、二〇〇〇年—現在）がある。二四時間ウェブストリーム配信されている番組だ。リアリティ番組というジャンルは、ポッドキャスト、ユーザー生成コンテンツ、テレビにおける視聴者参加の増大など、新たに生まれる融合戦略のおもな実験場となった。[14] 独特の方法で視聴者を引き込む新技術とともに、リアリティ番組はつねに、テレビ、ウェブ、SNS、本、ビデオゲーム、音楽などのマルチなプラットフォーム上で同時に機能してきた。こうした、リアリティ番組の相互に関連する二つの側面――インタラクティブな性質とマルチ・プラットフォーム的方法――が独特な形でまとまり、あらゆる社会的段階における熱心な視聴者に反応する形で自己呈示を形作ったり、評価したり、修正したりする人々をわたしたち視聴者に見せる。

おそらく、自己と社会の相互関係というこのプロセスを誰よりもよく体現しているのは、カーディ・Bだろう。ブロンクスで育ち、一〇代の頃はギャングの一員だったカーディ・Bが最初に世間に注目されたのは、ストリッパーとしてのキャリアとミュージシャンになりたいという夢についての映像をSNSにあげた時のことだった。そして二〇一五年から二〇一七年まで、彼女は『ラブ&ヒップホップ：ニューヨーク（Love & Hip Hop: New York）』（VH1）に参加する。これはヒップホップ音楽シーンにつながりをもつ女性七人を追ったリアリティ番組だった。ミュージシャン志望者として番組に登場した瞬間から、カーディ・Bは自らの力でセレブへの階段をのぼり、最終的にラッパーとしてグラミー賞に輝いた。二〇一九年に彼女は自分の音楽でふたつのギネス世界記録に認定され[15]、インスタグラムでは四二五〇万人のフォロワーを誇る。

インターネットやリアリティ番組をとおして自分を公の舞台に押し出したカーディ・Bは、グレアム・ターナー［クイーンズランド大学名誉教授。専門はカルチュラル・スタディーズ］の考える現代の〝DIY〟あるいは〝自分で作る〟セレブリティを体現している。[16]もっとも彼女は、ただセレブの新しい特徴や、そのなり方を映し出しているだけではない。より広い意味で、自分で手に入れた社会的な〝滑車〟や〝レバー〟を使いながらどのように自己をつくり出し、呈示するかということを示している。彼女のキャリアの軌跡は、人が社会的制約——新しい技術的な枠組み、新しい仕事の仕方——の中でどうやって動き、公共に消費されるためのイメージをつくり出すかということに光をあてる。たとえば、有色人種の女性たちがおもな参加者だった『ラブ＆ヒップホップ』は、人種やジェンダーのステレオタイプにはまり込んでしまうことがよくあった。中心的な参加者はつねに性的に無責任で、物質主義であり、怒りっぽく描かれた（こうしたステレオタイプについては後の章で取りあげる）。しかしアフロ‐ラテン系でアフロ‐カリブ系であるにもかかわらずカーディ・Bは、そうした集合的な意味の制約の中で自分の目的を果たすために動くことができた。〈ザ・カット〉〔雑誌〈ニューヨーク〉のウェブサイト〕に掲載されたある記事で指摘されていたのは、カーディ・Bは「〝ラチェット（ratchet）〟——南部のラップ用語で、最初は〝ゲットー〟と同様の侮辱語として使われていたが、やがて〝粗野（raw）〟を意味するようになった言葉——の概念を取りあげ、それをもてあそび、うまく利用した。彼女はメディアにどっぷり浸かって育ち、巧みに利用した」という点だ。[17]

ここでひと休みして〝ラチェット〟という言葉について考えてみよう。この言葉は、リアリティ番組の中のサブジャンルで、爆発寸前の対立や明らかに粗野なふるまいが特徴の、必ずとは限らないが、しばしば有色人種の人々が参加する番組を表すのに使われた。この言葉は軽蔑的で、人種差別的（しばしば性差別的でもある）な含みがあるので、わたしはカッコつきで使っている。それでも使うのは、〝ラチェット〟の概念が、さまざまな種類のリアリティ番組に対してわたしたち視聴者が当てはめる相対的な価値、そしてその価値がどうやって、より大きな社会的ヒエラルキーと連携しているのかを分析する上で有用だからだ。さらに、カーディ・Bが示したように、そうした番組の有色人種参加者の一部と、彼らについて論文を書いた学者たちは、この言葉を抵抗のひとつの形として定義し直したということを忘れてはいけない。たとえばアフリカ系アメリカ人の文学と文化を研究しているテリ・A・ピケンズは、〝ラチェット〟が、〝黒人女性を解放するための空間を確保するようなパフォーマンス戦略〟として機能することもあると論じた。[18] このことについても、あとでまたふれる。

要するに、カーディ・Bは入手可能な文化的機構――すなわち彼女のジェンダーや人種のカテゴリーと関係する社会的意味――を取りあげ、そうした材料を巧みに処理して、他人に受け入れられるだけでなく、彼女自身にとって非常に利益の上がるイメージをつくり出した。そして、鏡をのぞきこみ、そこに映る期待からペルソナをつくり出したリアリティ番組のスターは、彼女以外にもたくさんいる。エイミー・カウフマンが指摘したとおり、『バチェラー』の大ざっぱな原型をつくったのは、番組プロデューサーだけではなく、それに協力した参加者たち自身でもある。参加者の多くが〝そうした役割を生み出すのに自分たちが一役買ったことを認めている〟。[19] そして彼らがそうするのは当然だ。なぜならカーディ・Bと同様に彼らにも、リアリティ番組の人物像を、ビジネス界、トークショー、台本のあるテレビ番組といったその他の状況に移し替えることで利益を得られる可能性があるからだ。[20] つまりリアリティ番組は、個人を特定の型に押し込むことで社会の重しを実演してみせるいっぽうで、その重しの下で人々が動き、それを動かし、自分たちの新たな可能性を思い描く様子を見せてくれる。

本物の伯爵夫人は立っていただけますか？

ここまで、人が環境によって形作られ、その人々もこのプロセスに参加し、社会的なフィードバックに応えて能動的に変わっていく様子を見てきた。しかし結局のところ、リアリティ番組が教えてくれるのは、このドラマを演じる二者——自己と社会——のいっぽうを理解するには、他方も理解する必要があるということだ。

ここで〝伯爵夫人〟ルアン・ド・レセップスが登場する。

伯爵夫人は、二〇〇八年の放送開始からずっと、裕福そうなニューヨークの女性たち八人の、入れ替わりのあるグループを追いかけているリアリティ番組、『リアル・ハウスワイフ in ニューヨーク（The Real Housewives of New York City）』（Bravo、二〇〇八年—現在）に欠かせない参加者だ。わたしたち視聴者は、ルアンが複数のシーズンにわたり、現実世界の交流や視聴者の反応に応えて自らの放送用のペルソナを形作ってきたのを見守った。「ミート・ザ・ワイヴス」の回に初登場した彼女は、有名な台詞、「特権を後ろめたく感じたことなんてないわ」をつぶやいた。彼女は本物の伯爵と結婚し、子供ふたりと家政婦がいると説明する。一家でハンプトンズ〔ロングアイランドの海浜リゾート。高価な住宅街〕を訪れる際の荷造りは家政婦に任せる。「みんなから自分の催しに来てほしいと言われるから、夏のあいだに自分が何をするか、選んでおかないといけなくて」ルアンはカメラに向かってそう言い、お手上げだというふうに両手をあげる。そして「でも何とかするわ」[21]。同じ回の別の有名なシーンでは、ベサニーがルアンを、下の名前で自分の運転手に紹介したことに対し、ルアンが訂正した。「わたしを、運転手とかに紹介するなら、〝ド・レセップス夫人〟と言うものよ」

「あのときは、何様なのって思ったわ」ベサニーは驚きをこめて語った。

その後、視聴者は、豊かな色彩のタペストリーのごときルアンの半生を知る。有資格看護師、ウィルヘルミナ社所属のモデル、美人コンテスト優勝者、イタリアのテレビ番組司会者、一度などはイタリアの授賞式番組でシャロン・ストーンの物まねをしたこともあった。

ルアンはニューヨークの俗物を絵に描いたような人物として視聴者の意識に入り込み、そのペルソナの要素を保ちつつ、一〇年間以上にわたって番組に居場所をもちつづけられるほど人を引きつける存在だった（厳密に言えば、シーズン6の彼女はハウスワイフの〝友人〟で、主役のひとりではなかった）。それが可能だったのは、彼女が伯爵とは離婚し、再婚し、また離婚したにもかかわらず、真面目であるにせよ風刺であるにせよ自分に都合よく変化する不定形の原型としての〝伯爵夫人〟のペルソナにこだわったからだ。たとえば二〇〇九年、彼女は自分の名前と洗練さを結びつける人々の連想（〝現実〟か皮肉かはわからないが）を利用して、本にした。タイトルは『伯爵夫人として：優雅に生きる』。そして同時に大幅に音程が補正された「お金では階級は買えません」（二〇一〇年）というシングル曲も発売した。二〇一五年、浜辺での参加者どうしの対立の際には、ルアンは完全な〝伯爵夫人〟モードでつかつかと歩いてくると、落ち着いた様子で彼女たちに〝エッグス・ア・ラ・フランセーズ〟の皿を差し出した。[22]そんな料理が本当にあるのかどうか、それともスクランブルエッグの洒落た名前にすぎないのか、ファンは議論した。ルアンは雑誌〈グラマー〉でそのレシピを紹介した。[23]〈ニューヨーク・タイムズ〉紙はその後の伯爵夫人の紹介する際に「その言葉（〝エッグス・ア・ラ・フランセーズ〟）が入ったマグカップでエスプレッソを飲んでいた」と書いた。[24]同じメンバーによる旅行で、ルアンは友人のヘザーから、ふたりがシェアする家に見知らぬ男性を連れ込んだと非難された。男性は家の二階で眠りこんでいた。ルアンはヘザーに、「落ち着いてよ。そんな野暮を言うのはやめて」と言った。[25]テレビ局の Bravo は番組の予告でこの言葉をくり返し映し出し、ついに放送されたときにはインターネット中で注目を集め、雑誌〈ピープル〉は「ファンがこのシーズンでずっと待っていた瞬間」と呼んだ。[26] この年、ルアンは新曲、「女の作法：そんな野暮を言うのはやめて」を録音した。人を引きつけるこの文句はさまざまな商品に使われている。

二〇一七年一二月、これまでにもっとも〝伯爵夫人〟らしからぬことに、ルアンは酔っぱらってホテルの部屋に不法侵入し、警察官に暴行をはたらいたとして、フロリダ州パームビーチで逮捕された。インターネットやさまざまなニュースメディアで流された不鮮明な映像には、彼女がパトロールカーの後部座席で「わたしにさわらないで！　殺すわよ！」と警察官に怒鳴っているところが写っていた。彼女はアルコール治療プログラムに参加し、番組でその事件のことを語り、シーズン1では欠けていた自己認識と謙遜をもって取り組んでいるように見えた。二〇一八年の最後のシーズンでは、ルアンは収監という灰から不死鳥のようによみがえり、「#CountessAndFriend」と題したキャバレーショーのチケットを完売した。[27] このショーで彼女は自分の伯爵夫人のイメージと逮捕を揶揄し、〈タイムズ〉紙は記事でルアンのことを「アートと生活がつねに深く結びついている女性」と書いた。[28]

ルアンの変化する自己は、彼女自身が偽りであることの証拠か、リアリティ番組の非現実性の証拠だと見なす人もいるだろう。実際、ベサニーは何度も伯爵夫人の真偽について疑問を口にし、数年にわたるルアンの人格との不釣り合いを指摘していた。「現実(リアル)であること」は、リアリティ番組でよくある反語的な言葉の武器であり、たいていはある参加者が別の参加者に対して不親切な意見を表明するときに使われる（「でもわたしは現実(リアル)の自分を見せていたのに！」）リアリティ番組のパーソナリティーも、参加者の仲間が本物ではないと責めるときにこの言葉を使う。ベサニーはこれに合わせた態度をとった。ベサニーの目には、ルアンはいつも自己矛盾しているように見えた——上品であると同時に品がなく、澄ましているのと同時にみだらで、他人に厳しいのと同時に厳しい非難の的になる。視聴者はシーズンが進むと、いやひとシーズン中でも、一回だけでも、一シーンでも、ルアンのさまざまな面を見てきた。

それでは〝現実の〟ルアンはどんな人だったのか？ 娘にエビを食べるのに使う正しいフォークを教える女性、キャバレーショーのスター、クリスマスイヴにパトカーの後部座席に座っていた人？ クーリーとゴッフマンなら、ルアンは——誰でもそうだが——観客の反応によって自らのパフォーマンスを変えているのだというだろう。社会学用語としての〝役割〟の定義の中核は、文脈特定性——人は生活の中のさまざまなステージでさまざまな自己を演じるという考えだ[29]。わたしたちはルアンが鏡をのぞきこみ、放送される人柄をより好まれるように変えたり、トレードマークとなった決め台詞で利益をあげたり、世間の好みに合わせて自分自身をブランド化したりするのを一〇年以上にわたって見てきた。彼女が教えてくれるのは、わたしたちは誰でも社会と協調して自己を確立し、褒め言葉や批判に応じて変化し、高評価を受けたときにはそれを利用し、さまざまな社会的コンテキストで一見ちぐはぐに思える役割を演じているということだ。彼女を観察することで、わたしたち一人ひとりが、規模は小さいながらも、フィードバックに対してどのように反応するのかを、より深く理解できる。

ベサニーがどう考えるのかは容易に理解できる。（わたしにとっては、〝リアル・ハウスワイフ〟の原型が〝ベサニー〟なのだからなおさらだ）ルアンがときどき偉そうにしたり、彼女の人生の状況を曲げて伝えたり、周りをいらいらさせる人間であるというベサニーの言い分は正しい。しかしゴッフマンの論じたとおり、人は誰でも演じている。ルアンの仲間のハウスワイフたち、そしてわたしたち視聴者は、たとえば明らかに不完全な恋愛関係を熱をこめて語ったりするルアンに腹をたてるかもしれないが、誰でも、自信があるふりや満足しているふりをしたことはあるはずだ。現在はソーシャルメディアの存在によって、それがますます目につく。きらびやかな〝表舞台〟で、人は自分の完璧な世界を演じる。実際、研究によれば、多くの時間をSNSに使っている人は自分の結婚について不満をいだき、離婚を考える傾向が高まる。[30] フェイスブック上で人が、意識的に舞台裏の失敗や不安を表舞台に出すことを意味する〝リアルブッキング〟という言葉まで作られている。

わたしたちは誰でも、ゴッフマンの言う〝自己呈示[31]〟をおこない、ソーシャルメディアはこの提示を映すディスプレーとなる。それは人が自分について選択・整理した、わかりやすい情報を発信する媒体なのだ。自分の子供たちについて自慢し、パートナーへの愛を表現し、職業的努力を宣伝し、豪華な食事の写真をシェアする。ルアンのような、私的生活を公表することで金をもらっている人々も、この意味ではわたしたちと何も変わらない。彼らはただ、表舞台の自己と裏舞台の自己の不安定な二面性をより強調しているにすぎない。

しかし結局のところ、ルアンの観察によって学べることで重要なのは、〝正真正銘の〟自己などどこにもないということだ。ベサニーのコメントは置くとして、唯一の〝現実の〟ルアンは存在しない。ジョージ・ハーバート・ミードは、社会の誰もが〝主我(I)〟と〝客我(me)〟をもち、その二者は協同してはたらくと論じた。[32] 〝主我〟は欲求と願望をもつ演じる自己で、〝客我〟は役割と他人の考えを理解する(いくぶんクーリーの鏡に類似している)能力だ。たとえば子供が、人形やミニカー遊びから、組織化されたゲームで遊ぶようになると、他人の考え方を考慮に入れることを学ぶ。そうしたゲームでは、自分だけでなく全員の役割を理解する必要がある。幼児期を過ぎた人間は、誰も純粋な〝主我〟ではない、というのがミードの主張の要点だ。わたしたちは誰でも個人的であると同時に社会的でもある。つまり、わたしたちはルアンに、もっと正真正銘であることを求めるかもしれないが、彼女はわたしたちに、誰も社会的文脈の影響のない完全に自然なペルソナを引き出すことはできないと示している。ルアンは、友人や家族との相互作用、番組のほかの女性参加者たちとの関係、視聴者からの反応の合成だ。伯爵夫人。母親。エンターテイナー。犯罪者。

ベサニーはしばしば顔をしかめて、トラウマになるほどひどかった自分の子供時代を〝狼たちに育てられた〟という言葉で表現する。しかし真実は、そんな人間は誰もいない。人は生まれつきの好みや能力をもって生まれ、動物的な本能もあるが、社会的コンテキストのなかでそれらについて学び、表現する。そう考えると、社会がなければ自己もない。リアリティ番組で展開される自己と社会のあいだの力学を観察することによって、二面性の混濁――つまり社会的な力とは無縁の無垢な自己という概念が間違いであること――がわかる。

最後に、リアリティ番組はあらゆる自己は社会的自己だということを実演するいっぽうで、信憑性を根こそぎにすることへのわたしたちの関心にも気づかせる。たとえばハウスワイフは、しばしばおかしな言い間違いをしたり、酔っぱらったり、大声の口喧嘩で優雅なレストランの静けさをぶちこわしにしたりする人たちとして映し出される。しかしこの一見とんでもない人々は、わたしたちの基本的なことを明らかにしている。〝現実〟への執着だ。この執着は、ほかの人に真実の人格を見せろと要求するべサニーのようなリアリティ番組のスターたちだけにとどまらない。この先では、リアリティ番組が個人を超えてさまざまなレベルで、〝現実であること〟という概念に光をあて、複雑にしていくのかを見ていく。わたしたちが集団で、機関をとおして、社会として、どのように正統性についての概念を構築しているのかを明らかにするとともに、それらの概念は歴史的に限定され、コンテキストによって変化し、既存の権力構造に貢献し強化するものであるということを示していく。

つまり、わたしたちは純粋でノーカットの現実を見つけ出し、定義することに腐心しているが、それは手に入らないものなのだ。わたしたちも、リアリティ番組のスターと同様に、自らの〝真実の物語〟をつくりだす。それはより大きな社会的力学とつながり、つねに修正を必要とする。ケヴィンやジュリーやカーディ・Bや伯爵夫人のように、わたしたちもみな、否応なく社会的生き物なのだ。その意味では、誰も、真の意味で〝現実(リアル)であること〟は不可能だ。

2章　正しい理由でここにいる（カップル）

ビキニを着た女性たちが、ロサンゼルスの通りでトラクターのレースをする。

タラは優勝する自信があった。「わたしの、得意分野だよ」とカメラに向かって語る。「ゲームは終わり」画面にテロップが流れ、彼女は二六歳の〝スポーツフィッシング愛好家〟だと表示する。

「トラクターに乗った彼女たちはすごくセクシーだ。信じられない」クリスは自分が〝最高にラッキーで大満足〟だと語る。

「どうしても勝ちたい」アシュリー・Iがカメラに向かって説明する。「それにわたしはスピード狂なの」

アシュリー・Iの願いがかなった。

「すごくいい気分。最高よ」ゴールラインを切った彼女は息を弾ませながら言う。このタイミングで、彼女も二六歳でフリーランス・ジャーナリストだというテロップが流れる。「クリスと二人きりになれるのが最高の賞品だわ」彼女は興奮して手を振る。

その後のローズセレモニー〔各エピソードの最後におこなわれる、バチェラーが残ってほしい女性にバラを手渡すイベント〕で、クリスは女性たちに参加してくれたことへの感謝を述べる。「簡単なことではないのはわかっているし、絶対に浮き沈みもあるはずだ」そして音楽が大きくなり、彼は彼の愛情を射止める競争に残るべき女性たちに赤いバラを配りはじめる。

アシュリー・Iが、顔のアップショットのインタビューでふたたび画面に登場する。「今夜はいちばん大事な夜よ。すごく欲しい」

次にタラが言う。「自分のほかに二二人もの驚くほどゴージャスな女の子たちがいる中で目立つのは大変。わたしの勘では、間違っているかもしれないけど、彼は、そう、自然な美しさをもつ誰かを求めているんだと思う。厚化粧のつけまつげではなく」

アシュリー・Iのつけまつげが映し出される。

クリスがアシュリー・Iの名前を呼ぶ。

「でも、やっぱり、わたしの間違いかも」とタラ。

アシュリー・Iがほほえんで安堵のため息をもらし、一歩前に出てバラを受けとる。[1]

『バチェラー』が日常生活について何かを教えてくれるという考えは、ばかばかしいと思われるかもしれない。参加者は異常な状況に置かれ、女性のまつげは永遠に伸び、ディナーにでかけても誰も料理に手を付けない。各シーズンの最終回には、主役は最終選択をしてその女性にプロポーズすることになっている。わずか数週間のつきあいなので、その後の関係が長続きするカップルは比較的少ない。[2]

『バチェラー』とその姉妹版『バチェロレッテ（The Bachelorette）』（女性の主役が男性参加者の中から一人を選ぶ番組）は、そもそも番組自体がみずからをまじめに受けとめようとしていないように見える。〝スポーツ・フィッシング愛好者〟、〝ソーシャルメディア参加者〟、〝くすぐり魔〟など、参加者の〝職業〟をおちょくった方法で紹介するやり方がその証拠だ。

それでも、『バチェラー』は放送開始以来ひじょうに高い人気を誇っている。二〇一九年にはなんと五〇〇万人以上の人々が、シーズンの予告編である三時間番組を視聴し、その夜、三十五歳以下の大人がいちばん視聴した番組になった。[3] 番組はわたしたちに大きな影響を与えている。そして、好むと好まざるとにかかわらず、わたしたちについて何かを教えている。前の章ではリアリティ番組がいかに個人と社会の関係を強調しているかについて考察した。〝純粋な〟自己はなく、社会的環境から自己を切り離すことはできない。デートと結婚がテーマである『バチェラー』のような番組は、カップルである二人は、より大きな社会によって形作られ、社会を反映しているかに焦点をあてる。

二は、ポップカルチャーおよび人生における魔法の数字だ。非ロマンティックな関係とあとくされのないセックスを美化する『フレンズ』や『セックス&ザ・シティ（Sex and the City）』のような番組でさえ、最終的に登場人物たちはきちんとカップルになって終わることが多い。もし一夫一婦制の恋愛関係のカップルが社会の基本単位でなかったら、わたしたちの生活は大きく異なっていただろう。わたしたちはみな、いずれ自分もそうした二人組になると期待して生活している。婚姻届や保険証券からベッドのサイズやリアリティ・デート番組の内容にまで、その期待が反映されている。わたしたちはそれに同調しない人に対して、いらだち、困惑、疑念をいだく。合意の下で非一夫一婦制を実践する人々[4]や、独身を通す人々[5]を非難する。

（異性愛の［この点についてはあとでふれる］）一夫一婦の二人組をつくることが、『バチェラー』の中心的な前提だ。参加者は全員女性で、バチェラーは最終回で二人以上を選んだことはなく、またカップルにならずに終わることはまれだ。そして番組は、わたしたちがそうした二人組をつくる時に働く社会的な力を強化している。人は無作為に誰かとカップルになるわけではなく、相手をどのように選択するかはより広い文化の中に存在する役割と区分によって強力に形作られる。『バチェラー』がわたしたちに示すのは、社会の進歩についてさんざん語られているにもかかわらず、ジェンダーと恋愛関係についての古くから続く考え方は、いまだに人の考え方と行動に強い影響を与えているということだ。

まつげ、腹筋、イヴニングドレス

『バチェラー』では、男女の性別による役割分担（ジェンダーロール）は硬直的で、二元的で、伝統的だ。男性は割れた腹筋をもち、女性はきらびやかなドレスで着飾る。ときに、番組内のジェンダー描写があまりにも極端で、ひどく時代遅れに見えることもある。『バチェラー』のカップルは一九五〇年代への先祖返りのように見えるかもしれないが、ジェンダーや恋愛についてのそうした古い考え方が今でもわたしたちのデート文化には大きな影響を与えていることを示している。

歴史学者のベス・ベイリーは、二〇世紀半ばに書かれたハウツー本を見直して、男女の交際ではジェンダーロールについて特定の〝エチケット〟があることに注目した。[6] そうした役割は、従来の〝自然な〟男らしさと女らしさについての考え方と見事に合致する。わたしたちは、〝男らしい男性〟は〝力強く、支配的で、挑戦的で、野心をもち、対して〝女らしい女性〟は〝依存的で、従順で［さらに］子育て能力がある〟として考える。[7] したがって、男性は女性をデートに誘い、デートを計画してその費用を払い、女性のためにドアを押さえ、彼女が車を降りるときに手を貸し、レストランでは女性の分も注文するものだとされる。

『バチェラー』は、交際におけるそうしたジェンダー別の期待をしっかりと反映している。男性はデートを具体的に計画し、連れ出す女性（たち）を選び、バラを差し出し、最終選択をおこなう。（プロデューサーたちもそうした決定にかかわっている可能性が高いが、番組の筋書としては、それらはバチェラー本人の選択だ）。女性が男性を選ぶ『バチェロレッテ』でさえ、プロポーズするのは男性になっている。そして『バチェラー』では、女性が最終的に選ばれることを望んでいることが当然視されているため、彼女たちは最初から服従的な立場に置かれている（間違いなく『バチェロレッテ』はそうではない）。この期待は、それが争点となる貴重な機会に、とりわけはっきりと浮き彫りになる。たとえばシーズン18、アンディはバチェラーのファン・パブロを呼び出し、彼は自分が何も努力しなくても彼女は自分に興味があるとうぬぼれた思い込みをしていると言った。[8]「あなたはわたしがどんな人間かも知らない」アンディは言った。「何か説明しようとするたびに、あなたの返事は『いいんだ』、『いいんだ』というばかり」そしてアンディは、ファンが彼女のことを知ろうとしたことは一度もないと感じていた。「あなたは知ってるの？　たとえば、わたしがどの宗教を信仰しているのか？　わたしがどんなふうに子供を育てたいと思っているのか？」

「ぼくはそういうことはまったくわからない」彼はそう答えた。そして言った。「それならぼくの信じる宗教は？」

「カトリック」アンディは正しく答えた。

興味深い。アンディは、男性が差し出すものはいらないとほのめかした、ただそれだけのことによって、番組の筋書きからはずれた。そうすることによって、『バチェラー』の筋書にある前提と、より一般的な交際のやり方のジェンダー別の約束事という、両方に光を当てた。

一九五〇年代の交際の一部の要素、たとえばレストランでは男性が注文するといったことは廃れたが、異性愛の交際におけるその他のジェンダー別の期待はしっかりと生き残っている。たとえば二〇一七年の調査によれば、回答者の七八パーセントが、（異性愛の場合）最初のデートでは男性が費用を支払うべきだと答えた。[9]『バチェラー』、『バチェロレッテ』、その他の結婚をテーマにしたリアリティ番組のほとんどにおいて、そして現実の世界でも、異性愛の関係では女性ではなく男性が、プロポーズする役割を負わされている。〝男らしい男性〟は〝力強く、支配的で、挑戦的で、野心をもつ〟とし、〝女らしい女性〟は〝依存的で、従順で［さらに］子育て能力がある〟とする考え方は、今なおわたしたちの交際行動に染み込んでいる。結婚相手に望むことは何かという質問に対して、異性愛の男性は今でも、女性が何をしているかより、身体的な美しさを高く評価し、異性愛の女性は、稼ぐ能力を高く評価する。[10]あとでふれるが、ジェンダーに関するこうした特定の考え方は、交際期間を経て、カップルの家庭生活にまで続いていく。たとえば、女性のほうが男性よりも専業主婦（夫）になりやすいし、共働きでも女性のほうが男性よりも多く家事をする傾向がある。[11]ジェンダーについてのこうした考え方は、けっして時代遅れではなく、いまだに存在し、今日のわたしたちの恋愛における関係性を形作っている。『バチェラー』は、長いまつげで目をぱちぱちすることやトラクターのレースの合間に、わたしたちについて強力な何かを伝えている。わたしたちは昔はどんな人間だったのかということだけではなく、今もそんな人間なのだということを。

「あなたが今ヴァージンなのがうらやましい」

交際におけるジェンダーロールということでは、少なくとも女性とセックスに関する考え方は一九五〇年代から少しはゆるくなった。ベイリーは、当時の大学キャンパスに存在した〝性的経済(セクシャルエコノミー)〟について論じている。「女性が純潔を保ち続ければ(セックスを不足している商品にすれば)、男性にとっての女性の価値は上がり、自分の長期的利益は〝軽い女友だち〟の一度きりの楽しみの利益を大幅に上回ることに気がつくだろう」[12]貞節をめぐるジェンダーのダブルスタンダードは一九五〇年代でも新しくはなかったし、五〇年代以降も衰えることはなかった。たとえば、性的に自制した女性に価値があるとするこの考え方は、一九九〇年代半ばに大人気を博した自己啓発書『ルールズ』[13](エレン・ファイン、シェリー・シュナイダー著、ワニブックス)の基本でもあり、「ただで牛乳が手に入るのに牛を買う必要はない」という格言のもとにもなっている。ウーマンリブ、ピルの到来、#Metoo——三つの波がわたしたちを、一九五〇年代のドライブインで広く見られた性的力学(ジェンダーダイナミクス)から押し流したように見える。しかし、一部は変わったが、ほとんどは同じままだ。

『バチェラー』は結婚までの禁欲についての番組ではないが(以下を参照)、男性と女性の処女(童貞)についての性的なダブルスタンダードが続いているところは反映されている。たとえばトラクターレースと同じ回に、アシュリー・Iはほかの女性たちに自分はヴァージンだと告げ、クリスは〝それを気に入るか否か〟他の何人かに尋ねた時のことだ。参加者のマッケンジーは、彼はきっと気に入ると答えた。「男は誰でもヴァージンが好きだから」「神にかけて言うけど、あなたが今ヴァージンなのがうらやましい」とマッケンジーは加えて言った。「そのおかげで長く残れるはずだもの」。コルトンの場合と比較してみよう。彼ははじめに『バチェロレッテ』に参加して、拒否され、その後自分の『バチェラー』シーズンを得た。彼の童貞はよくて珍しいものとして、悪くて問題ありとして扱われた。望ましいものだとされたことはほぼなかった。

『バチェラー』には性的経済が存在したが、リアリティ番組の中でこの概念がもっともあからさまだったのは、『ミリオネラ・マッチメーカー（The Millionaire Matchmaker）』（Bravo、二〇〇八―二〇一五年）だ。この番組では、題名になったマッチメーカー、パティ・スタンガーが億万長者の顧客に異性を紹介する。毎回、彼女は二人の億万長者――たいていは男性で、必ずではないが、女性に関心があった――に対してデート相手候補を集める。パティが好んで口にした言葉のひとつが、「ペニスが選ぶ」だった。つまり男性は下半身で考え、デート相手もそうやって選ぶ。彼女はまた、女性の性的価値を強調し、個々を部分ごとに評価した。見本版[14]では、ある顧客は彼女に「ぼくはストリッパーの大きなDカップは好みではない」と告げた。そこで彼女は考える。「オーケー、彼はお尻好きね」彼女はつねに（とくに女性の）顧客に対して、性的関係になるのが早すぎると、つきあいが長続きする可能性がそこなわれると注意した。実際、彼女の会社にはこの件に関して特別な規則があった。「一夫一婦婚するまではセックス禁止」要するに、「ここもだめ、ここもだめ、ここもだめ」そう言いながら、〝ここも〟と言うたびに、自分の口、ヴァギナ、肛門をひとつひとつ指差す。

こうした番組は、人がセックスやジェンダー、過去の交際についてどう感じているかを明らかにするだけではない。体の部位を指差すという度を超えたやり方で、わたしたちが今現在そういうものについてどう感じているかを示している。性の解放、『セックス・アンド・ザ・シティ』、ミュージックビデオでレッキング・ボール（鉄球）にまたがるマイリー・サイラス、スーパーボウルでのジェニファー・ロペスのポールダンスはいずれも論争を巻き起こしたが、それらを経た今、二〇世紀半ばとくらべて、女性のあからさまなセクシュアリティは文化的に受け入れられるようになった。しかし女性や男性のセックスに関する硬直した考えが完全になくなったわけではない。たとえば一九五〇年代の、女性が〝セックスの管理者〟であり、〝性的な限度を設定する〟責任を負うという考えは、今でも性的暴行に対する人々の反応の仕方に鋭く反映されている。[15]くり返し指摘されていることだが、女性がレイプに遭うのを防ぐために股間へのキックやレイプホイッスル〔笛や防犯ベル〕を勧める教育プログラムは広まったが、潜在的な男性レイプ犯を減らそうとする試みは比較的少ない。

同意のあるカジュアルセックスは、男女を問わず広まり、普通のことになった。たとえば近年、社会学者の所見によれば、大学キャンパスでは〝フックアップ・カルチャー〟が従来型のデートに取って代わりはじめている。いまでもカップルはデートするが、それは二人がカップルになったあとで、そしてカップルになるのはしばらくつきあったあとだ、という順番だ。[16]（あなたが大学生ではなく、大学生とつきあいもなければ、〝フックアップ〟はキスからセックスまで幅広い行為を網羅する包括的な言葉だということを知っておく必要がある）

フックアップは『バチェラー』でも健在だ。参加者はよく主役（とくにシーズン22の〝キス魔アリー〟）といちゃいちゃしているし、その他の性的な行為は各シーズンの最後にある〝ファンタジー・スイート〟の回でおこなわれる。アシュリー・Iの処女が注目に値するという事実そのものが、時代の変化を物語っている。しかし、アシュリー・Iとコルトンの例でわかるように、多くの人々がいちゃいちゃしている場においても、伝統的なジェンダーへの期待は今でも残っている。フックアップ・カルチャーは、ジェンダーの規範をなんでもありにするものではない。実際、社会学者の考察によれば、フックアップは潜在的に女性の解放ではあるものの、従来の規範を強化する可能性もある。[17] たとえば大学生を対象にしたある研究では、つねにフックアップしている人に対してダブルスタンダードが存在することがわかった。女性は男性よりもふしだらだと非難されることが多く、複数の女性をものにした男性は地位が上昇することが多い。またその研究では、性的快感のジェンダーギャップも明らかになった。最近のフックアップでオーガズムを得たと答えた女性は全体の一四パーセント、いっぽう男性は四〇パーセントだった。[18]『バチェラー』に参加する女性たちは主役の男性とフックアップを楽しみ、そうしたいちゃいちゃセッションで潜在的に力を得ることとして経験しているかもしれないが、『バチェラー』は、女性に不利な権力構造の中で性の解放がいかにして存在できるかを実演しているとも言える。

結局、女性参加者たちがいかに性的に力を得たとしても、彼女たちの番組内での時間は男性をよろこばせ、捕まえることを中心に回っている。彼の欲望がつねに物語の柱なのだ。『バチェラー』ではいちゃつきがたくさん見られるが、それでわたしたちの考える、デートという場において男性であること、女性であることの意味が揺らぐことはない。

実際、『バチェラー』におけるつけまつげやイブニングドレスといった、女性の外見についてのステレオタイプな指標は、リアリティ番組ではしばしば、女性の性の解放と共存する。同様に、カーダシアン／ジェンナー家の人々は——鏡にヌードを映したセルフィーはあれど——馴染み深く安心できる女らしさをわたしたちに示す。それは彼女たちが売り込む商品にはっきりと表れている。「カーダシアン／ジェンナー帝国のもとでつくられた商品」という二〇一六年のまとめ記事には、靴のサブスクサービス、香水、料理本、髪のエクステ、爪みがき、宝石、日焼け用化粧品、ファッション、メーク、美容の商品ライン等、五六の商品が列挙されていた。[19] 一家の成功と女性的な体つきの結びつきは非常に強固で、唯一の男兄弟であるロブは番組内で自分のジェンダーのせいで利益をあげられないとこぼした。ケイトリン（元ブルース）もこの結びつきを利用している。彼女は二〇一五年に〈ヴァニティーフェア〉誌の表紙でトランスジェンダーであることを公表した。明るい色に染めた髪をなびかせ、白いシルクのようなドレスに身をつつみ、両腕を背中のうしろに突き出し、ピンナップ写真のようなポーズを決めていた。現在、彼女はMAC化粧品とのコラボで口紅のコレクションを出している。[20]

　カーダシアン／ジェンナー家の女性たちは自らの性的特徴を利用してファンの興味を引きつけ、現体制にとって脅威ではない女らしさを演じている。実際、キムは、フェミニズムと自分は重ならないと語った。「わたしのキャラクターはこれまで一度だって、『わたしはフェミニストよ、わたしをフォローして、裸になって！』ではなかった」彼女は二〇一六年のポッドキャストでそう語っている。[21] この家族の女性たちのほとんどにとって、そのペルソナも、異性愛的な女性性と強固に結びついている――彼女たちの人生における男性に対しても、自らの生殖能力に対しても。異性愛の恋愛でカップルになることが、彼女たちの生活、彼女たちの番組、彼女たちのブランドの中心なのだ。『カーダシアン家のお騒がせセレブライフ』のような番組でわかるのは、女性が〝しかるべき〟外見にして、その他の領域でもステレオタイプの女らしくふるまえば、わたしたちは彼女たちのあからさまなセクシュアリティをよろこんで大目に見るということだ。
むしろそういうのが好みなのかもしれない。実際、伝統的なジェンダーロールの呈示と性の解放の組み合わせは、リアリティ番組が人々を引きつける魅力のひとつなのだろう。〈プレイボーイ〉誌の創業者ヒュー・ヘフナーと同居する若い女性三人に密着した番組、『隣の女の子たち（The Girls Next Door!）』（E!、二〇〇五―二〇一〇年）のある分析によれば、「リアリティ番組の好感度は、より大きな性的エンパワーメントと伝統的な女性の役割に比例する」[23]つまり、視聴者は性的に解放された女性を好むが、それは彼女たちがその他の重要な領域では社会の期待どおりにふるまう場合に限るということだ。実際、『隣の女の子たち』に出ていたのは全員が白人で引き締まった体つきの金髪女性で、恋人であるヒュー・ヘフナーの豪邸に同居し、彼は三人と関係があるにもかかわらず、それぞれが彼に対して一夫一婦制を保っていた。つまり、女性の性の解放はジェンダーロールの新たな可能性（たとえば性的な攻め手になる）をもたらすかもしれないが、どのバラにもトゲはある。交際における気軽なセックスの受容が高まったとしても、リアリティ番組や実社会で、ジェンダーと権力の包括的な力学が揺るぐとは限らないのだ。

「わたしは黒人で髪も短くて、だから言いたいことは、『さよなら』」

ジェンダーについての考えがわたしたちの求愛儀式に影響を及ぼしているように、人種や階級についての考えも影響を与える。たとえば、『バチェラー』では黒人女性の真剣な参加者がいないのはよく知られており、〈サタデーナイト・ライヴ〉でパロディーにされたこともあるほどだ。二〇一九年、〈サタデーナイト・ライヴ〉の寸劇「ヴァージン・ハンク」で、参加者が主役の男性に自己紹介をしていく中、ある女性がこう言う。「わたしは黒人で髪も短くて、だから言いたいことは、『さよなら』」[23]二〇一二年、『バチェラー』は、番組が有色人種の人々を含めていないことで、人種差別禁止法に違反しているという集団訴訟を起こされた。

ポップカルチャーの中で、非白人参加者が少ないのはけっして『バチェラー』だけではない。多くの研究によって、たとえばアフリカ系、アジア系、ラテン系、中東系、ネイティブ・アメリカンの人々はマーケティングキャンペーンにおいて誤って描かれたり、過小評価されたりしていることがわかっている。[25]さらにソーシャルメディアでは、#OscarsSoWhite〔「オスカーはまっ白」の意。アカデミー賞で白人が優遇されているという問題を指摘したハッシュタグ〕が、映画産業において有色人種の人々が相対的に目に見えない存在にされていること、登場しても過少に認知されていることを強調した。ところが、『バチェラー』は、少数派が過少認知されている一例であるというだけでなく、人種とカップルというあり方について、あることをわたしたちに教えてくれる。

番組に有色人種の参加者がいないというわけではない。黒人の主役もいた。だがたいていの場合、『バチェラー』でも『バチェロレッテ』でも主役は若く、白人で、中流（以上）の、昔ながらの魅力的な人物で、若く、白人で、中流（以上）の、昔ながらの魅力的な相手とつきあう。いっぽうで非白人の参加者たちは、真剣な競争からは除外されて、脇役を引き受けることが多い。コミュニケーション学者のレイチェル・デュブロフスキーが論じるように、『バチェラー』は「白人だけが恋愛のパートナーを見つける流れで、有色人種の女性たちはそのプロセスを手助けする」[26]。

わたしたち視聴者は『バチェラー』を過去の遺物であり、現在ほど多様でも開かれてもいなかった過去の社会から抜けだしてきた番組として観たがるが、じつは『バチェラー』には現在の人種の力学が鮮やかに映し出されている。現在でも、アメリカ人の大多数は自分と同じ人種の人と結婚する。ある調査の結果では、二〇一五年、新婚の人の六人に五人（八十三パーセント）が同じ人種／民族の人と結婚していた。[27] たしかにアメリカ人の大多数は今でも、人口統計的特性のさまざまな面——人種はもちろん教育レベル、社会経済的階級、支持する政党[28]——で自分と一致する相手と結婚している。それは〝同類性〟または〝同類愛〟という概念だ。この傾向が続くのにはいくつかの理由がある。第一に、人は世界中の誰とでも出会えるわけではない。人は出会った人と結婚する。そして住宅や学校の事実上の分離、学歴の人種間格差を考慮すれば、人は自分と同じ肌の色の人と出会う可能性が高い。[29] そして「ティンダーがすべてを変えた！」という意見に飛びつく前に、ある研究によって、オンライン・デートでもひじょうに高度な同類性が維持されていることが明らかになっている。[30]

インターネット・デートについての多数の研究が示すように、人がある程度候補者を絞ったあとで誰を選ぶかに関しても偏りが存在する。共有する文化の個人的な好みや願望もそれに一役買っているが、単純に人種差別もある。たとえばピュー研究センターがおこなったある研究によれば、二〇一七年の時点で、非黒人の一〇人に一人以上（一四パーセント）が、「近い親戚が黒人と結婚することに反対する」と答えた。[31]（この数字は、反対すると自ら認めた人の数だ。）つまりわたしたちは、『バチェラー』の非白人の描写に不満をもち、テレビ局の時代遅れを非難するが、ある意味で『バチェラー』は時代遅れではないのだ。番組は今の時代を反映している。つまり長年続く人種の不平等がわたしたちの交際の規範にも浸透し、それが番組に染み出している。

誤解のないように言っておくと、これは番組がどうすべきかという議論ではない。むしろ、『バチェラー』がわたしたちの世界の映し鏡にすぎないことの証明だ。番組でカップルになることは、参加者の選択の結果（プロデューサーの誘導）というだけではなく、より広い社会のヒエラルキーの反映なのだ。『バチェロレッテ』で黒人のレイチェルが主役だったシーズンの視聴率は、前のシーズンとくらべてかなり落ち、白人視聴者の割合も低かった。[32] こうした番組の参加者たちは、番組内の小さな世界の中だけでなく、それを消費する外の世界にも、依然として人種の境界が残っていることを明らかにする。

正しい理由でここにいる

ここまで、わたしたちのジェンダーや人種についての文化的な考えが、カップルはどのようであるべきかについての思い込みに影響を与えるということを見てきた。同じ人種の異性愛で、互いに相補うジェンダーロールを担うカップルが文化的正統の頂点に立つ。だが、わたしたち視聴者がそのカップルを完全に現実そのものだと見るためには、二人はもうひとつの重要な要素をもっていなくてはならない。愛情だ。

リアリティ番組のデートや結婚の番組に参加する人々にとって――また実社会のデートシーンにおける人々にとっても――愛を探しているというのは自明の事実のようだ。しかしながら、ロマンスと長期的関係の結び付きは、生物学的なものでも普遍的なものでもない。それは文化に由来する。社会学者のステファニー・クーンツが著書『結婚の歴史：どのようにして愛は結婚を征服したか（Marriage, a

History: How Love Conquered Marriage)』で指摘するように、一八世紀後半まで、人々は恋愛と結婚が両立するものとは考えていなかった。それ以前は、「世界中の大部分の社会において、結婚はきわめて重要な経済的・政治的制度であり、当事者二人の自由に任されることではなかった。恋愛のように無分別で一時的なものに基づいて決める場合はなおさらだった」[33] 二〇世紀の初めでも、結婚は依然として家族の承認、子育て、経済的安定に根差している義務的な結合だった。[34] その後カップルは、しだいに〝友愛的〟な合意に移っていく。つまり、配偶者は互いに好意をもち、(なんと!)愛し合うべきだという考えが広く当然視されるようになっていった。たとえば現在のわたしたちには、一九五〇年代の結婚は非常に伝統的に思えるが、実際にはこの点においてむしろ進歩的だった。[35] この変化はたぶん、戦後の繁栄に関係しているのだろう。この時代に育った世代はおおむね、基本的な生命活動に消耗されることが少なく、より高い目標に目を向けられた。[36]

びっくりハウスの鏡であるリアリティ番組では、恋愛と結婚は共に進行し、連続している。たとえば『バチェラー』の参加者たちは、つねに自分が「正しい理由でここにいるのか」という問いに直面する。〝正しい理由〟とは、豪華な旅やテレビに出ることではなく、主役に恋愛感情をいだいているかということだ。〝愛〟という言葉を口にしなかったり、シーズンの終わりに婚約する心の準備ができていないとほのめかしたりする参加者は、疑いの目を向けられる。(たとえば『バチェロレッテ』シーズン13のピーターは、その理由で番組から追い出された。)もっと直接的な例では、『ジョー・ミリオネラ(Joe Millionaire)』(Fox、二〇〇三年)の前提は、女性たちが億万長者だとされた男性をめぐって競い合うが、最後に彼が建設労働者だと明かされるというものだった。この番組の重要な山場は、最後に残った女性がそれでも彼を愛するのか、それとも金目当てに過ぎなかったのかという点にあった。どちらの番組も、わたしたち視聴者は最初から〝正しい理由〟は議論の余地なく、時代を問わない（じつはそんなことはない）と考えがちだということを示している。イギリスのデート番組で、気軽なフックアップに大きな重点を置いている『ラブ・アイランド（Love Island）』（ITV2、二〇一五年―現在）でさえ、少なくとも建前ではロマンティックな恋愛が大事だということになっている。〝セックス・アイランド〟ではないのだから。

カップルと恋愛を強力に結びつけるわたしたちの文化は、『九〇日のフィアンセ（90 Day Fiancé）』（TLC、二〇一四年―現在）にとくによく表れている。この番組は、外国人フィアンセのために〝婚約者ビザ〟を申請した（しようとしている）アメリカ人を追う。フィアンセは彼らと共にアメリカに入国できるが、有効期間は九〇日間で、その後は結婚するか出国するかしなければならない。つねにどの関係が〝現実(リアル)〟なのかという疑問が番組全体を厚く覆っていた。番組に参加した友人や家族、そして視聴者たちは、カップルの一見取引のような関係に批判的でありつづけた。たとえばアメリカ人のジョージと、ロシア生まれのフィアンセ、アンフィサは、家族から何度も非難された。あるときジョージの姉はかみつくように言った。「つまり、あんたが金をもっていれば、あの女は脚を広げるってわけ？」[37]

シーズン2のダニエルとモハメド（スピンオフの『九〇日のフィアンセ　ハピリー・エヴァー・アフター？（90 Day Fiancé: Happily Ever After?）』『九〇日のフィアンセ　あの人は今？（90 Day Fiancé: What Now）』にも出演）もやはり、画面の内外で疑惑が炎上した。〈ザ・カット〉のある記事では、次のように書かれた。「最初から、本人たち以外の全員が、うまくいくはずがないと思っていた」「もっとも長く続いたストーリーのひとつとして（…）二人は見ている人に最高のばつの悪さをもたらした」[38] このカップルの一連のストーリーの最初から最後まで、ダニエルの友人と家族はモハメドのことを〝人間のくず〟〝ペテン師〟と呼び続けた。モハメドがアメリカにやってきた直後、カップルのどちらも自分の経済状態について不正直だったことが明らかになる。最終的に二人は結婚したが、祭壇でモハメドはダニエルにキスするのを拒否した。式が終わるやいなやモハメドはマイアミに逃げた。ダニエルは、モハメドがマイアミで別の女性といっしょにボートに乗ってはしゃいでいる写真を見る。二人は離婚した。ダニエルはモハメドを詐欺で訴えた。[39]

ダニエルとモハメドの場合は、世紀の愛ではなかったかもしれないが、二人の関係が〝つくりごと〟だと言うのは、それに対して客観的に〝現実の〟結婚の形があるということを前提にしている。このカップルに対するわたしたち視聴者総体の反応は、結婚には何が必要なのかという思い込みを強調するものだ。二人の関係に対する疑いは、二人の身体的な違いによって増幅された可能性がある。ダニエルは太った中年の白人女性で、たいてい眼鏡をかけ、スウェットパンツをはいていた。（正直に言えば、わたしは今、スウェットパンツをはいている）そしてモハメドは長身で引き締まった体の二六歳のチュニジア人男性だ。番組の視聴者も家族も、二人の年齢、肌の色、見た目の魅力度が整合しているときには、あまり疑念を投げかけない。その好例がシーズン3のローレンとアレクセイだ。二人とも二七歳で、ユダヤ人で、昔ながらに魅力的。二人のドラマの焦点は、彼らの愛が現実かどうかではなく、ローレンが持病のトゥレット症候群について打ち明けるかどうかといったことにあった。

こうした、恋愛に基づき、かつ同類どうしの結び付きこそ正統な結婚だとする考えは、わたしたちの社会的制度にも織り込まれている。『九〇日のフィアンセ』のカップルたちはそれを際立たせている。彼らは懸命に政府に自分たちの正統性を実証しようとし、それができなければ別れるしかない。重要なのは、ほぼ全員が自分たちの関係を愛という言葉で語るということだ。たぶん実際に愛し合っているからということもあるだろうが、彼らがそうした種類の言葉を使うのは、恋愛は正統な結婚の必要条件だと考える宗教、家族、政府といった社会的制度を相手にしているからだ。市民権のために二人の関係を立証するという発想そのものが、文化的また歴史的に特定的な正真正銘の結婚があるという考え方を前提にしている。カップルたちは、政府の役人に「彼はグリーンカードを必要としていて、わたしは若いツバメが欲しいの」と言ったり、「彼女は貧困から逃げ出す方法を探していて、ぼくはアジアフェチなんだ」と言ったりしても、何の得にもならない。たとえそうした説明のほうが真実に近かったとしても。

それでは、法の下でカップルの関係が〝現実〟だとされるには何が必要なのか？　社会学者のジーナ・マリー・ロンゴが指摘するとおり、アメリカでは、グリーンカードを求めるカップルは「二人の関係が〝本物で長続きするもの（つまり愛のため）〟であり、詐欺的（つまり移民手続きのため）ではないと実証する必要がある」[40]。「移民局の職員は詐欺的な関係かどうか、いくつかの〝注意すべきチェックポイント〟、たとえば〝大きな年齢差、短い交際期間、金銭的な要求〟等を検討する」[41]グリーンカードと市民権を与えるプロセスでは、その他にもさまざまな付随的事柄が存在する。初期のアメリカの移民法では、アメリカ生まれの女性は外国生まれの夫の市民権を請願することはできなかった。実際、彼女たちは外国人と結婚したら市民権を失った（アメリカ生まれの男性にはそのような法律は適用されなかった[42]）。そしてごく最近まで、そうした手続きは異性愛の関係に限るとされていた。

『九〇日のフィアンセ』は、正しい結婚についての文化的な考え方を政府がどのように反映し、また形作ってきたのかということを明らかにすると同時に、ジェンダー、セクシュアリティ、人種の布置に、政府がどのようにわたしたちの期待を反映し、形作ってきたかもはっきりさせた。ジーナ・マリー・ロンゴは移民に関する自助のネット掲示板を分析して、アメリカ人男性は、若く魅力的な女性を外国から連れてくることで「自らの男らしさを友人に証明」できるのに対して、「同じことをしようとする女性は、自らの感情や限度をコントロールできない必死な愚か者だと見なされる。結果的に、彼女たちの関係はより疑わしく、取り締まりが必要なものだと思われる」[43]と気づいた。

ダニエルとモハメドに対するわたしたちの集団的反応には、ステレオタイプが作用している。わたしも無縁ではない。わたしもこのカップルには眉を吊りあげ、顔をしかめた。ダニエルの子供とは思えないほど賢い一〇代の子供たちが、間違っていると母親を説得しようとするのに声援を送った。わたしを含む人々がダニエルとモハメドに向けた疑念のもとになっているのは、結婚はロマンティックな構成単位だという観念であり、正真正銘の男らしさや女らしさや、彼らの関係やセクシュアリティについてのわたしたちの思い込みであり、そうしたカップルがどのように見えるべきかという先入観だ。『九〇日のフィアンセ』のカップルたちは、わたしたち視聴者の、結婚を前提とした関係が本物で適切であるためには何が必要なのかという考えを強化する。さらに、カップルたちはそうした結びつきが現実だと認められれば恩恵を与える社会制度を利用しようとすることで、そうした思い込みのもつ力を示している。

結婚と結婚する

恋愛関係におけるジェンダーロールの期待、カップルの二人は互いに類似しているべきだという意識、愛情は必要不可欠であるという思い込み――。そうした要素すべてが、『九〇日のフィアンセ』で激しく噴出する。さらに、わたしたちがどんな種類の関係を〝本物〟だとするかを理解する上で、同番組の前提そのものが重要な鍵となっている。それは文化としてわたしたちが今も結婚制度に固執しているということだ。結婚は、政府に印を押され、教会に認められることによって〝正統な〟二人の世界を聖別化することであり続ける。

文化人類学者のゲイル・ルービンは、わたしたちの社会が人種やジェンダーによって不平等に利益を分配するのと同様に、性的指向に限らないセクシュアリティによる不平等もある論とじている。ある種のセックスをする人々は、社会に褒美を与えられる。その褒美とは、「メンタルヘルスのお墨付き、社会的地位、合法性、社会的流動性や身体可動性、制度の支援、物質的な恩恵」といったものだ。[44] 異性愛で一夫一婦制の婚内交渉は、そのヒエラルキーの頂点にあると、ルービンは指摘する。

社会として、わたしたちは結婚と結婚している。結婚する人が昔よりも減り、離婚が広く受け入れられ、初婚年齢が上がっているとしても、わたしたちの大部分は人生のいずれかの時点で結婚する。[45] 結婚は、現在あまり結婚しなくなった層にとってさえ、依然として高度に象徴的な重要性をもっている。その考えに従い、社会学者のキャサリン・イーデンとマリア・ケファラスは、なぜ結婚するよりも先に母親になることを選ぶのかについて低所得の女性たちにインタビューをおこない、全般的に見て、女性たちが結婚を評価していないというわけではないという結果を得た。むしろ結婚を評価しているからこそ、お粗末な選択かもしれない相手との結婚に飛びこみたくないのだ。[46] 実際、一部の研究によれば、現在、わたしたちにとって結婚という制度は昔よりも象徴的な重要性を増しているらしい。

なるほど、結婚の文化的な反響は、結婚するカップルに与えられる社会的な恩恵に反映されている。また同性カップルの、自分たちの結びつきを法的に認めさせる戦いにも、それがうかがえる。そして温室栽培の花々のように次々と生まれた結婚がテーマのリアリティ番組にも、それが見える。ウィキペディアの〝結婚テレビ番組〟のカテゴリーには、現在放送中と過去に放送された五六もの番組が並び、その大部分はリアリティ番組だ。花嫁たちが美容整形手術をめぐって競い合う『ブライダル整形（Bridalplasty）』（E!、二〇一〇―二〇一一年）から、ほかのリアリティ番組のカップルたちがカウンセリングを受ける『マリッジ・ブート・キャンプ（Marriage Boot Camp）』（WEtv、二〇一三年―現在）まで、こうした番組の広まりは結婚という この制度の文化的重要性を反映している。結局のところ、リアリティ番組は、もっとも〝正統な〟カップルは結婚したカップルだということをわたしたちに思い出させる。同時に、容認される結婚の狭い輪郭も明らかにする。わたしたちは、そうした、〝正しい理由〟で結婚式に臨まなかったダニエルとモハメドのような人々に対しては非難を投げかける。

その他の種類の関係がリアリティ番組にないということではない。パティ・スタンガーは同性カップルの縁結びもしている。レザ・ファラハンと夫アダムとの婚約と結婚は『サンセットのシャーたち（Shahs of Sunset）』（Bravo、二〇一二年―現在）において放送されたし、MTVのデート番組『アー・ユー・ザ・ワン?～奇跡の出会いは100万ドル！（Are You the One?）』（二〇一四年―現在）のシーズン

8はバイセクシュアル、パンセクシュアル、性的に流動的な人たちが参加した。『隣の女の子たち』は一夫一婦制の関係ではないし、『姉妹妻（Sister Wives）』（TLC、二〇一〇年―現在）もそうだ。実際――本書でも見ていくとおり――リアリティ番組というジャンルはある意味、その他の形態のメディアにくらべてより多様な関係を取りあげている。

それでも、デート、そしてとくに結婚に焦点をあてたリアリティ番組――たとえば『ブライドジラス（Bridezillas）』（WE、二〇〇四―二〇一三年、二〇一八年―現在）や、『マイ・フェア・ウェディング（My Fair Wedding）』（WEtv、二〇〇八年―現在）や、『ドレスにセイ・イエス（Say Yes to the Dress）』（TLC、二〇〇七年―現在）等――は、通常、同じ人種どうしで、性に関する旧来の価値観の女性が性に関する旧来の価値観の男性と結婚する。リアリティ・デート番組『ラブ・イズ・ブラインド（Love is Blind）』（ネットフリックス、二〇二〇年―現在）はその設定において、現代のデートで同類性が続いていることを認めてさえいる。『ラブ・イズ・ブラインド』の参加者たちは、恋人候補と初めて〝会う〟ときにはポッドの中に座っており、たがいの顔は見えない。最初の回で、ある参加者は、この番組は「民族、人種、経歴、そしてなんといっても外見といった混乱させる変数を取り払っている」[48]と表現した。しかし最終的には、『ラブ・イズ・ブラインド』でさえそうした障害を取り除くことにはなっていない。なぜならば、参加者たちは結婚を決めるずっと前に対面できるのだから。それに、たとえ〝盲目（ブラインド）〟だとしても、民族や人種の話はする。さらに彼らは、番組参加者として選ばれるための基準を満たしているわけで、つまり彼らはある意味で全員が類似しているのだ。たとえば、ほとんどの参加者は昔ながらの魅力的な体形であったり、全員が特定の年齢層に入っていたりする。そして『ラブ・イズ・ブラインド』の参加者は全員、同性のパートナーと結ばれることは考えていない。『バチェラー』において、パートナー候補が全員女性であるのと同じだ。それはリアリティ番組というジャンルが、より広い社会の異性愛規範、つまり異性愛が人々の指向として当然で正常だという考えを実演しているということだ。リアリティ番組の恋愛関係が正統の手本から逸脱すると、その違いは強調されることが多い。たとえば『姉妹妻』の一夫多妻婚のパートナーたちは、白い目で見られることについてたびたび話していた。『アー・ユー・ザ・ワン?～奇跡の出会いは100万ドル!』のクイアなシーズンは主流に逆らうものだったが、あとで見ていくように、その革命的な前提のおかげで話題になったのだ。[49]

同様に、わたしたちはみな、リアリティ番組やその他ポピュラーカルチャーの中で見かける異人種カップルを思い浮かべることができるはずだ――『バチェロレッテ』のレイチェルと、彼女が最後に選んだブライアンのカップル。ジョン・レジェンドとクリッシー・テイゲン、カーダシアン姉妹とそのパートナーたちのほとんど、アーニーとバートなど。しかし彼らは同類のカップルたちよりもはるかに目立つ。考えてみてほしい。ヘンリー王子とミーガン・マークルのカップルをめぐる報道における厳しい詮索を。イギリスの王族のひとりと結婚するとなれば詮索されるのは当然のことだが、このカップルに対する注目が増幅されたのは、バツイチで二人種間の子供であるアメリカ人女優とイギリスのエリートである赤毛男性という、知覚された社会的な非対称のせいである可能性が高い。イギリスの〈デイリー・ミラー〉紙の二〇一六年のある記事は、もしこのカップルに子供が生まれたら、「ウィンザー家の淡くてか細い貴族の血とスペンサー家の透き通った肌と赤毛を、どこかの濃厚でエキゾチックなDNAで濃くすることになる[50]」と予想した。王子の報道官はマークルがジャーナリストらから受けた「虐待と嫌がらせ」には「人種的な含意」があったと述べた。二人が王室のメンバーとしての公務から退き、イギリスを離れることに決めたのは、おそらくそれが一因だろう。[51]

人はどうやって結婚相手を見つけたのかと考えるとき、運命、ホルモン、キューピッドの弓から放たれた矢のどれかのせいにするかもしれない。しかしデートをテーマにしたリアリティ番組は、裏側で働いている社会的メカニズムに光をあてる。そうした番組は奇抜な設定やおどけた決めゼリフ（「ペニスが選ぶのよ！」）の寄せ集めではない。アメリカの交際を丸裸にしてその本質を見せ、カップルの周りで社会がどのように組織されているかを示し、そうした結びつきに対するわたしたちの退行的な文化的期待にスポットライトをあてる。わたしたちは、『バチェラー』の主人公がパートナー候補をプロデューサーに選ばせることを愚かだと思うかもしれないが、自分の恋愛関係も外からの力に強く形作られている。わたしたちは出会った人誰とでもデートするわけではないし、自分の好きなやり方でするわけでもない。結局のところ、リアリティ番組はカップルが重要だと示すことではなく、ある特定の条件下におけるカップルが重要だと示しているのだ。

ルービンらが指摘したとおり、こうでなければならない理由はない。関係が一夫一婦であるべきだとか、恋愛に基づいているべきだとか、特化した役割を演じる異なるジェンダーの組み合わせであるべきだとかいうことは、既定の結論ではない。しかしながら、わたしたちはそうした特定のパートナー関係や付随する役割を自然で正しいこととしてしまいがちだ。もちろん、人々は変化している。今や女性はさらに力をつけ、同性婚は国の法律になり、一九九〇年代に非黒人の六三パーセントが、親戚が黒人と結婚することは好ましくないと答えていたのは、一四パーセントになった。[52]それでも、リアリティ番組は、誰が、そして何が〝現実の〟カップルたらしめるのかという集団的思い込みがいかに厄介なものか、そうした思い込みがいかにわたしたちの文化の中に注入され、しっかりと根付いているかをさらけ出す。そして、そんなふうにデートや結婚が展開していくのをわたしたちがよろこんで視聴するのは、そうした番組は乳児のおしゃぶりのように、文化的変化に対するわたしたちの不安の多くをなだめてくれる。しばしば奇抜な前提にもかかわらず、カップルをテーマにするリアリティ番組は、女性、男性、人種、セックス、愛についてのわたしたちの昔ながらの考えを強化する。そうすることで、わたしたちのもっとも凝り固まり、長く続いている社会的ヒエラルキーを反映し、増強する。そのヒエラルキーは、最後のバラを贈られるのは誰か、といったことをはるかに越えて影響を及ぼす。

タギ・チームには七人の参加者が残っている。彼らはしだいに暗くなりつつある陽光の中を進む。手にはティキトーチ〔ポリネシア風の松明〕の長い柄をつかみ、緊張した面持ちだ。

次に島を追放されるチームメイトを決める投票の時が来たのだ。

彼らが道具をまとめ、九〇年代後半のファッション――ポケット付きTシャツ、チノパン、ふくらはぎまで覆うハイソックス――に身を包み、力強い足取りでジャングルを歩いていく映像に、それぞれがこれからの展開についてコメントする映像が挿入される。

「投票で落とされるのはルーディーで決まりだと思っていたんだけど、わたしかもしれない」ステイシーはそう言って不安げに目を細めた。

ルーディーが画面に映る。上半身裸で、火の前に腰をおろし、ステイシーに投票するつもりだと認める。「彼女のことは好きじゃないんだ」小さな笑い声をたてて、こう続ける。「ぜったいに好きになれない」彼の懸念は、若い参加者たちが結託して自分を追い出すことだった。

「チームのことを考えないと」スーはカメラに向かって語る。

リチャードも同様に、チームの成功にもっとも貢献しそうなのは誰かという点に基づいて、〝人々の優先順位〟を決めていると述べた。

戦略について考えながら、ケリーはカメラに向かってこう言う。「みんな、友だちをつくるためにここに来たんじゃないと思う」そしてついに、こう漏らす。「わたしは、友だちをつくるためにここに来たわけじゃない[1]」

ケリーが二〇〇〇年に『サバイバー』のシーズン1でこのコメントを口にしたとき、これが競争系の番組でもっともよくくり返されるフレーズのひとつになるとは、彼女は知る由もなかった。ドキュメンタリー形式のゲーム番組を観ていると、ボルネオ島のビーチの潮の満ち引きと同じように確かに、ある時点で誰かがかならず宣言する。「友だちをつくるために番組に出ているわけではない」(もしくは、ドラァグクイーンのラション・ビヨンドの言葉にすると、「これは〝誰がル・ポールの親友になるかの競争〟じゃないのよ!」)。しかし、『リアル・ワールド』のヘザー・Bが出演から二五年後もジュリーやノームと親しくしているところを見ると、リアリティ番組で友だちをつくった出演者も、もちろんいる。競争系の番組であっても、参加者どうしの関係は敵対的なだけではなく、わたしたちと同じくじつに豊かで、変化に富んでいる。

一九〇〇年代初め、ゲオルク・ジンメルは著作の中でそうした結びつきに注目した。1章では、ジンメルがどのように個人と社会との関係を理論化したかを見てきたが、彼はまた、人々が集団でどのように行動するかについても研究した。彼はなんと言っても〝形式社会学〟の創始者のひとりであった。これは、タキシードや燕尾服を着たような堅苦しい社会学ということではなく、基本的な社会構造の〝内容〟ではなく〝形式〟に重きを置いた世界の見方だ。ジンメルは、さまざまな社会的集団に広く行き渡った共通点を観察した。たとえば〝宗教の共同体〟、〝美術学校〟と〝共謀者の一団〟は大きく異なる種類の集団だが、その内部では同じような種類の力学——たとえば、〝上位と下位、競争、分業〟など——が働いている。[2] 彼がこれを著したのは一世紀前だが、こうした共通性は今も変わらない。リアリティ番組の競争をジンメルの著述と併せて考察することによって人々の日常的な集団力学を覗きこめば、何世紀にもわたり持続し、現代のわたしたちの生活の中で今も働く、もっとも基本的な種類の社会的関係が見えてくるはずだ。

『サバイバー』のシーズン1——参加者たちを僻地に送りこみ、たがいに投票で追放者を選ばせ、最後に残ったひとりが一〇〇万ドルを勝ち取るという、マーク・バーネットの圧倒的破壊力のある企画——はまさに、そうした関係をくっきりと映し出す鏡だ。参加者の多くは、撮影されていることに対して無邪気さがあるように見える。それは後継の競争系番組では欠けていたものだ。また現実の世界と同様に、たがいの交流に重きが置かれている。エピソード3でスーがカメラに語ったように、「毎日、誰かと個人的に対立してる」。でも現実の生活ではこういう対立に対処することができるし、「ここでも同じことをするつもり」だと彼女は続ける。シーズン1に社会的力学がよく表れているもうひとつの理由は、勝者となったリチャード・ハッチが企業のコミュニケーション・コンサルタントであり、番組全体を通して——他の参加者たちに対してはそうでなかったとしても——カメラに向けては、彼の戦略について率直に語っているからだ。リチャードは早々に、『サバイバー』で成功する鍵のひとつは、このような小さな集団を支配する能力であると示した。(これは、コミュニケーション学の元教授であり、この番組のミクロな力学に関する講義を担当し、その後自ら参加者となったマックス・ドーソンに訊いてみるといい。)『サバイバー』は、そうした昔ながらの社会形式を強調するだけでなく、抜け目のないプレイヤーたちが――テレビの中においても人生においても――それからどのように利益を得るのかも、わたしたちに見せてくれる。

二人集団：面倒が二倍

ジンメルが特定するもっとも基本的な小集団は、二人集団、すなわち二人の集団である。前章では、わたしたちがどのようにカップル（二者）の世界をつくりあげるのかを見てきた。それはより広範な権力構造を反映し、永続させるようなやり方だった。しかしそうした関係における〝内的な〟働きを理解することも重要だ。ジンメルは、二人の集団はもっとも強力かつ密接な社会的形式の一部になることがあると述べた。

『サバイバー』のシーズン1にはかなり多くの二人集団があったが、リチャードとルーディーこそ、二者の力関係を示す最適な例と言えるだろう。元軍人の高齢者と、同性愛者であることを公言する企業人は、一見あり得ない組み合わせに見えるかもしれない。ルーディーはリチャードのことをたびたび〝ホモセクシュアル〟と呼びながらも、リチャードが「今までに会った中でも最高にいいやつのひとりだ」とも言っている。この一見あり得ない同盟が、二人集団のひじょうに大きな力を実証していく。男性二人は、シーズン終了近くになって、ついにルーディーが投票で落とされるまで――落とすのはリチャードではない――お互いを見捨てることはない。リチャードが、ルーディーと築いた関係によって最終的に勝利を確実なものにするように、すべてがうまく行けば、強力な二人組はその関与者にとって極めて有益となり得る。

さらに、二人集団について『サバイバー』のような番組が教えてくれるのは、集団に二人しかいない場合、より多くの利害がかかわってくるということだ。なぜなら、その関係を機能させるには、双方が積極的に関与しなければならないからだ。ジンメルはこう説明する。「二人集団を決定づける特徴は、それぞれが実際に何ごとかをなさねばならないということであり、それができなければ、他方のみが残っているにすぎない[3]」ひとりが怠けると、二人集団は不安定になる。ひとりが去ると、もうおしまいだ。このことは、ケリーから激しい非難を受けて二人集団を解消され、投票で島を追われたときにスーが放った辛辣な言葉に反映されている。

だがリアリティ番組の世界広しといえども、『The Naked（Naked and Afraid）』（ディスカバリーチャンネル、二〇一三年―現在）ほど、二人集団の特徴がよく表れる番組はないだろう。各回で、男性と女性のサバイバル挑戦者が、食べ物も、水も衣服もなく荒野に二人きりで取り残され、二一日間生き延びられるかどうかを見られる。共に過ごす時間も終盤となると、二人は密林の向こうにある〝脱出ポイント〟までたどり着かなければならない。

『The Naked』では、二者関係が〝番組のすべて〟だ。二者を孤立させることで、『The Naked』は、この形式の混じりけのない特徴をつぶさに見せてくれる。参加者たちの相互依存は早いうちに確立し、その回のはじめから終わりにかけて強化される。例として、パイロット版（放送開始に先行して試験的に制作された映像作品）のシェーンとキムは、コスタリカのジャングルに取り残された[4]。すぐに、サバイバリスト二人のあいだにちょっとした衝突が生じ、シェーンは二〇代の人々（キムもそうだ）が苦手だと認め、キムはシェーンが本当におしゃべりだと意見を述べる。シェーンはキムのことを、目下に呼びかけるように「おまえ(キッド)」と呼び始める。この呼び方について、キムはカメラに向かって言う。「少なくとも今は気にしない。だって、私には何らかの精神的支えが必要だし、彼にも何らかの精神的支えが必要だから」『The Naked』は、シェーンとキムの生き残るためには二人の結束の強さに大いに依存しなければいけないことをくり返し強調する。

キムとシェーンの中心にある緊張関係は、二者の分離をもたらしかねない。片方が番組を去る場合、もう片方がひとりで成功を目指すことは可能だが、苦しい戦いだ。キムが体調を崩し、数日間動けなかったとき、シェーンはひとりで火や避難所を維持するために必要なすべての作業をしたが、もう少しでギブアップしそうになった。「力尽きてしまいそうだ。ひとりで二人を支えることができない」シェーンはカメラに告げる。「どうしたって無理だ」キムが快方に向かうと、二人は力を合わせて最後までやり抜くことできた。結局のところ、『サバイバー』と『The Naked』の両作品は、二人集団がそのメンバーたちにどのように影響を与えるか、成功するためにメンバーたちはその形式の中でどのように動くのかについて、うまくまとめられた例を提供している。

三者関係：チームの行き詰まり

ジンメルが特定した社会生活の次の基本的単位であり、『サバイバー』が実例を示すのは、〝三人集団〟、すなわち三人の集団だ。三人集団がどのような構成――友人、家族、同僚、参加者どうし――なのかに関係なく、三人集団の形式には共通した側面がいくつかある。二人集団にもうひとりだけ加わるだけで、物事は少々複雑になる。同時に、見ているほうには物事が面白くなる。ポップカルチャーのさまざまなシーンで、多くの象徴的な三人組（三バカ大将から、ドナルドダックの甥っ子たちまで）を目にするのは、おそらくそのためだろう。数多くの映画やテレビ番組の構想でもまた、確立された二人組の力学に変化をもたらす侵入者を中心に展開する――二〇〇六年のコメディ映画『トラブル・マリッジ　カレと私とデュプリーの場合』は、まさにその一例だ。

ジンメルが指摘するとおり、三人集団がいささか厄介なのは、二人よりも三人の方が〝情緒の一致〟[5]を保つのが困難だからだ。ぐずる幼児を連れて旅行に出かけたことのある夫婦であれば、これが痛いほどわかるだろう。また、『サバイバー』を観ているわたしたちにも、すぐにそれがわかる。ケリーとステイシーは、スーと友情を築いたと確信し、ルーディーを追い出そうとスーに接近する。スーは、自分も同じ気持ちだと二人に思わせておいて、その実、ステイシーの追放を計画している。「あの娘たちは、わたしがある人に投票すると思っているけど、おあいにくさま」彼女はカメラに向かってにやりと笑う。ステイシーが追放の式にいだいていた不安は、杞憂ではなかった。ステイシーは投票で落とされた三人目となり、スーは終盤近くまで残っていた（何を隠そう、このスーは、あとでケリーに裏切られて狼狽することになるあのスーだ）。

三人集団と二人集団のもうひとつの違いは、三人集団においては、三人が〝互いに〟異なる関係をもつのが可能になるという点だ。それによって、敵対関係、そして『サバイバー』用語で言えば〝同盟関係〟のさまざまな組み合わせが可能になる。実際、リチャードのチェスの一手は、三者関係における個人間の対立を自分の優位に転じることだった。彼は自分の好きなときに、ジンメルの言う〝漁夫の利を得る者（よろこぶ第三者）〟――他の二人の対立から恩恵を受けて〝よろこぶ第三者〟――になれた。[6]たとえば、エピソード4[7]でリチャードは、スーがダークにいらだっていることを利用して、スーを自分との同盟に引き込むことができた。「もちろん、現時点で存在する対立を何が解決するかは、よくわかってるよ」インタビュー映像で彼は語る。「でも、実際はそれと違うことをするつもりだ。ぼくに有利になることを。少し姑息だが」顎を撫でながら続ける。「自分が確実に次のラウンドに進めるように、まず何人かと同盟を結ぶことから始めようと思っている」

興味深いことに、リチャードは〝姑息〟だったとしても、ジンメルの言う〝分割支配〟――すなわち、三者関係で利益を得るために積極的に対立を〝つくり出す〟――第三者とまではならなかった。ただし、分割支配する者は、リアリティ番組の界隈にはあり余るほどいる。通称〝トラブルメーカー〟として知られ、『リアル・ハウスワイフ』のすべてのシリーズに少なくともひとりはいそうだ。もしいなかったり、いたとしてもドラマを盛り上げるという役割をしっかり果たしていなかったりすると、それまで目立たなかった人物が台頭してこの目的を果たすようになる。『リアル・ハウスワイフ in ニュージャージー（The Real Housewives of New Jersey）』のキム・D――おもに自身の店舗〈POSCHE〉のファッションショーを開催するために現れ、敵意をかきたてるような言いがかりをつける女性――がその一例だ。あるいはリアリティ番組における真の〝分割支配者〟はプロデューサーだと言うこともできる。何しろ対立と視聴率を牽引するために、喧嘩の種を蒔いているのだから。

テレビ画面の中に二人集団や三人集団が現れたとき、それがわたしたち自身の生活の中でどのように作用するかを想像するのは簡単だ。わたしたちはそうした関係の一部の特徴をとらえた、現代的で洒落た言い回しを生み出している。ルーディーとリチャードの絆は、今では〝ブロマンス〟〔男性同士の深い友情〕〟と呼ばれるかもしれないし、スーとケリーは完璧な〝フレネミー〔友人のふりをする敵対者〕〟だ。だが、いくら新しい言葉をつくっても、基本的な構造と力学は変わらない。わたしたちはリアリティ番組でこうした形式を観察することで、職場や家庭、学校や政治生活といった他の場面でもそれが当てはまるのに気づくことができる。〝漁夫の利を得る者〟は、両親が離婚して、不和の罪悪感に駆られた両親から数々の贈り物を受け取る子供がそうだろう。また〝分割支配〟は、上司の目をみずからの仕事から逸らしておくために、同僚二人の対立を煽る行為に見られる。二人集団と三人集団が存在せず、ジンメルが説明した方法で機能しないリアリティ番組を探すのは至難の業だ。また、実在の人物の伝記で、それらが皆無のものを探すのはほぼ不可能だろう。

集団で行うこと

このように、二人集団と三人集団は、テレビ画面上でも実生活でも、社会生活の土台を成すものだが、そこにさらに人が加わると何が起こるだろうか。誰でも〝小集団〟という言葉を使ったことがあるはずだが、ジンメルはこれを、対面で関わり、正式な役割はもたず、全員が同じ地位にある人々の集まりとして詳細に定義している。軍の部隊または教室といった〝大集団〟とは異なり、リーダーシップ構造をもたない小集団が何かを成し遂げるのは困難なこともある。わたしたちの多くは、中学校の科学プロジェクトから大学の学生委員会まで、そうした小集団の形式がもたらす困難をよく知っているはずだ。

小集団は、リアリティ番組の重要な一要素だ。それはおそらく、参加者間に相互作用を強制し、ドラマを生み出すからだろう。『リアル・ワールド』のロンドン・シーズンの後、プロデューサーが同居人たちからテレビを取り上げ、彼らに仕事を与えた経緯を覚えているだろうか。後続シーズン（一九九六年、『リアル・ワールド：マイアミ』での仕事は、五万ドルの起業資金を使って事業を起こすことだった。だが『マイアミ』のハウスメイトたちにはまったくまとまりがなく、プロジェクトをスタートさせることさえできなかった。その後のシーズンでも出演者が仕事に就いたり、ボランティアをしたりすることはあったが、既存のヒエラルキーにもとづく組織の一員としてだった。

競争系の番組は、このような集団の欠点に鋭く焦点を合わせる。『サバイバー』では、タギ・チームが岸に打ち上げられて間もなく、これが起きた。リチャードは、チーム全員が腰をおろし、手順について一通り話し合うことを望んだ。ところが他のみんなは、肉体労働を始めた。ウィスコンシン州でトラック運転手をしているスーは、「自分は会社員じゃない」と言ってリチャードを退ける。元海軍特殊部隊員のルーディーは、「全員が主導権を握ろうとしている」と不満を漏らし、ひとりの命令のみに従う軍隊の方がずっと物事が簡単だったと言う。

最終的にリチャードは、二人集団と三人集団においてのみならず、こうした、少し規模の大きな社会的形式においても成功を収めることができた。たとえば、タギ・チームとパゴン・チームが合流すると、〝内集団〟と〝外集団〟の構造が現れ、元タギ・チームメンバーのリチャード、ケリー、ルーディーとスーは結託して元パゴン・チームをひとりずつ追放しはじめた。さて、〝内集団〟という言葉を聞くと、それが当てはまるのは、せいぜいハイスクールの食堂にいる生徒たちのことだろうと思えるかもしれない。しかし、ジンメルが考察したように、内集団と外集団の違いは、社会生活においてくり返し発生する形式だ。内集団には社会的な力があり、多数派であることが多い（例えば米国の白人）が、必ずしも多数派である〝必要〟はない。ハイスクールの食堂の話に戻ると、人気がある生徒たちは大きな影響力を行使するが、生徒全体の中では少数派だ。『サバイバー』の場合、元タギ・チームの同盟は、残った参加者たちの総数の半分に満たない(タギ・チームとパゴン・チームは同数で合流したが、タギ・チームメンバーのショーンは同盟には属していない)。しかしながら、元タギ・チームはそのすぐれた組織力によって強力な集団となり、ゲームの残りの決定権を握った。このとき、彼らにそれが可能だったのも、リチャードの駆け引きのおかげであった。

公平を期して言えば、小さな社会的形式を支配するリチャードの能力は、リアリティ番組という極限の世界の中でさえ、ひじょうに際立っていた。他の参加者の大半が、当時の彼と同じような心理ゲームをしなかったということも、彼に有利に働いた。ちなみにリチャードは、二〇〇四年に『サバイバー～オールスター編(Survivors: All Stars)』にふたたび参加したが、そのときは一八名中五番目に追放された。

「そいつをやっちまえ!」

ゲオルク・ジンメルとリチャード・ハッチが社会学のクラスで共同授業を行ったとしたら、二人はきっと、最小の社会的集団に見られる強さを強調したはずだ。これらの形式の中で協働することによって、ジャングルで生き残ることからライバルチームを打ち負かすことまで、わたしたちは多くのことを成し遂げられる。しかし、こうした規模の集団には別の面もある。つまり、集団が〝わたしたちを〟支配することもあるのだ。

ジンメルが説明し、リアリティ番組というジャンルがくり返し見せてくれるとおり、一見普通で礼儀をわきまえた人たちが、悪い集団行動に流されることがある。集団で起きる〝実際の人格価値の低下[8]〟について論じた際、ジンメルは、人が自分自身の裁量に任される場合にはおこなわないであろう行為を、共同ではおこなうと考察する。集団思考は、間違ったことをおこなっているという感情を遮断することがある。誰もがその事例を思い浮かべることができるだろう。子供時代のいじめ。ブラックフライデーのショッピングモールへの殺到。人権を蹂躙する政府の役人。「これらは個人にとっては、彼が人格として責任を負うべきばあいはとうてい不可能であろうし、あるいは少なくとも彼を思わず赤面させるであろう」ジンメルはこう説明する。[9]〝群集心理〟と呼ばれるものについては、誰もが耳にしたことがあるはずだ。

リアリティ番組の世界で、集団思考のこういった面が顕著に表れたのは、『トップ・シェフ（Top Chef）』シーズン2だった。参加者のひとりであるマルセルは、シーズン中ずっと他のメンバーたちと衝突していた。参加者仲間であるイランは、再三彼を侮辱し、あるときは彼にこう言う。「黙れ、泡でも吹いて、隅で泣いてやがれ」ある晩、この緊張関係が頂点に達する。スタッフたちは帰宅したが、参加者たちが自分で撮影できるようビデオカメラを渡していった。[10]インタビュー映像でクリフがカメラに向かい、最後の脱落チャレンジが始まる直前だったので、「マルセルの髪を剃ってみるのはいい考えだと思った」と語る。次の瞬間、クリフがソファで眠るマルセルを引きずりおろす映像が映し出される。クリフは、逃げようとしてもがくマルセルを床に組み伏せ、その後二人は立ち上がって格闘し、クリフがマルセルの両手を頭の後ろに固定する。カメラの後方でイランが叫ぶ。「やれ！　そいつをやっちまえ！」

「いきなりクリフに起こされたんだ」インタビュー映像で、マルセルは振り返る。「思ったよ。これは現実か？　今、いったいぜんたい何が起こってるんだ？　なぜこの大男が俺の上にいる？　俺はなぜ、絨毯に顔を押しつけられている？　どうしてバリカンがそこにあるんだ？」

「本当にばかな思いつきか冗談だった」クリフは弁明する。

「異常だった」インタビュー映像で、サムは言う。「かかわった当事者全員にとって不快な状況だった」

その事件の話に戻ると、サムは近くのソファに腰かけて笑っている。マルセルが解放されて腹立たしげに寝室に突進すると、サムは笑みを浮かべてイランに囁く。「行けよ」イランは実際にマルセルの後を追い、彼をさらに怒らせる。マルセルはようやく逃げきり、鍵をかけたトイレで眠りにつく。その映像が明らかになり、クリフはマルセルに手を出したことで番組を降ろされた。他のシェフたちは競技を継続することを許され、イランがすべての勝利を手にする。

『トップ・シェフ』は身体的暴力につながった集団思考の一例を示しているが、他のリアリティ番組でも、参加者メンバーたちが寄ってたかってあるメンバーを槍玉にあげるなど、同じ力学が見られる。たとえば『ハウスワイフ』の同窓会番組では、ひとりのメンバーが他のメンバーたちから攻撃されることが多い。こういった争いが身体的なものではなく言葉での争いにとどまっているのは、おそらくひとつには、否定的報道や法的な報復の可能性に敏感な監視役が通常、脇に待機しているからだろう。『ラブ＆ヒップホップ』や『BADガールズ・クラブ～クレイジーな集団生活～』などの一部の番組では、暴力沙汰が起こると番組スタッフが画面に割って入り、出演者メンバーを引き離すのを目にする。

わたしたちはどれくらい、シェフたちのように集団の感情に左右されるのだろう。先日、大学の教授会で、気がつくとわたしは、講堂に足を踏み入れる前には少しも気にしていなかった軽微な方針変更に反対する意見の流れに飲み込まれていた。その時わたしは実際に怒りを感じ、帰宅するまでそれが消えることはなかった。デュルケームはこの現象を〝社会的潮流[11]〟と表現する。人が寄り集まると、「たとえば、ひとつの集会のなかに生じる熱狂、憤激、憐憫などの大きな感情の動きは、いかなる個々人の意識をも起源とするものではなく、外部からわたしたち各人にやってきて、有無をいわさず各人をそのなかに巻きこんでしまう」と彼は主張する。[12]しかしながら、「いったん集会が解散し、その社会的影響がわたしたちの上に作用することをやめ、わたしたちが自分ひとりに返るや否や、さきほどまで経験していた諸感情は、あたかも、わたしたちのもはやあずかり知らないよそよそしい何ものかであるよう」に感じられる。[13]実際、冷静になって昼の光の中で審査員の前に立つシェフたちは、深く後悔しているように見える。

また、ひたすら見て見ぬふりをしていたシェフたちについては、どうだろう。このような傍観者はわたしたちの日常生活にも存在する。わたしたちがリアリティ番組『あなたならどうする？（What Would You Do?）』（ABC、二〇〇八年―現在）から学んだことがあるとすれば、多くの普通の人たちは、間違った行為に気づいても介入しないということだ。この番組では、俳優が公の場で、道徳的に疑問を生じる、時には違法なふるまいをわざと演じてみせて、その場に居合わせた人がどのように反応するかを観察する。各シーンの終わりに、ホストのジョン・キニョネスが彼らの反応についてインタビューをおこない、自分だったらどうしていただろうと視聴者に考えさせる。ここまで見てきたように、リアリティ番組の魅力のひとつが、参加者と自分を重ね合わせられるという点だ。『あなたならどうする?』の場合、番組自体が明らかに、その場に居合わせた人の立場になって考えてみることをわたしたちに促している。自分自身の内面に目を向け、一連の疑問を自分自身に投げかけて、番組という物差しでみずからの倫理観をはかるように。わたしはこのシナリオの誰だろう。あの差別主義者? インタビュアー? 無言の傍観者? 他の人たちと同様に距離を保ち、見て見ぬふりをしただろうか。

そう、自分だったらマルセルのために立ち上がっていたはずだと思いたいところだが、『あなたならどうする?』から明らかになったことのひとつは、多くの人たちが立ち上がらないということだ。結局のところ『トップ・シェフ』は、暴力がどこにでも起こり得ること、またその時に個人の意志は、集団の意志の中で消滅するという粛然たる事実を気づかせてくれる。番組の審査員長であるトム・コリッキオは、その回の放送終了後、BravoのHPの自身のブログにこう書いた。「わたしは一瞬で理解した。悪ふざけがどのようにして醜悪ないじめ行為に変わるのか、もしくは騒々しいバチェラー・パーティー〔結婚直前の男だけの独身お別れパーティー〕がどのようにして犯行現場になりうるのか……そのすべてがわたしに、この名言を思い起こさせた。〝悪が勝利をおさめるために必要なことは、善人が何もしないことだけだ〟」

〝本当に〟現実(リアル)なのか?

『サバイバー』や『トップ・シェフ』のようなドキュメンタリー形式のゲーム番組(ゲームドク)内の

チャレンジは、日常的な経験とは完全に切り離されたもののように見える。たしかに現実の生活では、火をつけたティキトーチを持ってカヌーの上でバランスをとったり、チーズ・ドゥードルス〔スナック菓子〕とマロマーズ〔マシュマロを載せたクッキー菓子〕だけを材料にグルメ料理を作るように頼まれることはない。しかしわたしが教える学生たちは、競争系の番組がリアリティ番組のサブジャンルで〝もっとも現実〟に見えると言う。少なくとも競争系の番組では、おもな制約が明らかで、参加者たちはその制約の範囲内でなら〝現実〟であることがかなり認められているように見えるということらしい。（ただしそこにはかなりの幅があり、一部のゲームドクが他のゲームドクにくらべてよりつくりものめいて見えることは、学生たちも認識している。）学生たちが言うには、これらの番組が〝より現実〟に見えるもうひとつの理由は、その集団力学が身近に感じられるからだそうだ。平均的な視聴者は、島で地虫を食べたり、ローズセレモニーに向けて手の込んだきらびやかなシースドレスに袖を通したりした経験はたぶんないが、これらの番組は、わたしたちの生活のすべてに影響を及ぼす相互作用の形式をあらわにし、わたしたちのもっとも基本的で身近な社会的集団を映す鏡となる。

学生たちの反応を見れば、競争系の番組がリアリティ番組のサブジャンルの中でもとくに人気が高い理由が説明できるだろう。視聴者はテレビで、ほぼすべてのことに関して競い合う人々を観る。相続をめぐって大きな叫び声をあげる相続人から（『ザ・ウィル（The Will）』（CBS、二〇〇五年））、ハリー王子のそっくりさんの愛情を求めて競い合う女性たち（『〝ハリー〟と結婚したい（I Wanna Marry "Harry"）』（Fox、二〇一四年））、そして数々の怪我人を出した、著名人によるダイビングの勝ち抜きの（『スプラッシュ（Splash）』（ABC、二〇一三年））まで、ゲームドクの種類は無数にある。また、競争系の番組は大きなビジネスになり得る。二〇一七年と二〇一八年のシーズンで一八歳から四九歳にもっとも多く視聴された番組（スポーツを含む）の一覧では、『ザ・ヴォイス（The Voice）』、『サバイバー』、『アメリカン・アイドル』、『バチェラー』はすべて上位二五位に入っていた[15]。

『サバイバー』が、放送開始から二〇年たった今でも多くの視聴者を獲得しているのには理由がある。わたしたち視聴者は、その参加者たちに自分自身や知り合いを重ね合わせるのと同様に、参加者たちの経験にみずからの経験を重ね合わせることができる。だがここで、学生たちの考えからさらに一歩踏込んでみよう。競争系のリアリティ番組は、日常的な集団力学の単なる見本ではなく、その〝拡大鏡〟にもなりうる。『サバイバー』のような番組は、参加者をカメラの前に置き、娯楽を制限して（テレビ、電話、インターネット、音楽、さらには筆記用具まで禁止する）、彼らの基本的な相互作用を際立たせる。こういった番組は、小集団を隔離して標本のようにスライドに載せ、顕微鏡を覗き込んで彼らの力学に注目するというめったにない機会をわたしたちにもたらしてくれる。

そのうえリアリティ番組では、疲労、チャンレンジの制約、番組制作上の要求事項、さらにプロデューサーの介入によって彼らの対立が強調される。つまりそういった要素によって、リアリティ番組は集団対立の傾向を過大に強調していると言ってもいいだろう。だが、髪剃り事件のようなことがとりわけ衝撃的なのは、『トップ・シェフ』が料理の競争系の番組だからだ。『トップ・シェフ』は、対立が話を駆り立てるリアリティ番組より、HGTVのリフォーム番組のほうに近いのは間違いない。シーズン中でいちばんの騒ぎといっても、あるシェフが同じ材料ばかり使い過ぎると非難されるくらいがせいぜいだろう。（シーズン5のファビオの言葉。「これは『トップ・シェフ』だ。『トップ・ホタテ』じゃない！」）そして髪剃り事件があったにもかかわらず、『トップ・シェフ』の参加者たちがモンスターとして視聴者に紹介されることはけっしてない。（事件に加わっていた）サムはシーズンの終わりに、〝ファンのお気に入り賞〟を勝ち取った。

ＭＴＶの『ザ・チャレンジ（The Challenge）』のような他の競争系の番組での対立はもっとあからさまで、当然あるものだと見なされている。たしかにあなたの祖母が参加する小さな集まりの交流とは違う。だが、こうした番組は、ヴォリュームのつまみを回して、わたしたちの生活のいたるところに潜在する力学を増幅させているのだ。実際の現実世界では、三人集団の重要人物がネット荒らしで、ライバル政党の二つの党派を仲違いさせようとしているかもしれない。普通そうに見える同僚が、オフィスの冷蔵庫にしまってあったあなたの昼食を平らげて、他の誰かに罪をなすりつけるかもしれない。しかしそういう人たちは、リアリティ番組ではことさらに〝目につく〟。キム・Ｄ（『リアル・ハウスワイフ in ニュージャージー』の参加者）のように、漫画に出てくるような典型的な悪役だったり、『リアル・ハウスワイフ』シリーズの参加者たちのように、ささいなことを針小棒大に騒ぎたてたり、リチャード・ハッチ（『サバイバー』の参加者）のように、自分のあごをなで、グリンチのような笑顔を向けたりするからだ。

結局のところ、お膳立てがいかに複雑だとしても、『サバイバー』をはじめとする競争系の番組は、ジンメルのいう形式を明るみに出し、それはわたしたち自身の生活――たとえば喧嘩する友人二人に苦労したり、会議の秩序を保とうとしたりといったこと――にも当てはまるのだということを示している。リアリティ番組内の集団――自己中心的な人々が一同に集められて滑稽な風刺画になった、わたしたち自身の写し鏡——を観ることでわかるのは、激しやすい人が追い詰められるとどうなるのか、ということだけではない。それらの番組の住人である小集団は、社会的存在としてのわたしたちが何者なのか、歴史的に何者だったのかを教えてくれる。実際、ゲームドクがわたしたちの心に響きつづけている理由のひとつはおそらく、こういった社会的形式とその集団内の力学が決して古くならないからかもだろう。これは、ジンメルが本を書いた二〇世紀への変わり目においても今日的な問題であり、『サバイバー』が初めて放送された二一世紀への変わり目にも今日的問題であり、かつ、いまだに今日的問題である。ポケット付きTシャツとチノパンが姿を消しても、〝漁夫の利を得る者〟はなくならない。

4章　キムは、いつも遅れて来る（家族）

「キムは、いつも遅れて来る」

子供が六人いる家族の雑然とした日常生活が、恥ずかしくなるほど陳腐なテーマ曲に合わせてくりひろげられる。

クリスは世話焼きの母親で、子供たちをカメラの前に並ばせ、夫のブルースに着替えるように命じる（「ひどい格好！」）。その後、きょうだいがひとりずつカメラに向かうシーンが続く。

クロエは風の効果が必要かと尋ねる。

「ううん、それはかわいくない」コートニーは髪をいじりながらカメラに言う。

ロブは、誰かが笑わせてくれないとだめだと言う。

一〇歳前のカイリーとケンダルは、背中合わせにポーズをとって『チャーリーズ・エンジェル』を気取り、指を銃のように突き出す。

最後にキム――誰もが目にした例のセックス・テープで有名になったあのキム――が〝遅れて〟登場する。赤いバンデージドレスに身を包み、他の家族たちの前に堂々と陣取る。一家は少しばかり押し合いへし合いして、ようやく落ち着き、郊外の邸宅を前に集合写真のポーズを取る。[1]［『カーダシアン家のお騒がせセレブライフ』第一シーズンのタイトルシーン］

初めてリアリティ番組がカーダシアン／ジェンナー家を世間に紹介した二〇〇七年の番組のタイトルシーンでは、彼らは一家として紹介された。事実、二〇一五年の〈コスモポリタン〉誌の表紙で彼らは、〝アメリカのファースト・ファミリー〟とされ、この間抜けそうな騒々しい集団がアメリカ文化の顔となるのかという、激しい怒りを引き起こした。[2] 批評家たちは、この一族には神聖なところなんて何もないと嘲笑するが、カーダシアン／ジェンナー家の人々は、自分たちにとって神聖なのは一族そのものだと示唆しているのだと、宗教学者キャスリン・ロフトンは指摘する。[3] 彼らはリアリティ番組やソーシャルメディアの投稿で、くり返し〝家族〟という言葉を使用している。互いに献身的であるという便利な物語が、彼らの人気の維持に一役買っているのは間違いない。しかし、それは〝ただの〟物語ではない。機能的には、彼らはE！ネットワークが彼らの人生に入り込んでくる前から家族であり、E！ネットワークが去ったあとも、依然として家族であり続けている。

範囲を広げれば、一九七三年の『あるアメリカの家族』〔対象に密着するリアリティ番組の元祖と言われている番組〕からずっと、家族はつねにリアリティ番組というジャンルの中心的なテーマだった。それも当然だろう。このジャンルは台本なしの人間の体験を見せるもので、家族はそうした体験の根本なのだから。社会学者ウィリアム・J・グードの考察によれば、家族は宗教とともに「あらゆる社会で公式に整備されている」[4] 制度だ。リアリティ番組に登場する家族たちは、わたしたちと同じような見た目でもなければ、同じような行動をとるわけでもないが、彼らは、家族はわたしたちに何をしてくれるのか、また家族という集団がなぜ、わたしたちの生活の不可分な一部であり続けるのか、その理由を教えてくれる。また彼らは、家族とその中で一人ひとりが果たす役割が変わったとしても、わたしたちは〝家族〟をかなり均質的な方法で概念化し続けているということを示している。

家族と〝歩調を合わせて〟

カーダシアン／ジェンナー家は、なぜ互いを必要とするのだろう？　グードの説明によれば、家族というものはわたしたち全員のために途方もない重荷を引き受け、他の社会的集団に押しつけることのできないことをおこなっている。たとえば、子供に微積分を教えるのは公立学校制度に頼るにしても、話し方、スプーンの握り方、髪のとかし方を子供に教えるのは、まず家族だろう。家族は、家族一人ひとりの〝身体的なメンテナンス〟――食事、入浴や身だしなみなど――を行うだけでなく、情動面の支えも提供する。(5)　とりわけ米国には、すべての国民が利用できる医療制度や保育制度がないため、病人、高齢者、障碍者、年少者のケアの多くは家族がおこなう。新型コロナウイルスのパンデミック下の時期を考えても、わたしたちの多くは家族単位で家に籠り、情動面、身体面、経済面で身内からの支えを得た。逆に、家族による支援制度から切り離されていたため打撃を受けた人たちもいた。同じように、政府が介入して社会的ルールを破る人間を罰することもときにはあるが、家族はそのメンバーが道を踏み外さないようにするための仕事の多くを担っている。ティーンエージャーの子が生意気な口をきいたり、よちよち歩きの子供が戸棚からキャンディをくすねたりしたからといって、法的措置を取ろうとする人はいないだろう。

家族が他の社会制度の手が届かないすき間を埋めるだけでなく、家族という集団に参加することには明らかな利点がある。グードが指摘するように、身内で仕事を分担できて、最終的に全員の負担が軽くなる。家族は、規模による経済のメリットも享受する。例をあげれば、個人がひとりで食べていくより、家族用に大量の食品を購入する方がひとり当たりの食費は安くなる。家族は、外部からの支援を受ける。これには、情動的な支援だけでなく構造的支援も含まれる。『バチェラー』や『九〇日のフィアンセ』からわかるように、（一般に）結婚には文化的また法的な承認と、政府による後援がついてくる。（わたしはよろこびにあふれた結婚式には数多く出席したが、離婚パーティーには一度しか出ていないのはこれが理由だろう）またわたしたちは家族と長い歴史を共有していることが多く、相手の個性をあらかじめわかったうえで意思疎通したりいっしょに計画を立てたりすることができる。こういった恩恵は、誰にでも例外なく当てはまるわけではない――なかには、情動的に益となるより害となる家族の例もある――とはいえ、現在のわたしたちの社会のあり方を見れば、全体として家族は、他の社会制度がしない、またできないような方法で、それらの恩恵をもたらしていると言える。

グードが説明する社会的役割と恩恵はすべて、『カーダシアン家のお騒がせセレブライフ』（E!、二〇〇七年―二〇二一年）に表れている。シリーズ全体を通じて、ママ・クリスは〝マメジャー〟（〝ママ〟と〝マネージャー〟の合成語）として登場し、エピソード1[6]では、キムのセックス・テープのスキャンダルを利用して娘のキャリアを勢いづけた。家族の〝身体的なメンテナンス〟については？　カーダシアン／ジェンナー家の人々は番組内でしょっちゅう互いに食事をさせ、身だしなみを整え、服を着せている。経済的役割については？　カーダシアン／ジェンナー家は実際、大半の家族よりも経済的な単位であると言える。なにしろ彼らは番組で共演し、そこから発展した彼らのキャリアは互いに深く絡み合っている。子供の教育、社会的統制と社会的適応については？　番組の開始時点で、最年少の娘たちのケンダルとカイリーはそれぞれ、一一歳と九歳だった。クリスと姉たちが、少女ふたりにカーダシアン／ジェンナー一族の一員としての道徳と規範を教えた。また少なくとも初期のエピソードでは、家族が少女たちのふるまいをたしなめようと努め、ブルースもたびたび厳格な躾をする役割を務めている。「わたしには小さな妹たちがいるから」キムは、パイロット版のエピソードでカメラに語った。「しちゃいけないことを妹たちに教えなきゃいけないの」外部からの支援については？　このシリーズの幕開けは、家族がブルースとクリスの結婚記念日のパーティーの準備をしているシーンで、そのパーティーには友人や親戚たちが出席した。情動面の支援については？　番組は毎回、表現力豊かな会話と涙とハグで締めくくり、視聴者の問題解決への飢えをお手軽に満たす。また、互いの癖に関する共通認識については？「キムは、いつも遅れて来る」

カーダシアン／ジェンナー家が、心理学的な意味で家族として機能しているかどうかはわからないが——その評価はわたしの専門外だ——社会学的な意味では、彼らは家族として機能しており、たとえその恩恵の内容がわたしたちのものとは異なるとしても、集団でいることで恩恵を受けている。あなたの母親が、『タイラ・バンクス・ショー（The Tyra Banks Show）』〔スーパーモデルのタイラ・バンクスがホストを務めるトークショー〕であなたのセックス・テープについてどう語るかについて相談することはないだろうが、あなたに何らかの助言をしたことはあるだろう。クリスとその子供たちは、その点で他のリアリティ番組の家族と似ている。たとえば『姉妹妻』は、家族がすること、つまりお金を稼ぎ、それを配分して、価値観を定め、子供を養い、学校へ通わせ、社会に送り出すことをわたしたち視聴者に見せる。わたしたちがリアリティ番組に登場する家族たちについて考えるとき、〝機能的〟という言葉は心に浮かばないかもしれないが、彼らは、家族という社会的集団を存続させてきたその基本的な特徴を教えてくれる。

〝姉妹妻〟いかれる(ゴー・バナナ)

しかし、この制度が存続してきたからといって、家族内でのわたしたちの役割が同じままだということではない。たとえば、家族の「個人化」[7]が進んでいることについて、多くの論文が書かれている。研究によれば、人々は自分の願望や必要としているものを大事にするようになるにつれて[8]、家族内での個人の自主性を一層尊重するようになった[9]。例をあげると、ある研究者グループは、一九八〇年から二〇〇〇年までに、結婚生活において個人の選択が次第に重要視されるようになっていること、また、たいていの意思決定は平等に分かち合うと述べたカップルの割合が四九％から六四％に増えたことを報告している[10]。結婚をテーマにしたリアリティ番組で、結婚式の日に新婦が「今日は〝私の日〟よ！」と宣言するのをよく耳にする。この言葉を口にすることで彼らは、現代西洋社会に特有の個人主義的なやり方で、自分たちの婚礼、更には結婚生活と家族の役割を概念化している。

わたしたちが家族についてこのように考えるようになったのには、いくつか理由がある。男性が大黒柱で女性が主婦というモデルが減少し始め、多くの女性が働き手となり、結婚生活においてより大きな経済的保障と意思決定力を得たことで、家族生活についての人々の意識もこの波に押し流されてきた[11]。（他にもこの変化を促したきっかけとして、平均寿命が延びたことと生活水準が高くなったことがある[12]。）

『姉妹妻』ではこの変化の縮図が見られる。念のため説明しておくと、このショーで焦点を当てているブラウン家は、現代において一夫多妻制をとるモルモン教の原理主義者の家族だ。シーズン1でこの家族は、明確に定めた役割一式に基づく共同生活をしている。最初の三人の妻たちとその夫コディは、子供たちといっしょに、ユタ州リーハイ市の一軒家に住んでいる。この時コディは、家族の四番目の妻となるロビンに求婚中だ。大黒柱と主婦のモデルに近い形で、コディと妻ジェネルのふたりは外で働き、妻メリは心理学を学ぶ学生で、妻クリスティンは小さな子供たちの育児をしている。メリは、彼らがいかに機能的に依存し合っているかを述べる。「この生活様式を、〝何かわたしにできることはある？〟とか、〝あなたはわたしに何をしてくれる？〟という視点で見れば、完璧にうまくいっている」共同の食品庫があり、みなそこから食べ物を取り出す。ジェネルの言うとおり、「この家族は全体として機能しているけれど、全員が自主性を持っている」[13]

いくつかのシーズンを経るうちに、妻たちの自主性は急速に高まる。シーズン2の終わりに家族は、表向きには彼らのライフスタイルに対するユタ州の起訴を避けるという理由でラスベガスに転居する。そこで彼らはそれぞれ居を構える。妻たちは各自の家で生物学上の子供と暮らし、しだいにそれぞれの独立した生活範囲に分かれていった。（二〇一九年に家族はふたたび転居した。今回の行先はアリゾナ州フラッグスタッフ市で、これを書いている時点で彼らは別々の家で暮らし続けている。）メルが、子供が何人もいる他の妻たちと違って子供がひとりしかいないのに大きな家を望み、ちょっとしたもめ事が起きた。ジェネルはジムに入会し、パーソナルトレーナーをつける。ロビンは一夫多妻制をテーマとしたジュエリーを販売する新規ビジネス〈シスターワイフのクローゼット〉を主導し、他の妻たちを仲間に引き入れようとするが、あまり気のない応援しかもらえない——メリがレギンスを売るくらいだ。

また、おそらく妻たちの個人主義がもっとも極端な形で顕在化したのは、シーズン9の終わりに、メリが男性を装った女性からなりすまし詐欺にあったと判明したときのことだった。メリはオンラインで〝サム〟とチャットをするうちに、扇情的な音声メールと写真を送っていた――これにはバナナをほおばる彼女の口元を映した注目すべきクローズアップ写真が含まれていた。メリは、このできごとについて夫と話し合う際、涙ながらにこう言った。「まるでひとりで人生を生きているように感じるの」[14]

女性たちの自主性が高まったのは、彼女たちが番組から得た収入が理由である可能性が高い。社会学者たちが、個人主義が進んだ一因に、女性の経済的自立と家事労働の民主化の高まりをあげているのと同じだ。原理主義宗教に染まった一夫多妻主義であることを考えると、ブラウン一家は典型的なアメリカ人家族には見えない。事実、かれらの四つの婚姻関係のうち三つは法的に認められてさえいない――これは、わたしたちが一夫一婦制に社会的重点を置いているということを強く裏付けるものだ。それでも、このように一見普通とは違う家族においてでさえ――実際、その中では〝とくに〟――〝自分〟の望みは何かと考えることが、家庭の内外で認められるようになってきたのが認められる。

「どうしたらわかるっていうの?!」

リアリティのジャンルでは、様々な家族のメンバーに対する文化特有の期待が浮き彫りになるが、母親への硬直的な期待が〝とくに〟目につく。

その理由のひとつは、とにかくリアリティ番組の世界に母親が溢れていることだ。

もちろん、数は少ないが父親に焦点を当てた番組もある――たとえば『スヌープ・ドッグの父親業

(Snoop Dogg's Father Hood)』(E!、二〇〇七年—二〇〇九年)と、すぐ終わってしまったが『プロジェクト・ダッド(Project Dad)』(ディスカバリー・ライフ/TLC、二〇一六年—二〇一七年)と『モダン・ダッズ(Modern Dads)』(A&E、二〇一三年)だ。しかしこれらの番組は、男らしい男が父親らしいことをするという明白な矛盾を前提とする。これまで見てきたように、リアリティ番組の魅力の一部——それを社会学のテーマにふさわしいものにする要因の一部——は、リアリティ番組が異質な社会的要素をどのようにまとめるのかという点にある。『リアル・ワールド』がアラバマ州出身のジュリーを狂騒のニューヨーク市に送り込んだように、現代のリアリティ番組は、家庭に入る男性には、水からあがった魚の物語を与える。『ジーン・シモンズ・ファミリー・ジュエルズ(Gene Simmons Family Jewels)』(A&E、二〇〇六年—二〇一二年)〔ジーン・シモンズはロックバンド〈キッス〉のベーシスト、ヴォーカリスト〕や『ランの家(Run's House)』(MTV、二〇〇五年—二〇〇九年)〔ヒップホップ・グループ〈ランDMC〉の元ラッパー、シモンズの家族生活に密着〕のような、父親が有名人である家族に焦点を当てた番組であっても、父親と子供たちとの関係を描きつつ、やはり父親を多面的に描き、彼らの仕事への尽力、また有名人であることへの対処の仕方に注目している。それに比べて、『ティーン・マム~ママ一年生(Teen Mom)』や『ダンス・ママ(Dance Moms)』から『プリティ・ウィキッド・マムズ(Pretty Wicked Moms)』や『母と娘のエクスペリメント(The Mother/Daughter Experiment)』に至るまで、母性はリアリティ番組のそれぞれのサブジャンルの重要なテーマだ。

母親であるわたしたちにとって、またおそらく母親ではない人たちにとっても、これらの番組は深いところに響き、自分には母親の役割をきちんと果たす能力があるのかという不安の核心を深く突いてくる。たとえばわたしはかつて、一〇名あまりから成る読書会に所属していた。メンバーはおもに郊外に住む専門職の女性たちで、医師や会社役員、大学教授や大学の指導者、財団の理事といった人がいた。この女性たちの政治や舞台、歴史やワインに関する知識に圧倒された。『THE TUDORS 背徳の王冠』に関する何かしらについて、権威者のように断言することもできた。その彼女たち全員が、リアリティ番組『自分が妊娠してるなんて知らなかった（I Didn't Know I Was Pregnant）』（TLC、二〇〇九年—二〇一一年）を観ていた。

その番組はタイトルのとおり、出産するとわかるまで自分の妊娠に気づかなかった女性に関するものだ。視聴者はインタビュー映像で初めて母親たち自身の話を聴き、それから彼女たちの体験の再現映像を目にする。中には妊娠の兆候を分かりにくくする疾患をかかえている女性もいるが、それ以外の場合は明らかな兆候がある。後者の女性たちは嘲笑の的になりやすい。たとえばコメディアンのキャシー・グリフィンは、番組の女性たちをばかにするネタをやっている。南部なまりのゆっくりした話しぶりを誇張したうえで、妊娠に見られるあらゆる典型的な目印（体重の増加やつわりなど）を述べ、おもむろにこう言う。「どうしたらわかるっていうの?!」

わたしは『自分が妊娠してるなんて知らなかった』から目が離せないし、読書会から判断するに、それはわたしだけではない。ここで得られる充足感は、自分とは異なる状況を目にすることで得るのぞき見趣味的なよろこびと、自分ならぜったいにそんなばかなことはしないといううぬぼれかもしれない。あるいは逆に、恐怖映画から受けるような、〝わたしにも起きるかもしれない〟という精神的な衝撃のために観るのかもしれない。その番組が読書会の女性たちに響いた理由のひとつは、メンバー全員が母親であり、番組に根底から揺さぶられたからだろう。

番組の前提そのものが、社会学者シャロン・ヘイズ[15]が〝徹底育児〟と呼ぶ概念に反している。それは、女性が膨大な時間、資源、気持ちを子供に捧げるべきとする考えだ。母親になろうとしていることを気づきもせず、準備もできていない『自分が妊娠してるなんて知らなかった』の女性たちは始める前から不合格。

〝徹底育児〟はかなり狭い定義だが、親であることの文化的モデルとして広まっている。これは生物学的に自明なことに見えるかもしれない。当然、母親は熱心に自分の子供の世話をすべきだ！ それはすべての動物がやっていることだろう？ などと。ただ、気をつけておくべきは、個人主義に関する考えと同様に、徹底育児に関する概念も、わたしたちの時代と場所に特有のものであるということだ。ヘイズが指摘したように、母親が――〝おもに〟母親が（したがって、父親はほとんど登場しない）――つねに子供たちの情動的な求めに応じ、彼らを完全に見守り、集団組織の習い事をさせるべきだという考え方は、歴史的に限定された、西洋における理想だ。実際、母親ひとりが子供のおもな保育者なのは、文化としては少数派になる。[16] 米国においてさえ、育児は完全に母親の領域というわけではなかった。たとえば一七世紀後半から一八世紀前半のニューイングランド州では、子供たちに規律や〝精神力〟を教え込むのは父親の仕事だった。[17] また赤ん坊は母親と家にいて、父親が外で生活費を稼ぐというモデルは、けっして世界共通モデルではない。クーンツが指摘しているように、「母親がもっぱら育児をし、父親が単独で生活費を稼ぐのは歴史上極めて稀である」[18]。似たようなことを言えば、人々は必ずしも、母親が子供に惜しみない愛情を与えるのが健全だと考えていたわけでもない。そんなことをすれば、子供が軟弱になるというわけだ。逆に、昔は、むずかる乳児にアヘンを与え、空中に放り投げてよろこばせ、行儀が悪ければ鞭で打つことがよい育児だと考えられていた。[19]

モデルに亀裂

つまり、わたしたちは母性についてかなり特殊な考え方をするように教えられている。そして、すべての〝普通じゃない〟母親たち――セレブの母親、生存主義者の母親、一夫多妻主義の母親、ドラァグ・ママ、クリス・ジェンナー――を、リアリティ番組はこの考え方に沿って照らし出す。徹底育児のモデルに光をあて、断層線を照らし出す。リアリティ番組は、いかにわたしたちがこの文化的理想に同意しているかを明らかにすると同時に、その理想に届かないたくさんの女性たちを提示している

赤ん坊を親にあずけてパーティーに出かける『16歳での妊娠～16 & Pregnant～（16 & Pregnant）』の少女たちから、自分の長女への加重児童性的虐待で有罪判決を受けた小児性愛者と交際していたとされる『ハニー・ブー・ブーがやってくる』のママ・ジューン[20]まで、多くのリアリティ番組の女性たちは、徹底育児という目標を達成できていない。わたしたちはこぞってこれを見咎め、厳しく非難する。視聴者たちはソーシャルメディア上でこうした母親たちの選択について、重箱の隅をつついてあれこれ議論する。彼女たちの子供が食べるもの、着るもの、果ては彼らが脚光を浴びることそのものまで。新聞や雑誌の記事、まとめ記事、タブロイド紙の記事は、「リアリティ番組のママによる最悪育児の瞬間」や、[21]「子供をもつべきではなかった、テレビの最低ママ10人」といったタイトルで煽りたてる。その顔ぶれには、『ゲーム・オブ・スローンズ』のサーセイ・ラニスターのような創作上の母親に加え、リアリ

ティ番組のクリス・ジェンナーとママ・ジューンも含まれていた。[22] 母親と育児との文化的関連性の強さは、こうした記事で父親への言及がわずかであるか、まったくないことにもよく表れている。たとえば「リアリティ番組の最低な親たち」の二〇一二年の顔ぶれは、共同育児者して父親も名前があげられた二例以外、全員女性だった。ちなみにそのふたりは、『ワイフ・スワップ(Wife Swap)』のスティーブン・ファウラーと『ジョン&ケイト　プラス8(Jon & Kate Plus 8)』のジョン・ゴセリンだ。[23]

ジョンとケイトはとくに、子供の心身の健康の責任をおもに母親が負うという、わたしたちの集団的認識をあらわにする。彼らのショーは、当初『ジョン&ケイト　プラス8(Kate Plus 8)』と題し、後に『ケイト　プラス8』となったもので、はじめは六つ子の幼児と年上の双子の娘たちと暮らす夫婦の日常生活に焦点をあてていた。結局夫婦の婚姻関係が破綻し、ジョンが家を出たことで、ケイトが子供たちの主たる保護者となった。番組の放送中、さらにはその後何年間も、ケイトの悪行の噂はタブロイド紙のお決まりのネタになった。〝彼女は整形手術を受けるのか?〟〝彼女はボディガードと付き合っているのか?〟〝彼女は本当に『ダンシング・ウィズ・ザ・スターズ(Dancing with the Stars)』〔有名人がプロのダンサーとペアを組み、社交ダンスで競う勝ち抜きリアリティ番組〕に出演すべきなのか?〟これらの疑問に、大抵はさりげなく、ときにあからさまに含まれているのは、彼女の子供たちの福祉への懸念だ。〝彼女が『ダンシング・ウィズ・ザ・スターズ』のトレーニングをしている間、誰が子供たちの世話をしていたのか?〟たとえばあるウェブサイトは、ケイトの母親としての適性の欠如を〝証明する〟一五枚の写真をずらりと並べた。「ケイト・ゴセリンはいいママだろうか?」そのサイトはこう問いかける。「彼女は、愛情と穏やかさと思いやりをもって八人の子供たちを育てる資質はあるのか?

これまでの証拠を見るところ、どちらの問いの答えも『ノー』だ[24]」その記事では、ジョンについては簡単にふれているものの、子供たちの生活への彼の関与については詳しく述べていない。このような記事は決まって彼女のキャリアへの野心に焦点を当てており、パパラッチの写真を掲載して彼女の育児の仕方に疑問を投げかける（〝なぜ彼女はポケットにスプーンを入れているのか？　スプーンで子供たちを叩いているのか？〟など）。だが、現在子供たち八人のうち六人と疎遠になっていると言われるジョン[25]がこうした詮索を受けることはほとんどない。

リアリティ番組の母親たちのすべてが〝良い母親〟ではないが、社会学的な視点では〝悪い母親〟でもない。なぜならいずれの呼称も、母性を評価する何らかの普遍的かつ時代に左右されない基準があることを前提としているが、そんな基準はないからだ。しかし、徹底育児という特定の規範の話になれば、多くのリアリティ番組の母親は遠く及ばない。ワックスを使って未就学の我が子の眉を整える『トドラーズ＆ティアラズ（Toddlers and Tiaras）』の母親から、チャイルドシートの安全性に関する基本的なルールを無視する『ティーン・マム～ママ一年生2（Team Mom 2）』のジェネルまで、この女性たちは観ているわたしたちが不安になるようなことをする。そうした女性たちが現代の育児のリトマス試験で不合格になるとき、試験そのもののパラメーターが明らかになる。彼女たちへのわたしたちの反応は、わたしたちが正しく許容できると見なす育児に求める、人為的で時代によって変わる条件を浮き彫りにする。結局のところ、わたしたちは、彼女たちが赤ん坊をアヘン漬けにしたり、赤ん坊をよろこばせるために空中に放り投げたりするとは思っていない。たとえそれがジェネルだとしても。

リアリティ番組の母親たちは、徹底育児の水準に達しないことでこの規範に光を当てると同時に、この規範が普遍的な実行可能性に欠けているということを示す。ヘイズが指摘するとおり、この規範はもとから矛盾と緊張をはらんでいる。緊張のひとつは、母親たちは徹底するように期待されながらも、過干渉で子供を息苦しくさせるほど徹底してはいけないとされていることだ。

台本のないテレビ番組が、そうした両極端についての教訓譚になることもよくある。たとえばクリス・ジェンナーは、子供たちに不注意であると同時に注意しすぎる人物として描かれている。『カーダシアン家のお騒がせセレブライフ』の初期のエピソードでは、カイリーとケンダルは一〇歳以下と一〇代前半という年頃だったが、ふたりには強制も見守りもされない自由時間があり余るほどあるように見える。エピソード1だけを見ても、ふたりがストリッパーポールでくるくる回ったり、カクテルを作ったりしているシーンがある。他方、〝マメジャー〟としてのクリスは、子供たちの仕事に関わる生活のすべての面で掌握している。母親の存在をあらゆるところに感じることについて、ふたりは番組内でよく文句を言っている。どういうわけか母性の負の両極にまたがる彼女の能力が、数多くの「最低の母親」リストに名を連ねる原因のひとつと言えそうだ。

母親たちは徹底的に気遣うべきだが、ただし気遣い〝すぎては〟ならないという前提は、『セレブリティ・ワイフ・スワップ（Celebrity Wife Swap）』（ABC、二〇一二年―二〇一五年）のストーリーラインのなかでも本筋となっている。この番組では、著名人以外による前作と同様、配偶者（通常は妻）ふたりが一定期間家族を交換する。いずれの番組も、異なる社会的立場にある人たちを意図的に出会わせ、これによってその人たちの違いを明らかにするというリアリティ番組の奥義に従っている。各エピソードの最後に二組の夫婦が集まり、その経験から学んだことについて話し合い、互いに提案をする。

『セレブリティ・ワイフ・スワップ』のお決まりのテーマは、いっぽうの母親が子供を過度に監視し、もういっぽうの母親は過度に怠慢であるというものだ。言わば『3びきのくま』の〝ゴルディロックスのお粥〟的解決に至ることが多く、全体として視聴者を〝ちょうどいい〟育児法のほうへ誘導する。

たとえば最初のエピソードで、過去に『グローイング・ペインズ／愉快なシーバー家（Growing Pains）』に出演した俳優のトレイシー・ゴールドは、有名ポップ・グループ、ウィルソン・フィリップスの歌手カーニー・ウィルソンと立場を交換する。[26] 二人の育児が正反対なことは最初から明白だ。カーニーはまず、カメラに向かって一家のモットーが「ルールより愛情」であると語る。公演であちこち移動しているため、育児と家事を手伝う人をひととおり確保しているとも語る。かたやトレイシーは、みずからの家族は〝ひじょうにきちんとしている〟と言い、自分が毎日おこなう家事を並べたてる。この番組はどのエピソードでも、トレイシーが子供に手をかけすぎる（ティーンエージャーの息子のために服を選ぶ、など）いっぽうで、カーニーは手をかけなさ過ぎるのではないかと仄めかす。ナレーターが語るとおり、カーニーは〝援軍なしに家を切り盛りすることに慣れていない〟。トレイシーがカーニーの生活を試したとき、視聴者が見る彼女は、何もすることなく座っていたり、冷蔵庫を覗き込んだり雑誌をめくったりする姿で、そのあいだ子供たちの面倒は使用人二人が見ていた。どのエピソードでも似たような感じで、『セレブリティ・ワイフ・スワップ』は往々にして、女性が徹底育児の最高の領域（スイートスポット）から逸脱し過ぎることを戒める番組だった。

徹底育児モデルについてもうひとつ考えるべき点は、女性には生まれつき育児の才能があるとされるのに、自分よりも知識豊富な他人の意見も採り入れなければならないという矛盾した期待だ。ヘイズの説明によると、徹底育児モデルはわたしたちに、育児は「おもに個々の母親によって遂行されるべきであり、子供のニーズを中心に置き、専門家から伝授される、人手と金のかかる方法を用いるべきだ[27]」と諭す。そして実際に、リアリティ番組は各分野の専門知識という考えに飛びつき、なんとなく資格のありそうな専門家たちを出演させて、彼らがわたしたち視聴者に自己改善する方法を示す。とくに母親の育児のことになると、専門知識を求めるということは、女性が生まれながらの養育者で、生物学的プログラムによって自分の子供に最善のことは何かをわかっているという考えとのあいだに緊張が生まれる。

この緊張は、『スーパーナニー(Supernanny)』(ABC、二〇〇五年—二〇一一年、ライフタイム、二〇二〇年)でも見られる。ここではイギリス人ナニー〔しつけもするベビーシッター〕であるジョー・フロストがアメリカ人の家庭を訪れ、家族の生活を観察し、言うことをきかない子供への接し方を両親に教える。この番組では最初からジョーを達人と位置付け、ナレーターは彼女が〝一五年の育児経験〟をもつと語る。番組に登場する女性たちは、ジョーの専門的ノウハウを求めつつ、生まれつきわかっているべきとされる自分の子供の扱い方をわかっていないことに罪悪感を表すことが多い。

しかし『スーパーナニー』は、特定の個人が徹底育児を全うできない様子を見せるだけでなく、社会的なレベルでそのモデルがいかに破綻しているかを示している。たとえば、あるエピソードにウィシュマイヤー一家が登場した[28]。〝在宅勤務ママ〟と説明される母親は、終日仕事でコンピューターに向かって座っており(パンデミック前にはかなり珍しいと思われたであろう状況だ)、四歳の双子と年上の男児の面倒を見るのが難しい。最終的にジョーが提示する解決策のひとつは、母親が仕事の時間を減らして子供たちにもっと長く対面できるようにすることだった。簡単な解決策のように思われるが、視聴者には、なぜ母親は過去にそれを試さなかったのだろう、または経済的にそれが可能なのか、といった疑問が残るかもしれない。さらに見方を広げれば、『スーパーナニー』のこの場面は、徹底育児の〝人手と金のかかる〟メカニズムを提供できない人たちはどうなるのか、という疑問をもたらす。

リアリティ番組では、金銭的に困窮した人たちだけが〝悪い母親〟として描かれているわけではない。たとえば『マイ・スーパー・スウィート16（My Super Sweet 16）』（MTV、二〇〇五年―二〇一九年）などの番組に出演する裕福な両親は、子供を甘やかす親として描かれている。しかし、親が子供を四六時中見守るするという考えは、一部の階級に特有のものだ。事実、社会学者アネット・ラローの考えでは、労働者階級の保護者はラローが〝自然な成長の遂行〟と呼ぶ戦略（すなわち、〝子供たちが成長できる状況は提供するが、余暇活動は子供たち自身に任せること〟）を用いる傾向が強いが、中流階級の保護者は〝計画された子育てに従事〟（すなわち、〝プログラムが整った余暇活動や広範な論理的思考により子供たちの才能を伸ばすように関与すること[29]〟）する可能性が高い。徹底育児の枠組みの中で、誰もがそれぞれを「悪い」戦略、「良い」戦略と決めつけがちだ。実生活ではその決めつけが、子供を預ける金銭的余裕がなくて、子供を置いて買い物に行ったり、仕事に行ったり、就職の面接を受けたりする母親の逮捕という形になって表れる[30]。つまるところ、正統な育児が階級的特権と結びつけられるのは、一般的に徹底育児ができる余力をもつのが特権階級だからだ。

悪い母親

ところで、リアリティ番組でもほかの場でも、徹底育児の規範から逸脱しているのに非難されることのない母親たちがいる。彼女たちは称賛されることさえある！　その最もよく知られている例はたぶん、二〇一六年の映画『バッドママ（Bad Moms）』と、客観的に見てひどい出来の続編『バッドママのクリスマス（Bad Moms Christmas）』（二〇一七年）だろう。俳優のミラ・クニス、クリステン・ベル、キャスリン・ハーンが結託して、徹底育児規範を拒絶する母親を演じた。最終的に、クニスが演じた母親の子供たちはより自主的にならざるを得ず、ベルが演じた妻の夫は育児の負担を増やす。

ただ、誰なら抵抗できるのか、またこのような抵抗にわたしたちがどう反応するかについては、限度がある。たとえば、『スヌーキー＆Jワウ〜傍若無人ママ（Snooki & JWoww: Moms with Attitude）』（go90、二〇一五年―二〇一八年、MTV YouTube 二〇一八年―現在）では、『ジャージーショア〜マカロニ野郎のニュージャージー・ライフ〜（Jersey Shore）』〔海辺の家に住む八人のハウスメイトに密着するリアリティ番組〕出演者のふたりが酒を飲み、悪態をつき、自分たちは親として失格だと笑い飛ばす。しかし、メディア学者ラケル・ゲイツが指摘しているとおり、わたしたち視聴者が彼女たちの物語に強く引きつけられ、その災難をほほえみながら見守ることができる理由のひとつは、『バッドママ』同様に彼女たちが〝白人〟である――もしくは〝スヌーキーの場合、（彼女には）ある程度の人種的不明瞭性がある〟からだ。[31]（この点についてはあとでふれる。）リアリティ番組に登場する有色人種の女性たちが育児の理想の概念と相容れないことをしない、というわけではないとゲイツは指摘する。例として『ラブ＆ヒップホップ』の有色人種女性たちは「ケンカをし、酒を飲み、同性および異性のセックス・パートナーと肉体関係を結ぶ[32]」。しかし、白人女性――とりわけ、中流階級以上の異性愛者の白人女性――は特権によって、有色人種の女性には不可能な方法で防護されている。「何ら驚くことではない」とゲイツは説明する。「スヌーキーやJワウのような白人女性は……何の不利益も受けずに〝悪い〟母親でいられるけど、同じような反抗的なふるまいを黒人がしたら母親不適格とされる」[33]

このダブルスタンダードは、リアリティ番組や『バッドママ』のような映画だけでなく実生活でも見られる。たとえば〝マミー・ワイン・カルチャー〟へのわたしたちの反応でもそれが顕著だ。人気ブログ〈怖いママ〉はこの言葉を、〝ワインが好きで、非難されないような場で、緊張をほぐすために楽しくワインを飲む母親[34]〟と定義する。このテーマ専用のハッシュタグや商品がある――たとえば、〝ワインと夫を交換します〟と書かれたTシャツ、『きみがママにワイングラスをわたしたら(If You Give Mommy a Glass of Wine)』と題する児童書、そして〝ママのジュース〟という文字飾りが施されたワイングラス。またGoogleでこの語句を検索すると、おもに白人の中流階級と思われる母親たちが乾杯している画像が表示されるのは、おそらく偶然ではない。たとえば貧しい黒人の母親か移民のラテン系女性がこの気晴らしをしていたら、わたしたちは文化として、ここまで温かく受けとめてはいないはずだ。そうした行動は、わたしたちが集団としてもつ、不適格な有色人種の女性という――黒人女性は、〝怠け者で不誠実で責任感がなく、福祉を食い物にしている[35]〟という――ステレオタイプに合致する。つまり、リアリティ番組があらわにするのは、好ましい母親による育児という概念がいかに社会的に作られたものであるかということだけでなく、それらがいかに、「ある層の母親を正当と認めるような方法で作られているか」ということだ。比較的特権をもつ人々は理想をより実行しやすい力をもち、その理想から逸脱することがあっても、わたしたちはより寛容な目で彼女たちを見ているということだ。

わたしたちの家族、わたしたち自身

リアリティ番組は、わたしたちのなかに根強く残る、一般的に母親とは、そしてアメリカの家族とは何か、またそれらの理想像はどんなものかについての均質的な概念を明らかにする。とはいえ、このジャンルがそれ以外の現実を見せることがないわけではない。事実、一見するとリアリティ番組は、目がくらむほど多様な家族の経験を放送している。たとえば、専門家によって、両親によって、縁結び役の人によって関係を修復される夫婦たち。シングルマザー、大黒柱の母親、ページェント・ママ〔子供をコンテストなどに参加させて派手な生活を望む母親〕、一〇代の母親、サッカーママ〔子供をサッカーなどに送り迎えする中流階級の母親〕。多国籍家族、小家族、〝ジプシー〟家族、子供が一〇人を超える大家族。トランスジェンダーの両親、同性婚、ゲイであることをテレビで告白した子供。六つ子、結合双生児、収監された両親、依存症に苦しむ家族。

またリアリティ番組では、歴史的に世間の目から隠されてきた種類の家族や家族のメンバーにも、ある程度光があてられる。たとえば、『姉妹妻』に登場するメリの娘マライアのようなクイアの人々の、家族の中での姿が描かれる。実際に、リアリティ番組の初期段階に遡ると、一九七一年の『あるアメリカンの家族』では、長男ランスがホモセクシュアルであることがひとつのテーマだった。その番組を放送したPBSはランスを、「ゲイであることを公表して、アメリカ人の家族生活の不可欠なメンバーとしてテレビに登場した最初の人物[36]」と評した。ゲイであることを公表している人として最初に〝知った〟のが『リアル・ワールド〜サンフランシスコ（The Real World: San Francisco）』（一九九四年）のペドロ・ザモーラだったという人も、多いだろう。しかし、クィア理論家のホセ・エステバン・ムニョスの指摘によると、ペドロについて画期的なのは、ゲイであることを公表したことや、HIV陽性であることを公表したことだけではなく、ゲイであること、HIV陽性であることを公表したキューバ移民の彼が、別の有色人種の男性と信頼し合った関係を結んでいたことだ[37]。二人の誓約式(コミットメントセレモニー)はテレビで放送された。同性愛と、両親から愛されることや長期的なパートナー関係を結ぶこと、子供を育てることは両立しないと広く信じられていた時代に[38]、リアリティ番組はわたしたちに、家族生活の新たな可能性の一部をそっと見せてくれた。

今でも、このジャンルは特定の家族を〝中心に置き〟、わたしたちがいかに同じことをしているかを見せる。これらのショーの住人である一族の大部分は中流階級であるか、それ以上に裕福だ。人種的にも民族的にも、リアリティ番組の家族は一般大衆の人口統計を反映していない。たとえば、ヒスパニック〔アメリカ合衆国でスペイン語を話すラテンアメリカ系市民〕が米国で二番目に大きな人種/民族集団であるにもかかわらず[39]、本書執筆時点でヒスパニックの家族に焦点を当てた米国のリアリティ番組は、UNIVERSOの『ザ・リヴェラズ(The Riveras)』〔二〇一六年―現在〔二〇二〇年で打ち切りになった〕〕[40]とBravoの『メキシカン・ダイナスティーズ(Mexican Dynasties)』〔二〇一九年―現在〔1シーズンで終了〕〕の二作のみだ。同じように、リアリティ番組の世界にはアジア系アメリカ人家族がほとんどいない。〔後でふれるとおり、このジャンルに総じてアジア系アメリカ人が不足していることを反映するものだ。〕またLGBT+の人たち――マライアやランス、それからケイトリン〔出生名はブルース〕・ジェンナーなど――がいるいっぽうで、同性カップルの核家族を中心に据えた番組はひとつもない。取り上げられる家族の大半は、キリスト教徒の雰囲気が感じられ、[41]アメリカ人の約三〇パーセントを占める非キリスト教徒[42]は蚊帳の外だ。ただ、こうした目に見える差でさえ、わたしたちに貴重な文化的情報を与えてくれる。示されているのは、多様な世界像を提供することを建前とした、無秩序に広がるジャンル内でさえ、特定の物語や視点がこれほど根強く支配的に残っているということを示している。

人々が家族にいだく期待は文化に依存し、誰にでも当てはまるものではないのに、わたしたちはそれが普遍的な真実であるかのように執着する。どの家族が正統か？ 家族のなかでどんな役割が妥当なのか？ 台本のないテレビ番組は、わたしたちの期待にひそむ不一致と緊張をはっきり目立たせることで、わたしたちにとっては当たり前に思える世界の見方が、じつは文化という砂の上に築かれているのを証明してみせる。〝すべての家族のメンバーがそれぞれの自己実現を達成する必要がある〟、〝結婚式は花嫁のものだ〟、〝女性が家庭に留まって育児をすることが自然だ〟。

リアリティ番組のジャンルは、そうした、家族についてわたしたちがもつ集合的な思い込みを取り上げ、何が普通か、何が自然か、何が現実であるかという感覚がいかに社会的に形作られたものであるかを明らかにする。

逆説的に言えば、家族が意義においても構造においてもますます多様化しているからこそ、人々ははっきりとした意義と、明確に定義された婚姻関係および家族における役割を求めるのかもしれない。婚前の同棲、未婚の出産、離婚および再婚はより一般化し、文化的に許容されるようになってきている。[43]社会学者アンドリュー・チェルリンは、過去と比較して近年は「家族や個人の生活についての社会規範の重要性は低下している」[44]と指摘する。実際、学者たちは、リアリティ番組というジャンルが人々をとりこにするのは、それが変化し続ける家族に対するわたしたちの集合的不安に強く訴えるからだと主張している。[45] そしてこの不安が今度は、家族は〝衰退し[46]〟、重要性を失い、消えつつあるのではないかという、古くからの懸念を助長する。

それこそ、わたしたちがリアリティ番組を視聴する理由なのかもしれない。しかし全体として見れば、リアリティ番組はアメリカの家族の衰退を見せているわけではない。多くの点で、家族内に存在する多様さを認めることさえしていない。ここでは何も崩壊していない。たしかにこのジャンルは人騒がせな家族を取り上げるが、家族というものが今でもわたしたち全員がそこで休息できる文化的な試金石であるということを実演している。カーダシアン／ジェンナー家が一大現象となった理由について博士論文を書くとして、その時に重要になるのは、彼らが家族を大事にしていることについての章だ。彼らの生活の劇的変化——ケイトリンがトランスジェンダーであるとカミングアウトしたこと、確執、さまざまな結婚、離婚と誕生——はわたしたちを釘付けにするが、彼らは最初から、全員一丸となっていた。わたしたちは、彼らのパパラッチとの闘い、「聖書」という言葉の独特な使い方、またはどんどん変わっていく彼らの顔には共感を覚えないかもしれないが、つながりを感じられる点も見つけられる。彼らと同じように、両親からありがた迷惑な助言を受けたり、きょうだいげんかをしたり、騒々しい子供たちを集合写真のために並ばせようとしたことがある人は多いはずだ。わたしたちのほとんどは家族の一員で、家族は多くの人にとって生活の中心であり、より広い社会で大切な働きをしている。それだけに、人々がこのような単位、つまり家族に分かれていなかったらこの社会はどんな姿をしていたのか、想像するのは難しい。全員が黄麻布のチュニックを身に着けて頭を丸めているディストピア的未来が頭をよぎるかもしれない。家族のない社会という概念は、今の現実を形成している境界線の外側に存在する。

結局のところリアリティ番組は、家族の価値の衰退についてわたしたちがかかえる文化的不安に反して、家族はまったく危機におちいっていないと教えてくれる。キムが初めて堂々と画面を横切り、視聴者を彼女の世界に引き込んだ時、彼女が垣間見せたのは、今なおわたしたちをわたしたちたらしめている、そしてまだしばらくはなくなりそうにない、家族という制度だった。

5章　輝いて、ベイビー！（子供時代）

イーデン・ウッドは「お姫さまタイムを満喫している」と、イーデンの母親は言う。〈ユニバーサル・ロイヤルティ〉美少女コンテスト《自由コスチューム部門》に向けて、イーデンの母親ミッキーはカメラに向かってこう語った。「〝ヴェガス・ショーガール〟〔のコスチューム〕でいくつもりよ――本物のヴェガス・ショーガールの衣装を（娘に合わせて）丈を詰めたんだから」

「口紅なんていや！」四歳児が、翼になった両腕をバタバタ動かしながら抵抗する。ショッキングピンクの胴衣には、ビーズや羽がふんだんにあしらわれている。こめかみのあたりに留められているのは、ラインストーンが散りばめられたベレー帽。それでもミッキーはハンドパペットで娘の気を紛らわせることに成功し、次のシーンのイーデンは、ご機嫌で美少女コンテストの舞台に立ち、ビーバップを踊ったり、くるくる回ったりしている。観客席には、目を大きく開いて唇をすぼめる表情をしたり、恥ずかしそうに肩越しに振り返ったり、娘に一連の振付けのお手本を見せるミッキーの姿がある。

イーデンは晴れやかにほほえみ、腕をあげ、軽く会釈をしてルーティンを終える。

「審査員も観客も、夢中になっていた」イーデンのコンテスト・コーチは後にカメラに向かってこう言う。「すごくよかった」[1]

おそらくあなたは、『トドラーズ＆ティアラズ』（ＴＬＣ、二〇〇九年―二〇一六年）に登場する母親たちのように、幼いわが子を美少女コンテストに出場させたことはないだろう。娘の両脚にスプレーをかけて小麦色にしたり、娘の頭皮にかつらを糊付けしたりしたこともないはずだ。観客席で立ちあがり、唇をすぼめたキス顔をしたり腕を振ったりするといった一連の演技を大げさにした合図を出して、「がんばって！」「輝いて、ベイビー！」などと叫んだこともないに違いない。

それでも、こんな経験はないだろうか。娘が無表情になり、頭がからっぽになるまでテレビの前に座らせておいたこと。頑固な娘にいらだち、両手をあげて大声を出したこと。チョコレートで釣って、娘にイースターの写真用のチクチクするドレスを着せたこと。小学校で正しいつづり方を競うコンテストでいい成績を取らせようと、過剰に力が入ってしまったこと。

前章でわたしたちは、リアリティ番組の母親たちが足並みを揃えてこちらにやってきて、わたしたち自身の欠点を突きつけるのを見てきた。だが、〝良い母親〟の意味が歴史上さまざまであるように、〝現実〟の子供時代の意味もたえず変化している。今わたしたちは、歴史家スティーブン・ミンツ[2]が指摘しているとおり、子供時代を〝感傷的にとらえ〟、人生の異質で特別な時期として、その数年間を太い線で囲って見ている。しかし、リアリティ番組の魅惑的でありながらぞっとするような浮かれ騒ぎを見ると、子供と大人の違いは、かなりの部分人為的なものであり、わたしたちがそうであってほしいと思うほどには明確でないことがわかる。

ピルエットとシリーストリング

わたしたちは結婚、家族、母性についてと同じく、子供時代を狭い意味で概念化しているかもしれないが、結婚、家族、母親であることと同様に、それは何かひとつのことではありえない。ミンツが説明するとおり、ある意味では、今の米国の子供たちは昔の子供たちよりも保護されている。たとえば、無償の公立学校があり、児童就労は非合法で、児童虐待に関する意識が高まっている。[3] ただしそれ以外では、現代の子供たちは厳しい現実に直面している。米国の子供たちの多くは今も貧困の中で育ち、医療サービスを利用することなく大人になる。[4] また一部の親たち（とりわけ中流階級に多い）は、昔の親よりもわが子を成功へと駆り立てている。そうした親たちは、子供の競争系の番組によく出てくる。例をあげると、『ダンス・ママ』（ライフタイム、二〇一一年―二〇一七年、二〇一九年）には、幼い競技ダンサー集団、その母親たち、そして手厳しいダンス指導者アビー・リー・ミラーが登場する。

しかし、こうした歴史的な変化にかかわらず、わたしたちは子供時代がまるで世界共通の普遍的なものであるかのように〝考える〟傾向がある。具体的に言うと、子供時代は気ままで無垢な人生の一時期であり、大人になってからとはまったく別物だという考えに固執する。母親が徹底してわが子を見守らなければならないという考えの裏側には、子供が徹底した見守りを必要としているという思い込みがある。そしてこの概念の核心には、子供が根本的に大人とは異なる生きものであるという考えがある。

独自の領分、能力、興味をもつ異質な存在として子供を感傷的にとらえることは、かなり新しい文化的構築物だ。ミンツが指摘しているとおり、一八世紀まで、子供たちはほとんど〝大人のミニチュア版〟として扱われていた。[5] たとえば、家具製造業者が子供専用の家具をつくるようになったのもそれ以降のことだ。パステルカラーや童謡をテーマにした家具のデザインは、「当時広まりつつあった、子供時代を天真爛漫な時期とする一般的な概念」[6] を反映したものだった。この時点で、子供時代は「単に大人への準備段階としてではなく、手助けや保護制度を必要とする人生の別段階として見られるようになった」[7]。さらに、ヘイズが指摘するとおり、かつて(また、ある意味では今なお)子供たちは、徹底育児の規範が示唆するような愛情を必要とする生きものではなく、経済的資産として考えられてきた[8]。たとえば中世ヨーロッパでは六、七歳の子供たちが使用人として働いたり、奉公に出されたりすることは珍しくなかった[9]。事実、さまざまな時代において、子供たちは家庭という境界の中に優しくかかえこまれるのではなく、家の外で働いていた。子供たちの生物学的能力に関するわたしたちの評価でさえ、ある意味では地域や時代によって変わる。たとえば、現代の米国では一般的に、子供がよちよち歩きの頃にトイレトレーニングをするが、これはすべての国に当てはまることではないし、わが国もいつもそうだったわけではない。一九二〇年代を例にとると、米国児童局は保護者に、〝トイレトレーニングは、早ければ生後一か月から始めてもよい[10]〟と助言していた。

リアリティ番組というジャンルは、今日わたしたちが子供たちについてどう考えているのか、そのスナップショットを提示する。たとえば、前章でふれた『セレブリティ・ワイフ・スワップ』では、カーニーがトレイシーに対して、トレイシーの長男がきょうだいの面倒をみる責任を負いすぎていると言う。カーニーは、その長男を促して、シリーストリング〔噴射すると長い糸状になるスプレー缶〕で遊ばせたり、髪を染めさせたりして、トレイシーとその夫に、彼は「子供でいる必要がある」と助言する。多くの競争系の番組には〝ジュニア〟版の特番があるが、懐かしいパステル調の家具のように、大人版に比べて陽気で明るい雰囲気になるものが多い。例として、審査員のゴードン・ラムゼイ〔短気で、歯に衣着せぬ毒舌で知られる人気シェフ〕は、料理番組『マスターシェフ 天才料理人バトル!ジュニア版

（Master Chef Junior）』の子供シェフたちには口調を和らげ、彼らが毒舌から守られるべき存在であると示している。このように、リアリティ番組における子供たちの描き方は、彼らの役割についてわたしたちがもつ、固有の現代的な概念を反映したものになっている。

「お金があればご機嫌」

だが、ひとつには子供が大人とは異質で保護が必要な存在として考えられているからこそ、リアリティ番組はわたしたちをたじろがせたり、笑わせたり、場合によってはむかつかせたりする力をもつ。往々にしてそれは、子供についての番組が視聴者を引きつけるやり方なのだ。ここまで見てきたように、このジャンルは異質なものを並列することを得意とする。小さな人間を、成人の領域とみなされる環境に放り込むこともそのひとつだ。美少女コンテストに注目した番組『トドラーズ＆ティアラズ』では、小さな子供がつけまつ毛を付け、ばっちり化粧して、一般的に成人女性が着るような衣装を身に着ける。彼女たちは大人の性の領域にさえも足を踏み入れる――たとえば親が娘に向かって、一連の演技の中で、審査員に眼で〝媚びを売る〟ようにと指示するときに。エピソード1では、三歳のペイズリーが、映画『プリティ・ウーマン』でジュリア・ロバーツが演じた娼婦に扮して一連の演技をおこなった[11]。二歳のミアは一九八〇年代にマドンナがまとったコーン・ブラのスタイルを再現する[12]。そして、この番組でブレークしてスターになった、六歳のアラナ・トンプソンもいる。彼女はカメラに向かって、コンテストで大金を手にしたいと話す。なぜなら、「お金があればご機嫌だからよ、ハニー・ブー・ブー！」。彼女はこのセリフによって、スピンオフとなる自分の番組、『ハニー・ブー・ブーがやってくる』（TLC、二〇一二年―二〇一四年）を獲得した。

リアリティ番組の子供たちはまた、一般的には年長者に期待される技能や能力を披露することによって、子供時代と大人の境界線を曖昧にする。『ダンス・ママ』に登場する少女たちは、毎週違った一連の動作を覚え、フリップやスピン、デスドロップを完成させなければならない――番組に出る前にプロのダンサーではなかったことを考えれば、見事と言うほかない。九歳から一五歳のシェフたちが登場する料理競争系の番組『チョップド・ジュニア（Chopped Junior）』（フード・ネットワーク、二〇一五年―二〇一七年）もまた、子供たちの身体的能力を見せつける。視聴者は競技者が包丁やミキサー、厚手のフライパン、揚げ物用鍋を巧みに使いこなすさまを目にする。たとえばあるエピソード[13]では、一一歳と一二歳の四名は、三〇分間で鰐肉、大根、ピータンなどの食材を使った料理を作ることになる。一一歳のケネディは〝四歳くらい〟から料理をしていると語る。またキャシディは、優勝したら賞金の一部を地元のフードバンクに寄付するつもりだと話す。すると審査員のひとりが、カメラに向かって「アメリカでは、子供の六人にひとりが十分に食べられていない」と述べ――誰もが守られている子供時代というフィクションの亀裂をあらわにする。

同時にこの番組は、結局彼らも子供なのだという事実を思い起こさせることも忘れない。彼らの小さな手に握られた、マンガのように大きな包丁が光を放つとき。ローガンがピータンをかいで、〝兄さんの部屋みたいな匂いがする〟と述べるとき。または敗退の瞬間にケネディの表情が崩れるとき。彼らがどこにでもいるような子供らしくふるまいながら、同時に大人の役割をも演じられることを示すことで、『チョップド・ジュニア』は、〝わたしたち〟の知る子供たちは、その要求をかなえてやる必要がある無力で無垢な存在であるという概念を曖昧にする。

これは、大人と子供が実際に身体的に同一であるということではない。あなたが第二次性徴、あるいは脳内の神経接続[14]に言及する誘惑に駆られる前に言ってしまおう。そのとおり、生物学上いくつかの重要な点で、子供と大人は〝違う〟。それでも、こういった生物学上の違いに関する考え方は時代によって変わり、それが子供時代についてのさまざまな社会的理解につながる。もしわたしたちが、子供と大人の明確な境界線に関して今のように確固たる考えをもっていなければ、『チョップド・ジュニア』に登場する小さなシェフたちをこれほど面白いとは思わなかっただろう。同時にこれらの番組は、わたしたちが子供と大人との間にくっきりと引いた線は普遍的で確かなものではないと示している。彼らが大根を切り、ピルエットの着地を成功して高得点を出し、フットボールのタックルを決めるとき、どこにでもいる子供でありながら才能あるリアリティ番組の子供たちは、子供の身体でできることに関するわたしたちの思い込みに疑問を投げかける。

「ナイキ！」

子供と大人の境界線が盤石でないからこそ、わたしたちはそれを保つのにここまで力を入れるのだろう。絶えず手入れする必要があるのだ。性の話についてはとくにそうだ。わたしたちは子供時代を、官能的な領域から厳密に切り離された無垢な時期として概念化しつつ、この線を曖昧にすることについて警戒を怠らない――『子供19人まだまだ増加中（19 Kids and Counting）』（TLC、二〇〇八年〜二〇一五年）でも、これを目にすることができる。

『子供19人まだまだ増加中』（過去のタイトルは、『子供17人まだまだ増加中』および『子供18人まだまだ増加中』）は、ジム・ボブとミシェルのダガー夫妻と一九人の子供たちの家族生活に密着する番組だ。ジム・ボブとミシェルは、福音派のクワイバーフル運動の一環として、避妊は正しくないと考えている。

表面上、この番組は際どいところは何もない。様々なコンテンツが子供向けに適切であるかを検討する〈コモン・センス・メディア〉は、この番組が八歳以上に適していると指摘し、〝稀に見る大家族の舞台裏、穏健〟として分類している。[15] ただし、もう少し深く見ると、この家族が子供時代の性に強い関心をもっていることがわかる。たとえば、この家族の一〇代は一般的なデートではなく、付き添い役を伴った男女交際（コートシップ）を行い、初めてのキスは祭壇の前に立つまでおあずけだ。ダンスは、そのように体を動かすことが不適切とみなされるため、最年少の子供たちでさえ許されない。両親は子供たちに〝誑かし〟の概念を教える。これは、女性が衣服の選択により男性にみだらな気持ちを起こさせることを意味する。ダガー家の年上の娘たちは、兄弟にこのような気持ちを起こさせかねない服を身に着けた女性が通ると、かならず「ナイキ！」という合言葉を叫ぶ。「その言葉は、男の子たち、さらにはパパに向けた、それとなく目を伏せて自分の靴を見下ろし、その女性を追い越さないといけないという合図だった」姉妹のうち四人が、二〇一四年の彼らの著書『ダガー家で成長して（Growing Up Duggars: From Our Heart to Yours）』の中でそう説明している。[16] 子供たちは、きょうだい間であっても、からだの正面が接触し合うのを避けて横向きのハグをする。このように、番組ではより広い文化的な葛藤がうかがえる。すなわち、性は子供の領域ではないが、子供はたえず性的になるリスクを負っているということだ。この葛藤は、二〇一五年に長男ジョシュが、一〇代前半だった頃に自分の妹たちを含む五人の少女たちに性的いたずらをしたことを公に認めた事実を考えると、いっそう気分が悪い。発覚によって番組は打ち切りとなった。[17]（番組のスピンオフ版『カウンティング・オン（Counting On）』は、年長の姉妹たち、その配偶者と子供たちに焦点を当てており、二〇一五年に放送が始まった）

ダガー家は極度な保守主義により、思春期の性を統制することにとりわけ力を入れているが、リアリティ番組の世界で同じようなことを行っているのはけっして彼らだけではない。例として『性的搾取者を捕まえる（To Catch a Predator）』（MSNBC、二〇〇四年―二〇〇七年）では、ティーンエージャーを装った工作員が、性的出会いを求める大人とインターネット経由で接触する。その後〝一〇代〟から撮影場所に誘い出された大人たちは、そこで番組ホストのクリス・ハンセンと対面し、最終的に警察に拘束される。また、『16歳での妊娠』（MTV、二〇〇九年―二〇一四年）は、自主的に性行為に及ぶ一〇代を見せることで思春期の子供たちが無性愛者であるはずがないことを理解させる。（実際に、調査によって「青少年の大半が一五歳から一九歳の年齢で性に積極的になる」ことが示されている。[18]）くり返すが、これらの二例においてリアリティ番組は、子供の領域と大人の領域を明確に分離したいというわたしたちの願いと、それに対する無力さを利用することで人を楽しませている。『26歳での妊娠』では、これほどまでに心をつかむ番組にはならなかっただろう。

『16歳での妊娠』と『性的搾取者を捕まえる』、どちらの番組でも、子供と大人の境界線を曖昧なままにしておこうとする方法のひとつが、一〇代の性を問題視してこれを禁じることだと示される。これは、性的搾取者を止めるべきではない、または一〇代の妊娠に何も問題がない、ということではない。（調査では、一〇代の母親たちは他の若い女性より、学校を中退する、シングルマザーになる、また貧困生活に陥る可能性が高く、[19]その子供たちは退学や失業、みずから一〇代で親になる、また暴力犯罪をおかすリスクが高いことがわかっている。[20])しかしどちらの番組でも、米国においてはそうした潜在的脅威に対し、人々がある特定のやり方で反応することが示される。すなわち、セックスは未成年者のする行為ではなく、そうあってはならないという主張だ。

一〇代の子をもつオランダ人とアメリカ人の保護者にインタビューを行った社会学者エイミー・シャレットは、オランダでは一〇代のセックスが〝正常〟とされており、生活の一部とみなされていることがわかったという。シャレットによれば、オランダ人の保護者たちは「一〇代の性は大した問題ではないし、問題となるはずがないと話す[21]」。それに反し、米国ではそれが〝ドラマ化され〟、社会悪とみなされる傾向がある。[22]実際、『16歳での妊娠』はドラマだ。未成年のセックスによって起こり得る結果のひとつを選び、実際に生じるその代償――恋愛の破局、両親との口論、不眠、自由の喪失――を描く。

一〇代の性のドラマ化は、大きく膨れたお腹を並べた『16歳での妊娠』を超えてはるかに広がっている。妊娠した少女たちは以前から、映画や台本のあるテレビ番組でひっぱりだこの素材だった。『この愛に生きて(For Keeps)』(一九八八年)、『ジュノ(Juno)』(二〇〇七年)、『アメリカン・ティーンエージャー(The Secret Life of the American Teenager)』(二〇〇八年―二〇一三年)は、ほんの一部の例に過ぎない。そして一〇代のセックスを社会悪とする考え方は、わたしたちが子供にこの話題をどう位置づけて伝えるかにおいての土台となる。アメリカ人の一〇代の一部は、結婚まで禁欲を保つことを誓う〝純潔誓約書〟への署名を求められる。さらに一部の保守的なキリスト教集団は、趣向を凝らした〝純潔舞踏会(ピュリティボール)〟を開催する。そこでは、一〇代の少女たちが父親とダンスに参加し、純潔誓約書と同じことを誓う。

だがおそらく、先にふれた、米国とオランダのような国が最も大きく違うのは、学校での子供たちへの性教育だろう。たとえば、二〇一九年現在、米国の三七州では、性行為を慎むことを教える青少年向け教育プログラムの作成が求められ（うち、二七の州はこれを強調するよう義務づけられている）、さらに一八の州では、性行為は婚姻関係の範囲内のみで行われるべきだと教えるプログラム作成を義務づけている。[23] 多くの学区はこの考えをさらに発展させ、禁欲〝限定〟（または結婚までは禁欲限定）の性教育を行い、避妊、同意、性感染症といった話題を避けている。ある概算によると、一九九六年から二〇一八年までに、連邦議会はこれらのプログラムに国民の税金から二一億ドル超を配分した。[24] 調査では、効果が上がっていないどころか妊娠率が上がっていることが判明したが、[25] これらのプログラムから、一〇代のセックスについて広範な文化的懸念が存在すること、わたしたちが子供と大人の領域の境界線の監視を続けていることがわかる。『16歳での妊娠』の出演者に、妊娠時に避妊していたという少女が少ないのも、その表れだ。

さらに広く見れば、このような性の監視は、高校の保健の授業の壁を越えて、わたしたちが子供を扱う上での習慣のひとつとなっている。社会理論家ミシェル・フーコーは、一八世紀以降、教育機関が新たな方法で子供の性を気にし始めたと指摘している。「総体的に見て、性については事実上人々は語らないという印象を持つ」が、実際には「建築上の様々な仕組み、規律、そして内部組織の全体を一瞥しただけで充分である。そこでは、絶えず性が問題になっているのだ[26]」。これは極端で時代遅れの事例のように見えるが、現在でもトイレは、小学生用でさえ、男子用と女子用に分けられている。これは間違いなく、（異性愛での）性に対する懸念に由来する習慣だ。米国の浜辺では、胸が膨らんでいなくても幼女には上半身を隠す水着を着せる。このような、子供たちをセックスから守るための方法の多くは異性愛を想定しているが――これも異性愛が正常だとする価値観の証拠のひとつだ――保護者は、子供を同性愛からも隔てようとする。たとえば〝息子がゲイになる〟ことをおそれて、ままごと遊びやバレエを習わせさせない父親について考えてみよう。未就学児の保護者について研究していた社会学者エミリー・ケインに、ある男性はこう語った。「女の子向けのものがある。それを息子に与えるのがなぜよくないことか？　よくわからないが、たぶんわたしの中の深い深い深いところに埋もれている恐怖があるのだろう。息子がいつか、つまり、息子の性的指向がおかしくなってしまうのではないかという[27]」。逆説的だが、このような日常的な警戒によって子供たちは潜在的に性的な存在として扱われている。それをしているのは、娘にマドンナのコーン・ブラを着けさせるリアリティ番組のページェント・ママたちだけではない。

「ぼくの毎日は、分刻みで予定がつまってる」

このように『16歳での妊娠』はわたしたちに、現代アメリカにおける子供時代の概念について多くのことを教えてくれる。わたしたちが子供についてどう考えているのかの核心にあるパラドクス――子供の性は考えられないものであると同時に、恒常的なリスクだというパラドクス――を露呈する。同番組は、一〇代の性が実際にはどのようにおこなわれているかについても教えてくれる。またすべてのエピソードを全体として見れば、米国の子供たちの経験の幅広いパターンが見えてくる。

ＭＴＶは明らかに、ある程度は出演者を多様化しようとしている――さまざまな人種、さまざまな地理的場所、さまざまな家族構成の一〇代を起用している――が、番組で見られるパターンは、一〇代の妊娠の現実をなぞるものになりがちだ。例外はあるものの、たいていの少女たちは社会経済的特権をもたない。彼女たちはいつもお金がないと言い、またある一〇代の父親は、遠出する費用が出せないという理由でわが子の出産に立ち会えなかった。[28] 調査によれば、生物学上の両親と暮らし、母親がハイスクール以上の教育を受け、母親が一〇代で出産しておらず、裕福な地域に暮らす子供は、一〇代で出産したり、赤ん坊の父親になったりする可能性が低いことがわかっている。[29] ヒスパニックと黒人の一〇代は、白人の同世代より出産率が高いということも。[30] 一〇代で出産する母親はあらゆる人口統計層および家庭環境に存在するが、妊娠に至る一〇代は全般的に社会的に恵まれていない――すなわち失うものが少ないという傾向がある。『16歳での妊娠』がそのとおりの事例を映し出すとき、番組は一〇代の妊娠に関するリスク要因を示すと同時に、さまざまな特権が可能にするさまざまな種類の子供時代を見せているのだ。

事実、ミンツが強調しているとおり、今も昔も、子供の経験には幅広い多様性がある。二〇世紀初めまでは、労働者階級の白人の両親を持つ子供、（奴隷であるか否かにかかわらず）黒人の両親を持つ子供、また白人で都市部の中流階級または裕福な農家の子供は、大きく異なる子供時代を送るのが普通だった。[31] こういった違いは今も続いており、リアリティ番組ではそういった場面をちらほら目にする。『全米警察24時 コップス（Cops）』――巡回中の警察官に密着し、一九八九年から二〇二〇年まで様々なネットワークで放送された――では、若者たちはプライバシー保護のために顔をぼかされ、背景に映っているいっぽうで、彼らが生活で関わる大人たち——貧困階級または労働者階級に属し、ぼろ屋に住んでいることが多い——は法に触れ、警察官と関わり合う。ミンツが論じ、またリアリティ番組のジャンルが示唆するとおり、恵まれた白人の子供たちは全体として、わたしたちが普遍的で保護に値すると誤った思い込みをしているような、感傷的な形の子供時代を送っている可能性が高い[32]。

親がみずからの社会的優位性をわが子に伝達することができるのは当然だと思われているが、多くの人々はこのプロセスを完全には理解していないかもしれない。それは確実に、〝みずからの力で困難を乗り越える〟や〝チャンスの地〟といった類の、米国について誰もが語りたがる能力主義の物語に反するものだ。例外はあるが、概して特権的な親は、金銭や金銭で買えるものを与えるという形だけでなく、子供に世の中との関わり方を教えるというやり方でも、その特権を子供に伝達することができる。社会学者ピエール・ブルデューは、さまざまな階級層の親が子供に分け与えるこのような考え方を説明するのに、〝ハビトゥス〟という言葉を使った[33]。裕福な家族が子供たちに経済資本を与えるように、〝文化資本〟をも与えるというのがブルデューの指摘だ。彼はこの〝文化資本〟を、子供たちに社会的恩恵をもたらす非金融資産（知識、嗜好など）と定義している[34]。例として、保護者の教育レベルは、その子供の将来の教育レベルについての極めて強力な予測因子となる[35]。高い教育を受けた保護者ほど高収入の傾向があり、子供によりよい教育の機会を与えることが可能なだけでなく、そうした保護者は子供に対して、その行程を円滑にするための文化的資本も与えられる。それは大学に進むという期待、入学に必要な知識、入学後の大学生活についての情報、そして他の学生たちに溶け込めるような思考習慣といったことだ。

『神童（Child Genius）』（ライフタイム、二〇一五年―二〇一六年）の全体をとおして、特権階級の保護者たちが自分の得意分野という資本を使って、わが子が秀でるよう促している様子を見ることができる。このゲームドクでは、八歳から一二歳の子供たちがさまざまな知識の領域（地理、数学、文学、時事など）に関する質問に答える。最後まで残った競技者は一〇万ドルの大学資金と〝神童〟の称号を勝ち取る。最初のエピソードでナレーターはこう語る。「あらゆる神童の背後には、わが子の可能性を最大化するという決意に突き動かされた親がいることも珍しくない」[36] ライアンの父親が言うように、「いつも〔子供たちに〕こう言うんです。『優勝者は人の記憶に残る。準優勝は残らない』」

ラローが指摘した、中流階級の親と労働者階級の親の違いを思い出してほしい。中流階級の親は、〝プログラムが整った活動や広範な論理的思考〟によって子供たちを〝育成する〟よう努めることが多く、労働者階級の親は、子供が自主的に成長するよう、自由時間を与える可能性が高い[37]。ライアンの親をはじめとして、『神童』の親たちは前者の典型だ。「毎日とても忙しくて、だからぼくの毎日は、分刻みで予定がつまってる」ライアンはそう話す。実際にあるシーンで幾何に取り組んでいたかと思うと、次のシーンではバイオリンのレッスンを受けているといった具合だ。

番組に登場する〝協働育成者〟は、ライアンの両親だけではない。たとえばヴァーニャの家族は、彼女を学校に送迎するだけではなく、さらなる訓練のために自宅に教室を構えた。「わたしたちは娘の親であるだけでなく、娘のコーチでもあり、メンターでもあります」と、父親はインタビュー映像でカメラに向かって語る[38]。『ワイフ・スワップ』同様、この番組も徹底育児の〝ゴルディロックスのおかゆ〟と関係がある。最初のエピソードで、才能ある若者を対象としたアメリカ・メンサの〈ギフテッド・

ユース・アンバサダー〉を務めるリサ・ヴァン・ゲマートはカメラに語る。「時に保護者は一線を越え、才能のある子供のじつにすばらしい世話役から、ほとんどホバークラフトと化します。ヘリコプター・ペアレント〔過保護（過干渉）な親〕なんて、目じゃありません」

『神童』に登場する家族の大半が、郊外の、中流階級または上位中流階級向けの同じような外観の住宅が並ぶ通りに暮らしているのは偶然ではない。また大半の子供たちに、競技で求められるさまざまな主題について子供たちに教え込む時間と能力を備えた、極めて熱心な親がいることも偶然ではない。こうした親はあふれんばかりの文化資本をもち、その手はホワイトボード上を素早く滑り、その口元からは、記憶術、関連する事実、ラテン語やギリシャ語の語源などの情報が流れ出す。子供たち全員に共通して、語学や楽器のレッスン、チェスの指導者や武道教室といったさまざまな優位性が存在していることもまた、偶然ではない。こういった優位性が働く様子を目の当たりにすると、社会的階級が高い子供たちのIQテストのスコアが高い傾向があり、学校の教師が才能のある子供向けのギフテッド・プログラムに貧しい子供たちを推薦する可能性が低い理由の背景にある構造が見えてくる[39]。

『神童』のように、絵に描いたようなステージママとフットボールパパが登場するジュニア向け競争系の番組は、競争する能力そのものが一種の文化資本であることを示す。ラローが主張するとおり、わが子をきちんとした活動に参加させることは、保護者が階級の優位性をわが子に伝達するひとつの方法だ[40]。そう考えると、『神童』シーズン1の勝者が、過去につづり方の全国大会と科学オリンピックの両方で戦った経験を持つヴァーニャであるのには、大きな意味がある。

また調査によって、保護者自身がこういった課外活動のもたらす社会的優位性を認識していることがわかっている。例えば社会学者ヒラリー・レヴィ・フリードマンが、中流階級の母親や父親に、子供たちを競技活動に参加させる理由をインタビューした調査によれば、こうした親たちは——子供たちが学ぶ具体的で技術的な技能（たとえばボールのドリブル）ではなく——人生において応用可能な、幅広いさまざまな能力が重要だと強調する傾向があった。フリードマンはブルデューの言葉を反復して、〝子供の競争力資本〟、すなわち「放課後の競技活動に参加させることで、保護者が幼いわが子に教え込みたいと考える様々な資本要素」の概念を紹介している。[41] これらの要素には、〝成功の大切さを自分のものにすること〟、〝失敗から立ち直り、将来成功する方法を学ぶこと〟、〝時間の制約に対処すること〟、〝ストレスの多い環境下でいい成績をあげること〟また〝公の場で落ち着いて他人の評価を受けること〟[42]が含まれる。これらはすべて、子供の習い事に必要なことだけでなく、より広く人生に応用可能だ。また子供の競技者が関わるほぼすべてのリアリティ番組でも示される。

例として『ダンス・ママ』では、ダンス指導者アビー・リーが少女たちに、成功の大切さを内在化することを教える（「気分がいいのは、成功したとき？　それとも失敗したとき？」彼女は、幼いマッケンジーにそう尋ねると、すぐさまその質問にみずから答える。「成功したときでしょ」[43]）毎週、少女たちは短時間で最低ひとつの新しいダンス・ルーティンを覚えて、観客の前でそのルーティンを踊らなければならないうえに、居並ぶ審査員たちから点数を付けられる。その翌週、アビーは少女たちの前に立ち、彼女たちのミスを一つひとつ挙げて反省を促す。『ダンス・ママ』の少女たちがみな、『神童』に出ていたのと同じような中流階級らしい家庭で暮らしているのは偶然ではない。彼女たちの親にはレッスン料、衣装、靴、そしてコンペティション参加費用を支払う金銭的余裕がある。母親たちは、必要とあらばいつでも娘をミニバンに乗せて、行くべきところに送迎する用意がある。

しかしながら、アビー・リーの指導方法が少女たちにとって〝心理学的に〟有益かどうかはわからない。彼女は罵り、あからさまにえこひいきをし、母親の過失を理由に少女たちを罰する。それでも教え子たちがアビーにレッスン料を払うのは、ひとつには競う方法を学ぶためだ。はっきりしているのは、このような子供の競争系の番組は、階級地位がいかに子供たちに有利に働くかを示すものだということだ。競技に関してだけでなく――その後の人生においても。

テレビの映す現実の子供たち

『神童』や『ダンス・ママ』のような番組に登場する子供たちの大部分が中流階級に属するようだと指摘することは、彼らの能力がすべて社会的影響の結果であると示唆するものではない。だが、一部の子供たちが生まれながらの才能、天性の運動能力、または生来勤勉な性質を備えているとはいえ、その優位性がすべて彼らの遺伝子で決まるわけでもない。これらの番組に登場する過干渉の保護者と才能に恵まれた子供たちは、生まれもった生物学的ツールが社会的継承と協調して働くさまを、増幅した形で見せてくれる。歴史的に、裕福な農家の子供たちが恵まれない境遇にある親の子供たちとは異なる結果を出してきたように、今の子供たちの生活経験も、彼らの社会的地位によって著しく異なる傾向がある。

画面に映る現実の子供たちは、わたしたちがいかに、そうしたより大きな社会的分断を考慮することのないやり方で子供時代を自然化・理想化するという間違いをおかしてきたかを教えてくれる。カーニー・ウィルソンがトレイシー・ゴールドに向かって、トレイシーの息子には〝子供でいる〟経験が必要だと告げるとき、わたしたちはそれがどういうことを意味するのかわかる。それは鰐肉の低温調理法(スーヴィー)を学んだり、父親がトレーラーハウスの外で拘束されるのを目撃したりしなくてもいいということだ。リアリティ番組は、わたしたちが子供時代を、普遍的かつ不変のものだというふうに考えていることを浮き彫りにする。ところが実際には子供たちは社会的構造における地位に応じて、さまざまな人生経験をしているのだ。

しかし、これらの子供たちは単に階級での彼らの位置づけを〝反映する〟だけではない。相対的に恵まれた子供たちが親の文化資本を体現することを学び、その階級の位置づけに従ったやり方で成功を得る準備を整えたとき、その時点で彼らは階級構造を〝再現する〟積極的な主体となる。だからこそ、ブルデューのような社会学者たちは文化資本に大いに関心を寄せる——それは豪華なディナーでどのフォークを海老に使うのかを知っているかどうかが本質的に重要だからではない。このような形の知識や思考習慣が重要なのは、それらが積み重なり——総合として、世代を超えて社会的地位を伝達し、体系的に一定の集団を不利にし、他の集団を有利にすることを促すからだ。

リアリティ番組は、わたしたちがみな、いかに子供を自分の延長として扱っているかを明らかにする。子供たちは、わたしたちの個人的な目標や夢(『トドラーズ&ティアラズ』に出てくる目をキラキラさせた親を思い浮かべてほしい)の伝達者というだけではなく、さらに広く見れば、社会的〝体制〟再現の伝達者にもなる。そうした小さな人間たちが、人々の心の奥底にある文化的価値を伝達し、生活のすべてを司る権力構造を維持するためのエージェントとなる。子供たちは、わたしたちの文化全般に広まり、社会的制度に埋め込まれ、その壁にしがみついているより広範な社会規範と実践のための代理人となる。

テレビの映す現実の子供たちは早熟で、才能豊かで、甘やかされていて、人の心を打つ。彼らの親は、金切り声をあげる戯画としてしばしば画面に現れる。しかし、そういう親子と彼らに対する人々の反応によって逆説的に、わたしたちが〝まっとうな〟子供時代を枠にはめるために使う整理箱があらわになる。それらの整理箱は、わたしたちがわが子を概念化する限定的なやり方をあらわにする。それはすなわち、子供は感傷的で、無性愛的で、継承した階級と人種の特権を与えられた無能力な生きものだという考えだ。リアリティ番組の子供たちは、その羽をつけた両腕をあげ、うっとりした顔で整理箱の中から現れることで、そうした思い込みが間違いだらけであることをさらけ出す。

第二部

6章　あなたの嗜好レベルを疑う（階級）

初めて視聴者の前に登場したとき、アラナの家族はペーパータオルのロールを投げ合っていた。

六歳のアラナは〈プレシャス・モーメント・美少女コンテスト〉に参加しており、『トドラーズ＆ティアラズ』でも注目のひとりだ。(1) アラナの家には大量のペーパータオルがあるが、それは母親がまとめ買いをするからだ。自称〝クーポンの女王〟のママ・ジューンは、これまで美少女コンテストに出場させるために合計八千ドルから九千ドルほどかかったという。「でもだいじょうぶ。ちゃんとクーポンで節約してるから！」

アラナ、ママ・ジューンとその核家族のメンバーらに密着するスピンオフ番組『ハニー・ブー・ブーがやってくる』の初回エピソードで、彼らは〈レッドネック・ゲームズ〉と呼ばれるイベントに参加する。ママ・ジューンの説明によると、そのゲームは「オリンピックと似てるけど、歯が欠けてる人ばかりで、お尻の割れ目もたくさん見える」。そこでは参加者が目隠しをして豚足にかぶりつき、〈泥溜めの腹打ちダイビング〉（マッドピット・ベリーフロップ）で競い合う。（「泥にはまるのが好き。豚みたいに汚れるのが好きなの」と、アラナは言う。）そのエピソードの他の場面では、彼らが音をたてておならをしたり、キッチンのシンクで髪を洗ったり、朝食に広口瓶からチーズボールを食べたりする。アラナはシャツをたくしあげてぷっくりしたお腹をカメラに向け、それを両手でつまんで口の形をつくり、〝しゃべらせる〟。

一見したところ、リアリティ番組は、アメリカの階級不平等について考えるうえですばらしい材料には見えない。こうした番組のトーンは軽く、多くは個人のふるまいに焦点をあて、より広範な構造的プロセスの中での状況を掘り下げるようなことはしない。一般的には、メディア学者ジューン・ディーリーが考察するとおり、リアリティ番組が社会的不平等の問題にふれることがあったとしても、「ほんのさわりだけで、個別化された、政治とは無関係な解決方法を探るためにすぎない」[2]。またこのジャンルでは、アメリカにおける階級のすべての領域を見せるわけではない。たとえば、リアリティ番組で極貧の状況にある人たちを目にすることはめったにない。『リアル・ワールド』のジュリーがホームレスの人と一緒に過ごし、またカーダシアン家が炊き出しのボランティアをするとき、そこに映る貧しい人たちは、中心的登場人物の思いや感情に光を当てるために存在しているにすぎない。

いっぽうでリアリティ番組は、他形態のメディアより〝幅広い〟範囲の階層地位を映し出している。たとえば労働者階級の人々は、台本のあるテレビ番組よりも、リアリティ番組で目にすることが多いと主張する人もいる[3]。レッドネック〔アメリカ南部の保守的な貧困白人層〕からマンハッタンの大富豪まで、リアリティ番組は幅広い社会経済的領域に光をあてる。そうすることで、階級の根強さをあらわにする。それはお金そのものではないお金にまつわるカテゴリーだ。階級とは何か、わたしたちにどんな意味をもつのか、何が正しくて、普通で、良いのかについてのかなり硬直した根深い思い込みによって、わたしたちがいかにこの階級制度の衝撃をやわらげているかを示す。

階級——お金のことよ、ハニー！

社会的階級と所有するお金の多寡に関連があることについては、大半の人が同意するだろう。一例をあげると、一八〇〇年代の中ごろ、カール・マルクスは、階級を、同等の物的環境を共有する人々の集団と定義づけた。こうした中心的区分におけるさまざまな分類を認めながらも、マルクスは資本主義に存在する二つのおもな社会的階級をあげた。すなわち、ブルジョアジー（生産手段を支配する人々）とプロレタリアート（働き蜂）だ。プロレタリアートは資本主義の産業社会に不可欠な単純労働をおこなう。ブルジョアジーはその労働から不釣り合いな利益を得る。マルクスと彼の共著者であるフリードリヒ・エンゲルスは、大きく言えば歴史とは、限られた経済的資源をめぐって争う集団間紛争の物語だと概念化した。[4] 実際、マルクスはあらゆる紛争（政治紛争、宗教紛争など）が本質的には階級闘争だと示唆した。[5]

マルクスによる二つの階級区分は、時代を超えて『アンダーカバー・ボス 社長潜入調査（Undercover Boss）』（CBS、二〇一〇年—）でも見られる。このリアリティ番組では、最高幹部たちが自社企業の日常業務が実際どうなっているのかを覆面調査する。あるエピソードで、チェッカーズ・アンド・ラリーズ［ドライブスルーのレストランチェーン］の社長兼CEOであるリック・シルバが、自社店舗の見習い従業員を装う。[6] この番組では、冒頭から階級格差が強調される。スーツを着たリックがデスクに向かい書類をめくるシーンに、従業員たちがバーガーを作ったり、ドライブスルー用の窓から客に手渡したりする映像が挿入される。リックも従業員たちも仕事をしているのだが、従業員たちが単純労働に従事していること、そしてリックの利益配分がはるかに大きいことは明白だ。番組ではこのエピソードを含む多くのエピソードで、幹部が自分の会社の下位の仕事に要求される単純労働に手こずるところを見せることによって、この差異を明確にする。リックはハンバーガーを焦がしそうになり、レジやインカムの操作に苦労する。マルクスの理論でも『アンダーカバー・ボス 社長潜入調査』でも、根本的な差異は金銭にかかわる。番組における最大の隔たりは、CEOと現場の労働者のあいだにある。労働者はジェンダーの違いや人種の多様性はあれど、〝全員〟が階級序列でリックの下にいる。

幹部に働き蜂のふりをさせることで、この番組は普段は見えにくい労働の形態を明らかにする。マルクスは、このわかりにくさが労働者の搾取の横行を許していると主張した。彼が論じた〝商品の物神崇拝〟は、単にわたしたちが物の購入を大いに好むということを意味するということだけではなく（好むことには違いないが。）、購入する物について、それを生み出した社会的関係の観点で考えることはほとんどないという考え方だ。[7] 消費者としてのわたしたちは労働工程から切り離されているため、もっぱら考えるのは、それぞれの商品と自分のお金との関係だ。そして、リンゴはもともと一個あたり一ドル三二セントであると当たり前に受けとめ、そう決めた人間の力学に思いを巡らすことはない。だが『アンダーカバー・ボス』はその力学を詳らかにする。この番組は搾取そのものを暴露するわけではなく——そんなことをすれば、企業にとってひどいPRになるだろう——労働のヒエラルキーと、そこに絡み合う力関係を見せる。

たとえば、あるとき店舗のマネージャーが従業員たちに厳しい言葉を浴びせる。リックは従業員のひとりであるトッドを連れ出し、なぜこんな扱いを我慢するのかと尋ねる。「ぼくだったら、あそこで一〇分間も働けない」リックは言う。「誰にもあんな口の利き方をさせない」

「これがぼくの仕事なんだ」トッドはそう応える。「働いているのは母さんを助けるためだ」リックは、一緒にマネージャーに話をしに行こうと提案する。

「やめておくよ」トッドは首を横に振りながら何度もくり返す。「この仕事が必要なんだ。何がなんでも」

結局リックは、マネージャーと話をする。実際には彼こそが上司であり、その権限があるから。このシーンは、リックとトッドが世界をどう経験するかの違いを強調する。それは単にリックのほうが多くの金銭を稼ぐからだけではなく、社会的尊敬や選ぶ力など、金銭に付随する特権もその理由だ。案の定、リックがCEOであることを明かすと、マネージャーはたちまち彼を敬う口調になる。

「それでもわたしたちは、みんなを楽しませてる」

リックのような高い階級の人たちほど、金を多く稼いでいる。しかし、マルクスと『アンダーカバー・ボス 社長潜入調査』のいずれもが明らかにしているとおり、それは必ずしも、彼らの行う仕事が本質的に高価値だからということではない。たしかに、リックとトッドは異なるレベルの教育やスキルを必要とする、まるで違う仕事をしている。だからといって、社会の実際の機能にとっては、大学の学位を要する仕事の方が重要だということにはならない——もっともわたしたちは、自分にそう言い聞かせているのかもしれない。

マルクスとエンゲルスにとってイデオロギーは、個人の脳から器質的に生じるものではなく、権力の道具として社会的関係および機能から生まれるものだ。[8] わたしたちが単純労働を含む仕事があまり重要ではないと解釈するとき、それは現在の権力構造を支えていることになる。マックス・ウェーバーがこれに関連して指摘したのは、肉体労働に従事することで人は高い身分につく資格を失うということだ。労働色の濃い芸術的作業（石工など）が、労働色の薄い芸術的活動（油絵など）より身分の低い仕事であることを例にあげている。[9] このルールの例外――たとえばプロの運動選手――をあげるのは簡単だが、今でも最も評価される仕事は肉体労働より知的労働であり、逆もまたしかりであることは事実だろう。

実際、報酬が最も高額な仕事は、社会の機能に不可欠な仕事ではない。たとえば、最も社会的評価が高いと思われている職業一覧を見ると、そこに料理の下ごしらえをするフード・プリペアラーは見当たらない。[10] しかしながらフード・プリペアラーは日々、人々の命をその手に握っている。大腸菌感染の恐怖が蘇えるたびに、わたしたちはそのことを思いだす。新型コロナウイルスが猛威を振るう中、私たちの社会インフラに〝必要不可欠（エッセンシャル）〟とされたのは、比較的低賃金の、食料品店の品出し係、配達人、ごみ収集作業員などだった――リックの仕事のような職種では決してない。わたしたちの資本主義体制においては、仕事の客観的重要性は必ずしも報酬と一致するものではない。リックとトッドがそれを教えてくれる。

違った角度から見ると、カーダシアン家からも同様のことを学ぶことができる。表面上は才能などなさそうなこの一族がやすやすと高報酬を得ているという事実が、どうやら少なからぬ人々の怒りを買った。二〇一一年、バーバラ・ウォルターズがクリス、コートニー、キムとクロエにインタビューをおこなった。一家がその年の〝最も魅力的な一〇人〟に選ばれたからだ。ほかはスティーブ・ジョブズ、ピッパ・ミドルトン〔ケンブリッジ公爵夫人キャサリンの妹〕、リアリティ番組の司会者からやがて大統領になるドナルド・トランプ等の名前があった。「あなたがたはよく、〝有名なことで有名だ〟と言われていますね」バーバラ・ウォルターズは、四人の女性にずばりと言い放つ。「本当のところ、演技ができるわけでも、歌えるわけでも、踊れるわけでもなくて、こう言うと失礼ですが、何の才能もない」

女性たちの一部はその言葉に頷いた。

「でもわたしたちは、みんなを楽しませてる」クロエは、そう言葉を返した。(11)

このインタビューが示唆するように、リアリティ番組のスターたちに向けられるよくある批判は、スターの座を正当化するものが何もないということだ。当然ながら例外はある。技能を競う競技系の番組の参加者や、歌、演技、コメディといった際立った才能ですでに名の知れたスターを呼びものにした番組は違う。しかしながら、リアリティ番組に登場する人たちの大半は、ただ単に……〝そこにいるだけ〟で名声を得たように見える。

ただ、そういう意味では、リアリティ番組のスターたちは何も目新しい存在ではない。昔ながらのことだ。一八六七年、マルクスは〝使用価値〟と〝交換価値〟との違いを指摘した――この違いは、たとえば、金が水より高価な理由を説明するのに用いられる。水は生き延びるために必要だから、金よりも使用価値が高い。しかし金は、水より交換価値が高い。事実上固有の機能をもたないただの金属の塊だが、普遍的通貨だからだ。ウェーバーは、一九〇〇年代初頭の論文でこれに関連して論じ、最高の評価を受けている職業が必ずしも最高賃金を得ているとは限らず、逆もまた同様だと考察している。もし社会的評価と報酬を整合させたなら、社会は違っていたはずだと、ウェーバーは論じた。(12)実際、現代においても、最も社会的評価が高いと思われている職業区分——消防士や聖職者など——は、必ずしも最高賃金の仕事ではなく、その逆も同じだと研究で示されている。[13] そう、カイリー・ジェンナーがインスタグラムの投稿で一〇〇万ドルを稼ぐことは人をいらだたせるかもしれないが、[14] そういうことには先例がある。（ただし、〝技能〟や〝才能〟の概念さえも、それが社会的に価値があるとされる仕事で優秀だという前提に立った社会的構築物だ。私は片耳をそれぞれ別々に小さく動かすことができて、かなり特別なことだと思っているが、これで一セントも稼いだことはない）

言うまでもなく、ここまではカーダシアン／ジェンナー家の人々には売り物になる技能も才能も〝ない〟ことを前提としている——誤解のないように言えば、それは既定の結論ではない。彼女たちは（そしてロブも）セックス・テープを利用して国際的スターの座を手に入れた。どこかの時点で、何らかの形で——もしかしたら、クリスの熟練したマメジャーの手腕や、流行りをつかむカイリーの鋭い感覚で——彼らがみずからの出世を加速したということは考えられるだろう。だが、カーダシアン／ジェンナー家の人々がたまたま失敗を福としたのか、抜け目ない判断をしたのか、あるいはその二つの組み合わせなのかは別として、多くの人たちが無価値だと見なすことからかなりの金を得るというのは、特異なことでもなければ目新しいことでもない。彼らは単に、才能、金銭、社会的価値についてのわたしたちの概念が、決して単純な形で結びついてはいないことを明らかにしている。

鼠の穴（ラットピット）から〝ラチェット〟まで？

ひとつには、客観的な価値、地位、報酬に整合性がないからこそ、人は階級制度を正当化する言い訳を自分に言い聞かせる必要がある。わたしたちがある種の仕事——ひいてはある種の人間——を正統で、価値があり、道徳的に正しいと解釈することで、仕事のヒエラルキーが社会的評価のヒエラルキーになる。

リアリティ番組は、原型と相違を際立たせることで、そうした構造を増幅する。社会学者パトリシア・ヒル・コリンズは、疎外された集団へのメディアによる紋切り型の描写を〝支配的イメージ〟という言葉で呼び——それは権力構造を当たり前のものとし、人種差別や性差別といった文化の一面を自然で避けられないものだと思わせる役割を果たすと論じている[15]。

ここでふたたび『ハニー・ブー・ブーがやってくる』について考える。アラナの家族に、わたしたちは階級制度を正当化する支配的イメージを見ている。彼らが実際にレッドネックに該当するか否かについては、家族の中でも議論があるものの（「俺たちはみんな、歯があるだろ？〔レッドネックは歯が欠けているというイメージが定着している〕」と、父親が言う[16]）、この番組はくり返し、この家族の、南部の田舎者のステレオタイプ的な特徴を強調する。彼らの用いる文法は独創的で、メリアム・ウェブスターの辞書には見つからない言葉を頻発し、こんな医学的助言をする。「一日に一二回から一五回おならをすれば、体重をうんと減らせるよ」とくにこの番組では、彼らの身体が発する音を、編集でカットすることはない。

ただし、くり返すが、これも目新しいことではない。人々は何百年も前から、下層階級のステレオタイプを笑いのネタにしてきた。次章では、ミンストレル・ショーが歴史上いかに黒人を戯画化していたかにふれるが、ここでは、それらのショーでは貧しい白人の〝田舎者〟も風刺していたことを指摘しておこう。[17] 社会学者ジェニファー・リナによれば、「立派な人々が娯楽として労働者階級や貧しい人々の生活を実際にやってみるという発想は、階級としてのブルジョアジーと同じくらい古くからあるものだ[18]」。例として彼女は一八〇〇年代に始まった、〝スラム街パーティー〟をあげている。ロンドンとニューヨークで、上流階級の白人が都市部の貧しい移民街にくり出し、エリートたちは、〝鼠の穴〟と呼ばれる賭け事——すなわち、地面の穴にいる鼠をテリアが殺すのにかかる時間で賭けをすること——などに参加することができた。リナは「(当時も今も)エリートたちの貧民街見物では、下層階級の文化は商品として、大した不快感なく満足とスリルを得られる消費体験として楽しまれている[19]」と論じる。

昔の鼠の穴から、現在の付け毛を引っ張ったり泥濘めで腹打ちしたりと〝粗野な(ラチェット)〟種目まで、一本の線でつながっていると考えるのは誇張でも何でもない。批評家たちは『ハニー・ブー・ブーがやってくる』を酷評したが、この番組は放送期間中、TLCで最も人気の高い番組のひとつだった。[20] 二〇一三年、〈デッドライン〉〔オンラインのエンターテイメントニュース雑誌〕のニュース記事では、この番組がシーズン終了時にその時間帯で、「事実上すべての主要視聴者層において、広告収入で運営される数あるケーブルネットワーク中」ナンバーワンの座を勝ち取ったと報じた。[21]

そういった視聴者全員が『ハニー・ブー・ブーがやってくる』を観ながら〝スラム街見物〟をしていたのか？ そうではないだろう。なかには、出演者に自分を重ね、また平凡な労働者階級からテレビスターに出世する人たちを好ましく思い、あるいは憧れさえいだきながら観ていた人たちもいるはずだ。それでも、こういうタイプの番組には、スラム街見物ができるからという理由で観る視聴者もいるのは間違いない。たとえば、リアリティ番組に近い『タイガーキング：ブリーダーは虎より強者?!（Tiger

King)』（ネットフリックス、二〇二〇年）がパンデミックの初期にあれほど人気になったのには、理由があるだろう。理由のひとつは、この番組の、予想不可能な展開（キャロル・バスキンは本当に夫の死骸を虎の餌にしたのだろうか？　どう考えればいいのか、今でもわからない！）が視聴者を夢中にさせたからかもしれない。しかし、この番組で労働者階級の犯罪行為や悪ふざけを目にすることでわたしたちは、低賃金のエッセンシャルワーカーの多くが日々新型コロナウイルスのリスクにさらされているという事実について考えることが減ったり、ごまかしたりできたという理由もあったのかもしれない。わたしたちの中でもより多くの特権をもつ人たちは、ぜいたくなことに自宅で安全に仕事をして、空き時間には『タイガーキング』の世界に浸ることもできた。

実際、リアリティ番組を観て楽しんでいる中流階級の視聴者は〝距離を置く〟ことが可能で、それが私たちと彼らの区別を強化していることが調査によってわかっている。[22] たとえばイギリスで行われたティーンエージャーの調査では、若者たちの一部は、〝自分をテレビ評論家と位置づけること〟、また〝労働者階級の参加者への嫌悪〟を示すことによって、みずからの中流階級の地位を再確認していた。[23] これは、わたしたちがリアリティ番組から覗き見趣味的なよろこびを得ているという考えと符合する。[24] 『ハニー・ブー・ブーがやってくる』を観れば、人々が鼠の穴を訪れたがるのは、自分が鼠の穴とはなんの関係もないことを再認識するためなのだろうとわかる。スラム街パーティーが最終的にはエリートたちの優越感を高め、階級間の境界線を強化したように、現在の中流階級の視聴者たちはこれらの番組を観ることで、自分と労働者階級の文化――そして労働者階級の人々――とのあいだに象徴的な意味で距離を置くことができる。[25]

〝揺れるお肉がすべてキレイってわけじゃない〟

わたしたちが階級制度を受け入れるには、階級制度に順応する必要がある。人が今の地位や状況にいるのは、本質的かつ客観的な根拠があるからだと確信できなければいけない。『ハニー・ブー・ブーがやってくる』はわたしたちが身体についてどう考えるか、階級についてどう考えるか、またその二つがアメリカ人の頭の中でいかに絡み合っているかを示すことでそのやり方を教えてくれる。

視聴者は主演の家族の肥満を認識している。批評家もファンも、そのことをコメントの中心に取り上げている。事実、この番組の放送開始当初のレビューは例外なく何らかの形でその点にふれていた。たとえば、ポップカルチャーに関するウェブサイト〈AV Club〉のこの番組のレビューには、アラナの「太りすぎで、まぶたの垂れた目をしたクーポン女王である母親ジューン」に言及しているし、[26]〈タイム〉誌はこの番組が『〝トドラーズ&ティアラズ〟というよりも、『ザ・ファッティーズ：ファート2』〈映画『トロピック・サンダー　史上最低の作戦』中の架空の映画予告編〉のリアリティ番組版だ……〟と意見を述べた。[27]実際、『ハニー・ブー・ブーがやってくる』の最初のエピソードでママ・ジューンは、〈舞台と観客を分ける〉第四の壁をそれとなく破り、『トドラーズ&ティアラズ』の出演中に視聴者から〝ジャバ・ザ・ハット〟というあだ名をつけられたと語った。

この番組は暗に、家族の丸々とした体形と、その階級と、そのとんでもないふるまいをつなぎ合わせる。エピソード1で最初に体重にふれられたのは、〈レッドネック・ゲームズ〉でのことだ。ここでの焦点は主役の一家ではなく、彼らの他の参加者たちに対する反応だった。さまざまな参加者たちが登場し、布地の面積が少ない服から垂れ下がるぜい肉が画面に現れ、ママ・ジューンと娘たちが彼らの体形に厳しい言葉を浴びせる。「お肉でビキニが見えないじゃない」ママ・ジューンは豊満な女性のひとりをそう評する。インタビュー映像で彼女は、〝プラスサイズの女性〟に身体を隠すよう助言する。「揺れるお肉がすべてキレイってわけじゃない」という意見だ。そのエピソードの後半、焦点が彼らの家族に移る。ソファーに座って、いつも手元にある広口瓶からチーズボールをむしゃむしゃと食べながら、一家は減量計画について話し合う。ママ・ジューンは〝家族の減量チャレンジ〟への参加に同意するが、目標については曖昧だ。同エピソードのある時点では自分の身体に満足していると言い、別の場面では一〇〇ポンド〔約四五キログラム〕減らすのが理想とも言う。

最初に〈レッドネック・ゲームズ〉で次々に肥満体を見せることで、『ハニー・ブー・ブーがやってくる』はたちまち、肥満を特定の階級カテゴリーの文脈に当てはめた。実際、女性が痩せていることはある種、特権のしるしとなっている。小柄で贅肉のない体形は〝身体化された文化資本〟と解釈される――〝完全にその人の一部となった外的な富、ハビトゥス〟を指すブルデューの用語だ。[28] これは、ファッション市場で顕在化する。たとえば、高級ブティックはめったに特大サイズを扱っていないが、ウォルマートなどの低価格帯の量販店にはある。また、かなり印象的なこととして、『ハニー・ブー・ブーがやってくる』からの収入が転がり込みはじめると、ママ・ジューンは減量手術を受けて例の一〇〇ポンドを脱ぎ捨て――彼女のスピンオフ番組『ママ・ジューン：ノットからホットへ（Mama June: From Not to Hot）』（WEtv、二〇一七年―二〇二〇年）で蛹から抜け出した。（二〇二〇年に、おもな出演者たちがさまざまな個人的かつ法的な問題を抱え、この番組は『ママ・ジューン：家族の危機（Mama

June: Family Crisis)』と改題されて仕切り直しとなった)

『ノットからホットへ』というサブタイトルが率直に述べるとおり、現代の米国において肥満は社会的に疎まれる。ただし、〝つねに〟疎まれるわけではない。想定される反例として、キム・カーダシアンの丸いお尻、太った身体を容認できるかどうかの人種的／民族的な違い[29]、あるいはTLCのリアリティ番組『マイ・ビッグ・ファット・ファビュラス・ライフ (My Big Fat Fabulous Life)』(二〇一五年―現在) を含む肥満を評価するメディアの存在をあげることもできる。どのような身体を〝肥満〟とみなすか、また肥満をどう解釈するかも、時代とともに変化している[30]。ただし現在、アメリカの主流文化においては一般的に、肥満体は社会的に問題があるとされている。

またこれは〝個人の失敗〟の兆しとされることも多い。社会学者アマンダ・チェルニャフスキは、次のとおり考察している「(私たちが肥満と聞いて必ず思い浮かべるのは) 欠点としての貪欲な執着心、御し難い欲望、そして道徳的かつ肉体的な堕落の象徴である。肥満した身体は、制御不能で場所を塞ぎ、身体に関する計画の失敗だ。このような肥満の支配的イメージは、個人に罪をなすりつけ、文化の影響を無視する道徳的ほのめかしに満ちている」[31] 実際、『ハニー・ブー・ブーがやってくる』の支配的イメージは、この家族の身体が彼らのふるまいと同様、自制不能であることを示唆している。ズボンに収まりきらない太鼓腹、口からもれるげっぷ、弾みでのおなら――この家族はあらゆる点ではみ出している。

ママ・ジューンとその子供たちは、下層階級と肥満とが文化的に同調し、その二つが道徳的区分に変換され、その責任が個人になすりつけられるさまを見せる。もちろん、ブーブー一家の一人ひとり (少なくとも大人たち) には、みずから口にするものを制御する能力がある。ママ・ジューンは、コンテストに注意を向けさせるため、娘に〝ゴーゴー・ジュース〟（レッドブルとマウンテンデューを混ぜたもの）などの砂糖入り飲食物を与える。さらにはチーズボールの広口瓶も。だが『ハニー・ブー・ブーがやってくる』は、こうした個人の決定を、自制不能な人たちによる個人の決定に過ぎないと描写し、食品の生産、マーケティングや流通の広範な仕組みや、根本的な教育制度の不平等を問いたださないことで、ゴーゴー・ジュースをアラナの唇に運ぶよう促した大規模な社会力学を曖昧にしている。

『ハニー・ブー・ブーがやってくる』をスラム街への冒険と見ると、階級のヒエラルキーを当たり前のものにするために用いられる文化的な仕組みが見えてくる。一家を怠惰で衝動的でさほど聡明でもない人たちとして描くこの番組は、階級のヒエラルキーを正しく適切で当然なものとする物語に都合がよい。

そんな役割を担うリアリティ番組は、この番組以外にもたくさんある。変身もののテレビ番組というサブジャンルは丸ごと、どんな身体が容認され、良いとされているかをわたしたちに思い知らせる。これらの番組において、また現実の生活でも、身体は、世界にニュートラルに存在する細胞の単なる集合体とは見なされない。評価され、それに基づいて変造される。[32] 例をあげれば、『ドクター・にきびつぶし（Dr. Pimple Popper）』（TLC、二〇一七年—現在）では、皮膚科医兼人気ユーチューバーのサンドラ・リー医師が深刻な皮膚疾患を治療し、『失敗！（Botched !）』（E!、二〇一四年—現在）では、医師のテリー・ダブロウとポール・ナシフ（いずれも『ハウスワイフ』の出演経験がある）が美容整形外科医による過去のミスを、さらなる整形手術で改善する。

これらの番組では、既存の階級ヒエラルキーを維持する方法で参加者を〝修正〟する。外観の変化を扱うテレビ番組は、健康状態、痩身、美についての中流階級の基準を助長するという点で、他の種類のリアリティ番組と類似している。[33]『スーパーナニー』で母親が仕事時間を減らして言うことを聞かない子供の面倒を見ていたように、改善は往々にして、中流（または上流）のもつ資源の利用を前提とする。競争系の番組は通常、挫折の原因は怠惰、根性の欠如、真面目さの欠如、才能の欠如だとして、資源の欠如のせいにはしない。たとえば『ル・ポールのドラァグ・レース（RuPaul's Drag Race）』（Logo、二〇〇九年―二〇一六年、VH1、二〇一七年―現在）では、ランウェイの成功のカギは素晴らしい服を身に着けることだが、審査員たちはしばしば競技者たちの欠点を、財布の薄さではなく、洗練さの欠如や想像力の乏しさのせいにした。また、司会のステイシー・ロンドンとクリントン・ケリーがファッションの被害者とされる人たちのワードローブを修正する『それを着たらダメ（What Not to Wear）』（TLC、二〇〇三年―二〇一三年、二〇二〇年―現在）のような変身ショーでは、視聴者に服を仕立てるように勧めるなど、法外な費用のかかるアドバイスもある。文化学者ブレンダ・R・ウェバーは、この種の番組は〝完璧な市民〟――すなわち、「内面と外面が完璧に整合し（中略）その女性または男性の身体が〝しかるべき〟ジェンダーと性別の情報を呼び起こし、ある人種または労働者階級には見えない人」――を生み出そうとしていると論じる。[34]そのためこれらの番組は、締まりのない身体、下層階級の地位、道徳の欠如をすべてつなぎ合わせる。同じように『ハニー・ブー・ブーがやってくる』が、知性の感じられないしゃべり方をして衝動的に行動する一家を描くとき、番組が伝えるのは、彼らがみずからの肥満体とみずからの社会的地位の両方に責任を負っているということ、そしてわたしたち視聴者の適切な反応は、そうした地位の構造的な現実について深く考えたりせず、ゆったりと椅子に座ってしたり顔で見物することだということだ。

〝あなたの嗜好レベルを疑う〟

『ハニー・ブー・ブーがやってくる』のような番組は、わたしたちが身体と行動を階級カテゴリーに変換した上でその善悪を解釈するように、経済的な差異が結局のところ道徳的な差異になることを教えてくれた。わたしたちはさらに、〝嗜好〟のヒエラルキーを維持することで階級のヒエラルキーを強化しようとする。

マルクスは、階級を、同等の物的環境を共有する人の集団であるとした。その理論を基礎として、ブルデューは階級がじつのところさまざまなものの集合体であると論じた。これは同じ程度の金銭資本を所持する人々だけでなく、習慣や行為や内在化した世界観を共有する人たちも含まれる。ブルデューは、人は文化的嗜好の話になると、それは〝自然発生という幻想〟をいだいていると考察した[35]。つまり、嗜好は変則的で極めて個人差があると思われがちだが、じつは社会化された要素をもつ。実際ブルデューは、音楽や料理といったものの好みが社会経済的階級にかなり同調していること、とりわけ大衆文化と正統文化とがあって、エリートたちは後者を楽しむように適応していることに気づいた。たとえば、『ブー・ブー』一家がオペラではなく〈レッドネック・ゲームズ〉に参加することは、視聴者にとっては当を得ることであり、おそらく意外でもない。

ブルデューは、こういった差異が重要だと主張する。なぜなら嗜好はそのまま社会的地位を指し示すもの、かつ同じ階級の人々をまとめる共有文化の一形態となるからだ。エリートの嗜好はひとつの資本形態となり、世代から世代への社会的地位の継承を促し、こうして階級構造が維持される。その結果、特定の嗜好が特定の地位と結びつき、ヒエラルキーが生まれる。それはたとえばオペラとレッドネック・ゲームが違う娯楽だということだけではない。あるものが〝高級〟と分類され、その結果、他よりも〝社会的に高く評価される〟ことになる。

こうした種類のヒエラルキーとそれらの社会的重要性は『プロジェクト・ランウェイ』（Bravo、二〇〇四年—二〇〇八年、二〇一九年—現在、ライフタイム、二〇〇九年—二〇一七年）によく表れている。この番組では、野心に満ちたファッションデザイナーたちが一連の課題で競い合う。毎回、彼らはモデルたちがランウェイショーで身につける服を作り、そのあとで自分の作品について審査員団からの講評を受ける。放送開始当初からの審査員のひとりであるファッション・ジャーナリスト兼編集者のニーナ・ガルシアは、ことあるごとにデザイナーたちの〝嗜好レベル〟という言葉を使い、「あなたの嗜好レベルを疑う」が彼女のキャッチフレーズとなり、インターネット・ミームにもなった。たとえばあるエピソードで、競技者たちはビデオゲームのヒロインをイメージした服をデザインするという課題を与えられる。[36] 審査員のブランドン・マクスウェルは、デザイナーのひとりであるヴェニーの袖口に羽毛をあしらった女性の〝救世主〟ファッションについて、こう述べる。「服の作り方をわかってないと言ってるんじゃない。君がわかってないのは、そのプロセスで自分を抑える方法だ」

ニーナもこれに同意する。「ある課題で、あなたは美しく趣味の良いものを作れる。でも次の課題では、こんなものを出してくる。頭からつま先まで、大失敗よ」

後に、審査員たちがヴェニーの服を間近で吟味する際、ニーナは重ねて言う。「今回彼は、完全に発想をつかみそこねた。でも考えてみれば、現実に、嗜好レベルという厄介な問題もある」『ハニー・ブー・ブーがやってくる』の場合と同様、ここでも品位と嗜好のなさは個人の自制の欠如と結びつけられる。これは『プロジェクト・ランウェイ』の共通のテーマで、羽毛の多用や過度に奇をてらったものは、自分のデザインを制御する能力の欠如と解釈される。代わりにデザイナーたちは、月並みになることなく抑制の効いた服で、最高の結果を出すことを期待される。

〝嗜好レベル〟という概念自体に加え、この番組の前提そのものも、ファッションの嗜好が単に個人的なものでも恣意的なものでもなく、それらを評価する何らかの客観的な階層化された指標が存在するということまで示唆している。そして審査員たちはしばしば、そうした嗜好のヒエラルキーが経済力と同調していることを追認する。たとえば、同シーズンの別のエピソードで、ニーナはあるデザインを絶賛する。[37] テッサの服を評価する彼女は、こんな意見を述べる。「これは、二五〇ドルには見えない」少し間があり、効果的な音楽が場を盛り上げたところで、こう続ける。「高そうに見える。これは贅沢よ」「よかった。本当によかった」デザイナーのテッサは、安心した様子でそう言う。

後にテッサがその課題の勝者であることが告げられると、ニーナはこう言い切る。「私たち〔審査員たち〕の誰かが着ていてもおかしくない服に思えた」

〝高そうに見える〟は、審査員やシーズンを問わず、この番組のおなじみの誉め言葉だ。ここでニーナは明確に、この誉め言葉を自身の階級カテゴリーに属する人たちに結びつけている。二五〇ドルを比較的安いと考える人たちだ。こうして彼女は、嗜好、経済力、社会的価値のスペクトラムを示し、三者の相互関係を浮かび上がらせる。このように相互に結びついたヒエラルキーは、リアリティ番組に現れるだけでなく、わたしたちの生活に行き渡っている。英語では、〝cheap（安っぽい）〟や〝classy（高級）〟といった評価に関する言葉に織り込み済みだ。『プロジェクト・ランウェイ』が教えてくれるのは、わたしたちがある種の物質文化を上品／低俗、高級／安物、良い／悪い、価値がある／ない、正しい／間違っていると概念化し、そうすることで暗黙のうちに階級の境界線を強化しているということだ。

キャビアの夢

ニーナ・ガルシアは、『ハニー・ブー・ブーがやってくる』の裏面を見せた。もしわたしたちが下層階級を道徳心に欠け、みずからの苦境に責任を負う人たちと見るなら、金持ちはその逆のはずだ。裕福な人々についてのリアリティ番組の一部は、階級の特権が正統性や幸福と同一視されている様子を映すことで、わたしたちがいかに階級を当たり前のものとしているかを明らかにする。

なぜ私たちは、富が善だと考えるのだろう？　いいものを欲しいと思い、可能な限り最高に快適な暮らしを求め、みずからの成功を得意げに隣近所にふれ回りたいといった衝動に駆られるのはまったくもって自然なことだと論じる人もいるだろう。しかし、こうした衝動はある程度、西洋の資本主義に固有の産物だ。ウェーバーは資本主義体制の起源を探り、一九世紀後半のプロテスタンティズムにその根源が見られると主張した。当時、現世における経済的成功は、来世においても偉大となるべく運命づけられたしるしだと考えられるようになっていた。こうして懸命に働き貯蓄をして、みずからが選ばれた者であると身をもって示すよう動機づける〝プロテスタンティズムの倫理〟が生まれた。この倫理は資本主義出現の唯一のきっかけではなかったが、確実に資本主義の〝精神〟に寄与した[38]。キリスト教のメガチャーチ〔おもにプロテスタントの、非常に多くの会衆が礼拝に集まる教会〕の一部ではいまだに、こうした富のイデオロギーを、目標や神の祝福のしるしであると考えている。またわたしたちの大半は現在、来世で救済されるにふさわしいと示すために働いているわけではないが、依然としてみずからの正統性を示すために金銭的富をひけらかしている。

資本主義においては、物を所有することそれ自体が目標になる。社会学者ダルトン・コンリーの説明によると、現代の消費の概念は、「単なる商品の購入ではなく、物質的所有を獲得することで幸福と満足も手に入れられるという信念のことをいう[39]」。消費主義のイデオロギーは、リアリティ番組に近い『ライフスタイルズ・オブ・ザ・リッチ・アンド・フェイマス（Lifestyles of the Rich and Famous）』のようなテレビ番組に現れる。ＣＢＳで一〇年以上（一九八四―一九九五年）にわたり放送されたこの番組では、司会のロビン・リーチ（番組の放送終盤には、共同司会のシャーリー・ベラフォンテが加わった）が富豪の自宅を訪れて視聴者の人気をさらった。いずれのエピソードも彼のお決まりのキャッチフレーズ、〝シャンパンの願いとキャビアの夢〟で締められた。さらに最近では、ＶＨ１の『ファビュラス・ライフ・オブ……（Fabulous Life of…）』（二〇〇三年―二〇一三年）が同じようにセレブの生活を垣間見せ、とくに彼らのさまざまな形の贅沢な消費に焦点を当てている。

『隣の女の子たち』のような番組でさえ、金銭と特権の描写は、こうなりたいという描かれ方だった。シリーズの大半で中心となる、ヘフナーの三人の愛人――ホリー、ブリジット、ケンドラ――は全員プラチナブロンドで、型通りに魅力的で、年配のヘフナーより何十歳も年下だ。彼女たちの身体は『ハニー・ブー・ブーがやってくる』のような嘲笑の対象としてではなく、官能として表現されている。さらに、この番組はセクシャリティ、ジェンダーの役割、番組参加者の価値観について批判を受けているが[40]、その論調は嘲笑的ではない。女性たちは大邸宅で暮らし、ぜいたくな贈り物を受け取り、胸躍るような冒険にくり出す。彼らはセレブと特権のスリリングな世界に安住する、性的魅力に溢れたご機嫌な存在として紹介される。ヘフナーが部屋に入ると、艶やかな音楽が流れる。この種の番組は、わたしたちが消費に向ける熱望、金持ちのしゃれた生活を見物したいという願望、わたしたちが富と物の所有と満足を、ひとまとめのパッケージとして概念化する傾向を明らかにする。

品の良さは金では買えない

それでも人は、単純に貧乏な人々を非難し、裕福な人々を好むわけではない。わたしたちは裕福になりたいと熱望し、彼らの身体や所有物を道徳的に正しいと解釈するが、その気持ちは複雑だ。裕福な人々を扱うリアリティ番組には、こうなりたいという調子のものもあるが、このジャンルとエリートたちとの関係――そして〝わたしたち〟とエリートたちとの関係――は、それ以上に複雑だ。

成功した人々でも嘲笑を免れるわけではない。実際、人々は彼らが失敗するのを観ておおいによろこぶ。とくにリアリティ番組は、わたしたちは裕福な人たちの欠点が大すきなのだということを明らかにする。このジャンルは、そうしたちぐはぐな交差を得意としているからだ。例として『シンプルライフ(Simple Life)』(Fox、二〇〇三年―二〇〇五年、E!、二〇〇六年―二〇〇七年)は、コメディ的な効果をねらって、著名人のパリス・ヒルトンとニコール・リッチーを日常的な場面に登場させている。たとえばシーズン1で、二人は一カ月間、アーカンソー州にある農場の一家と生活を共にする。『アンダーカバー・ボス 社長潜入調査』のリック同様、二人はその農場の仕事でもその他さまざまな低賃金の仕事でも、肉体労働で使い物にならない様子を描かれることが多い。この番組は、富が現実社会で働く能力の足かせになることを示唆している。それはおそらく、大富豪ではないわたしたちにとっては朗報だろう。

もっとはっきり言えば、リアリティ番組は、わたしたちが貧しい人々を非難するのと同じくらい、〝金持ちたるものどうあるべきかを知らない〟金持ちを非難するのも好きなのだという事実をあらわにする。たとえば『リアル・ハウスワイフ』シリーズは、『ライフスタル・オブ・ザ・リッチ・アンド・フェイマス』のような単純な金持ち賛歌ではない。シャンパンとキャビアのいっぽうで、酔っ払いどうしの喧嘩、ときには逮捕、おまけにキラキラと光る似合わない服が次々と登場する。このようなちぐはぐさは、Bravoと視聴者との間で共有されるジョークになっている。

〝ハウスワイフ〟たちの多くが上流階級の出身でないことが重要で、この情報は番組で少しずつ明らかにされた。たとえば、シーズン12のある場面で、伯爵夫人のルアンは自伝のゴーストライターに対して、貧乏な子供時代を送ったことを打ち明ける。ブルデューが言うハビトゥスの概念は、階級ヒエラルキーにおけるみずからの地位が世の中に対する全般的な態度のカギであることを示唆している。ただし具体的には、ブルデューの考えでは、〝身体化された階級の存在状態〟にもっとも強い影響を与えるのは、ヒエラルキーのどこで〝生まれ育った〟かだ。[41]もっともわたしたちの社会にはある程度の社会移動があり、上方または下方に移動する人もいる。ブルデューは個人のハビトゥスが社会的状況に応じて変化し得ることを認めているが、ひとつの階級を捨てて別の階級に移動するとき、軋轢を生むこともある。

こうしたシナリオは、フランク・キャプラの映画『オペラハット』（一九三六年）から『ザ・フレッシュ・プリンス・オブ・ベルエア（The Fresh Prince of Bel Air）』（NBC、一九九〇年―一九九六年）までさまざまな娯楽形態で展開され、いきなり裕福になり、ふさわしいハビトゥスを保有していない人物に焦点をあてる。リアリティ番組というジャンルは社会的な不釣り合いに注目し、また裕福な参加者の多くが〝にわか成金（ヌーヴォ・リシュ）〟であることから（なぜならパリス・ヒルトンを別として、エリートたちのハビトゥスは、リアリティ番組への参加を思いとどまらせるだろうから）、特権的な経済的地位とそれに伴う思考習慣との間にあるかもしれないいずれを明らかにするのに適している。

〝ハウスワイフ〟たちは、社会経済的な地位と上流階級のハビトゥスのミスマッチの完璧な例ではない。なぜなら、率直に言って、一部はそれほど裕福ではないからだ。何人かは本当の富と名声、またはそのいずれかを手にしている――たとえば『リアル・ハウスワイフ in ビバリーヒルズ』の、レストラン経営者であるリサ・ヴァンダーパンプ、『ニューヨーク』版の遺産相続人ティンズリー・モーティマー、『マイアミ』版のコスメ・クイーンのリー・ブラック、そして『アトランタ』版のグラミー賞受賞者カンディ・バーラスがそうだ。だが『オレンジカウンティ』版のジーナ・キルシェンハイターの住む、家具があまりなくて、〝集まろう〟といった言葉がそこらに飾られている小さな家は、ミニチュアホースが数頭いて白鳥の泳ぐ堀もあるリサ・ヴァンダーパンプの広大な邸宅とは雲泥の差がある。他の〝ハウスワイフ〟たちも、賃貸住宅に住んでいたり、破産申請をしたり、デザイナーブランドの服を後で返品できるように値札を内側に押しこんで着ていたりする（あなたのことよ、ソーニャ！）ところを映されている。こうした女性たちは、マルクスが言うところの〝プチブル〟、すなわちブルジョアジーではないがブルジョアジーを気取った中間層と共通点が多い。

だが、かなりの財産を蓄えている〝ハウスワイフ〟たちのなかでも、つねに富を強調することは上流階級のハビトゥスとかならずしも一致しない。これらの女性たちの（自己申告する）現在の経済的レベルと、彼女たちが内面化している階級状況の対比が、娯楽のために利用されている。実際、こういった番組は、みずからの下品な物質主義に無自覚な彼女たちを、一種の劇的アイロニー（作中人物にはわからないが観客にはわかる皮肉な状況）として映し出す。

たとえば、『ビバリーヒルズ』版でダナは、自分のサングラスは二万五〇〇〇ドルしたと自慢する。[42]他の女性たちの一部が、これを少しばかり〝無作法（ゴーシュ）〟だと感じるのは、サングラスにそんな金額を払うことそのものではなく、金額を口に出すことだ。シーズンのキャストたちが再会したとき、カミーユは、本当の大金持ちはそのことを自慢しないと指摘し、リサも同意する。「値段を口にしたのは、ちょっとみっともなかったわね」

「あなたの犬だって、どんなイベントでも服を着てるじゃない」ダナは、リサの行き過ぎを指摘してやり返す。しかし彼女たちは――そしてこの番組そのものが――結局のところ、消費の称賛には限度があることを示す。あるやり方で富をひけらかすことは、社会的に不適格とされることもあるからだ。ここでも、階級が経済的カテゴリーでありながら、それには通常、独特の文化的活動の実践が伴うということが伺える。『ビバリーヒルズ』版の女性たちは、本物の階級と本物ではない階級のあいだに線を引く。本物は特定のハビトゥスをもち、富のことは〝小声で言う〟。伯爵夫人が指摘するとおり、品の良さは金では買えない。

気をつけなければならないのは、リアリティ番組では階級と〝ハビトゥス〟とのミスマッチすべてが同じように扱われているとは限らないという点だ。たとえば『ダック・ダイナスティー（Duck Dynasty）』は『リアル・ハウスワイフ』とかなり異なる番組だ。〝Duck（鴨）〟と〝Dynasty（名家）〟という通俗さと豪華さをタイトルそのものに並列させたこの番組では、鴨猟用品販売事業を営むロバートソン一家の生活へと視聴者を誘う。家族はもとから裕福だったわけではなく、家長のフィルが鴨笛を発明し、それでかなり儲かるようになった。一家の収入と彼らの階級的条件づけとのずれは、パイロット版の冒頭からはっきりしている。[44] 番組のはじめに、フィルの成人した息子ウィリーはこう説明する。「ルイジアナ州の片田舎を住みかとする新種の億万長者が生まれた。俺の家族だよ」沼地をばしゃばしゃと歩き回る長靴が映し出されたかと思うと、次の場面では立派な門構えの大邸宅が映る。タイトルバックでは、この家族――長い顎髭と不揃いに伸びた髪を生やした男たち――が、ボンネットにぴかぴかの鴨の飾りをあしらった高級そうな車からおりてくる。ウィリーは迷彩のジャケットに身を包んでいる。「金では変わらないものがあった……」語りを務めるのは、そのウィリーだ。そのエピソードで、一家は狩りをし、ウシガエルの頭を切り落とし、リスの脳みそのフライを作る。バンダナを巻き、釣り船に乗ってカエルを捕まえる汗まみれの大富豪を紹介し、これを変則型と定めることで、番組は、社会経済的な地位は通常、ある種の文化的実践と関連づけられていることを示す。

ただし、この家族に見られる文化と階級の例外的な組み合わせにもかかわらず、いや、おそらくは

〝だからこそ〞、ロバートソン一家はアメリカ労働者階級の一部にとって国民的英雄になった。『ダック・ダイナスティー』は大ヒットしたが（たとえば、シーズン4の初日は一一八〇万人に視聴された――これはケーブルテレビの台本のない番組のテレビシリーズの新記録だった）[45]、この番組がロバートソン家の境遇に近い農村部でとくに人気を博したことは注目に値する。[46] また放送開始から一年もしないうちに、四億ドルもの関連商品を売り上げた――その約半分は、安売り小売店のウォルマートでの売り上げだ。[47] ここまで見てきたように、幅広いタイプの出演者に自分を重ね合わせるわたしたちの能力は、以前からリアリティ番組に不可欠な要素だった。『ダック・ダイナスティー』の魅力のひとつは、おそらく、金持ちは別の種ではないと示している点にある。彼らもわたしたちと変わらぬ普通の人間で、たまたまお金を持っているだけなのだと。そこで描かれる富裕層と貧困層との差異は許容範囲であり、創意工夫、実力主義と個人の成功という魅力的なアメリカの物語にしっくり合う。

ドナルド・トランプのリアリティ番組『アプレンティス（The Apprentice）』と、その後彼が手に入れた大統領の座は、同様な物語を上手く利用したものだ。『アプレンティス』のオープニング映像では、オージェイズの曲「フォー・ザ・ラブ・オブ・マネー」が流れ、株式市場の相場速報器（ティッカー）、一〇〇万ドルの札束、高級車、プライベートジェット、トランプのシルエットが刻印された金の札はさみなど富の象徴が前面と中心に映し出されていた。トランプの番組も、また彼の公の人格も、富のことを〝小声で言う〞などということはしない。『アプレンティス』は、お金で買えるあらゆるもの――ヘリコプター、超高層ビル、有力者とのコネなど――を映し出す。そのあからさまな物質主義に加えて、トランプは以前から下位文化好きを公言してきた――ホワイトハウスの招待客にマクドナルドやバーガーキングの商品をふるまった場面もそのひとつだ。(とくに印象深い一枚の写真には、彼がファストフードのビュッフェを前に両手を広げて立っている背景に、物悲しい表情をしたエイブラハム・リンカーンの肖像画がぼんやりと映りこんでいる)[48] トランプがみずからを、今までになかった候補者、すなわち我が道を行く反逆者として売り出すことができたのには理由がある。そのメッセージが約束し、その型破りなふるまいが示唆したのは、トランプはたしかに金持ちだが、歴代の裕福な白人男性とは一味違う大統領になるということだ。〝飾らない〟大富豪で、一緒にビールを飲めるやつ、というわけだ。

その自慢屋なところと成金趣味を見れば、ドナルド・トランプは立派な〝リアル・ハウスワイフ〟になれただろう。にもかかわらず、〝ハウスワイフ〟たちが相変わらず番組でワイングラスを投げつけ合っているあいだに、彼は大統領になってしまった。トランプとロバートソン一家は、ときに〝下層階級〟の行動をすることはあれども、白人労働者階級たちに名士扱いをされている。〝ハウスワイフ〟たちはそうは見られない。(『ダック・ダイナスティー』で誰かがいじられるとしたら、それはウィリーになる。学がつきすぎて、カエル狩りのような〝レッドネック〟の仕事をうまくこなせない。)ではトランプとハウスワイフたち、その違いの理由はなんだろう? こういったリアリティのスターの受けとられ方において、たしかにジェンダーは何らかの役割を果たしている。後でふれるように、男性——とりわけ裕福な白人男性——は、粗野で侮蔑的な態度をとる自由をより多く与えられている。

それでも〝ハウスワイフ〟たち、ロバートソン一家、そしてトランプに共通しているのは、その階級/ハビトゥスのミスマッチが〝注目に値する〟という点だ。それで見る人をぎょっとさせたり、俗受けしたり、新鮮に思われたりする。彼らはみな、下位文化と高収入との組み合わせが例外的であることを裏付け、そうすることで、わたしたちの階級に関する標準的な考えを強固なものにする。

リアリティ番組は、大いなる平等をもたらすか

嗜好に関するブルデューの学識が初めて発表されてから数十年を経た今も、最新の研究とリアリティ番組の両方で、階級と文化的嗜好には関係があると示され続けている。[49] ただし、ドナルド・トランプや他のリアリティ番組スターの例からわかるとおり、つねに上流階級のハビトゥスを見せていなくても、社会経済的なエリートでいることは可能だ。

エリートが聴くのはオペラ〝だけ〟ではない。実際、社会学者ポール・ディマジオの考察によれば、エリートたちはじつのところ、高尚なものに限定されず広範な嗜好をもっている。その理由のひとつとしてディマジオがもちだしたのは、上流階級の人々がより広く多様性に富む社会的ネットワークを有し、〝幅広い嗜好のレパートリー〟を必要とするということだ。[50] 彼らはより多くのものごとにふれ、さまざまなタイプの人々とつきあう必要がある。他の研究の結果でも同様に、高い地位にある人々の文化的消費が〝雑食的（オムニボア）〟であるだけでなく、[51] その雑食性は徐々に増してきているとわかった。[52]（これは実話だが、私は大学生の頃ポール・ディマジオの研究助手を務めていたことがあり、卒業するときに彼からノートパッドを贈られた。そのカバーには「Shit!」と言うスヌーピーのイラストが入っていた。彼はまさに私の低俗な嗜好を〝よくわかっていた〟）

リアリティ番組自体が嗜好の大衆化の主要な場所だという議論もある。ここまで見てきたように、人々がこのジャンルを視聴する理由のひとつは、その内容について他者と話すためという社会的側面に

ある。リアリティ番組にはスティグマが押されているが、[54] 階級の境界線を越えた相互作用と団結を促す仕組みとして機能する可能性もある。どこにでも（エリートの中にさえ）このジャンルのファンが存在するという実例は、〈ザ・ニューヨーカー〉誌のエミリー・ナスバウムが『ヴァンダーパンプ・ルールズ（Vanderpump Rules）』〔『リアル・ハウスワイフ in ビバリーヒルズ』のスピンオフであるリアリティ番組〕について書いた記事から、[55] ヒラリー・クリントンが『リアル・ハウスワイフ in ニューヨーク』のドリンダが大好きだと明かしたことまで、[56] いたるところで見られる。ニールセン社のデータをもとにした二〇一四年のある分析によると、世帯所得が一五万ドル以上の世帯で最も人気の非スポーツ系番組二〇のうち、六つがリアリティ番組のシリーズだった。[57] 別の分析によると、『バチェロレッテ』は、二〇一八年夏に放送された中で視聴者の平均所得が最も高い番組だったこともわかっている。[58]

さらに言えば、リアリティ番組という下位文化に参加しても、リアリティ番組のスターたちがエリートの地位を失うことはない。場合によっては、リアリティ番組に関わることで地位が高まることさえあるように見える。キム・カーダシアンは（より大きな）富を築き、パリのファッション・ウィークの最前列の座席を手にした。カイリー・ジェンナーは、国内において歴史上最年少のたたき上げの大富豪となるまでに昇りつめたことで〈フォーブス〉誌の表紙を飾った。[59]『リアル・ハウスワイフ in ニューヨーク』で〝スキニーガール マルガリータ〟を売り込んだベセニー・フランケルは、最終的にその低カロリーカクテルで一億ドルを売り上げたと報じられている。[60] その後に登場したのがドナルド・トランプだ。裕福な実業家が『アプレンティス』のホストを経て米国大統領になった。『アプレンティス』への出演がホワイトハウスへの出世を早めたかどうかは別として、それがトランプの特権的地位を失わせることはなかった。高い地位にある人たちはリアリティ番組を軽蔑しているかもしれないが、そのすべてを完全に拒絶しているわけではない。ある程度、リアリティ番組がみずからの空間に入り込むことを認め、その逆もよしとする。

リアリティ番組は、番組を視聴していると公言することが社会的に許容されない場合もあるものの、ときには社会的に役立つこともあるという、現代生活において興味深い場所を占めている。過去数百年にわたり、またブルデューが嗜好について論文を書いた一九八〇年代以降はとくに、高い地位にある人々はますます庶民と交じり合っている——物理的にも、そして今は仮想世界の中でも。[61] 前週の『バチェラー』で誰が脱落したのかが社会的に重要だというわけではないが、どの競技者が泣きながらリムジンで帰宅したのかを知っていることによって、わたしたちは自分の身近な交際範囲を越え、この番組を視聴している人たちにまで接点を広げられる可能性がある。

ただ、リアリティ番組を大いに平等をもたらすものと考えることについては、注意が必要だ。一部の集団が文化的に雑食化(オムニボア)しているからといって、嗜好のヒエラルキーがなくなるわけではない。『プロジェクト・ランウェイ』の審査員たちが言明するとおり、またリナが強調するとおり、「……エリートたちはやっぱり〝エリート〟なのだ」——彼らはそれでもやはり洗練された嗜好をもち、それを体現する。[62] リアリティ番組を消費するエリートたちは、エリート文化にも参加しているはずだ。富者も貧者もリアリティ番組を視聴しているのは同じだが、その視聴番組には多少違いがあることを示す証拠もある。

前述の二〇一八年夏の番組に関する分析では、『アメリカン・ダンスアイドル(So You Think You Can Dance)』、『アメリカン・ニンジャ・ウォリアー(American Ninja Warrior)』や『アメリカズ・ゴット・

タレント(America's Got Talent)』のような番組の視聴者は比較的年収の中央値が高く、他方で『ショウタイム・アット・ジ・アポロ(Show Time at the Apollo)』や『リトル・ビッグ・ショッツ(Little Big Shots)』や『アンダーカバー・ボス』の視聴者は、比較的年収が低かったと判明した。[63] これは中央値を基準とし、年齢や人種を照合したものではないため、異なる収入グループに属する人々が異なる種類のリアリティ番組を視聴するという決定的証拠ではない。それでも、リアリティ番組の視聴が、文化的消費の多くの形態と同様に、階級によってパターン化されているのかもしれないと〝示唆〟している。

さらに、リアリティ番組がある意味において民主化の力であるとは言え、比較的所得の多い人たちの一部が『バチェラー』を視聴するということは、低所得の人々がクラシック音楽を聴いたり、博物館をのんびり歩いたりするようになるということを意味しない。学者たちが文化的雑食性について論文を書いたとき、その概念はエリートが従来低俗的とされていた芸術形態を高尚な位置にまで高めることであって、その逆ではなかった。[64] そもそも、リアリティ番組の評価は高まっていない。一部のエリートたちがリアリティ番組を視聴するかどうかにかかわらず、これをエリートの文化形態と特徴づけるような人はまずいない。実際、これまで見てきたように、この種のエリートによる大衆メディアへの越境は、じつのところ階級ヒエラルキーの維持を助けることにもなる。なぜなら階級が高い人間は、視聴している下層階級の集団から象徴的に距離を置くからだ。彼らは鼠の穴を覗き込み、結果として自分の地位を確認することになる。

同じ考えで、リアリティ番組のスターたちの中で、それ以外に活躍の場を広げることのできるのは、たいていすでに特権階級にある人たちだ。カイリー・ジェンナーは〝たたき上げ〟の大富豪かもしれないが、ウィーティーズ〔シリアルブランド〕の商品パッケージに載ったオリンピック選手の親のもとに生まれ、快適な生活を送っていた。ベセニー・フランケルは子供のころ、エリートの通う寄宿学校で学んだ。ドナルド・トランプは不動産開発業者の家庭に生まれ、ペンシルベニア大学ウォートン校を卒業した。対照的に『ブー・ブー』一家は、番組出演料で減量手術の費用を稼ぎ、次々とスピンオフ番組が作られているかもしれないが、ファッション・ウィークの最前列に座ることも、数百万ドルの事業契約を結ぶことも、ましてや一国の舵を取ることもない。『ダック・ダイナスティー』が（視聴率の停滞に加え、同性愛や市民権に関する家長フィルの意見がやや物議を醸した結果として）二〇一四年に打ち切りとなったとき、ロバートソン一家をめぐる文化的熱狂は下火になった。ブルデューが論じるとおり、「個人は社会的空間を無作為に動き回れるわけではない（中略）あらゆる到着地点は、あらゆる出発点から等距離ではない」[65]。はじめから三塁にいる人は、最後まで三塁に留まるか、本塁にたどり着く可能性が高い。

『ブー・ブー』とその向こう側

リアリティ番組のほぼすべては、何らかの形で階級が背景にあり、いかに物質的状況が人生全般――どこに住み、どのような教育を受け、何を好み、何を買うか――に影響を及ぼしているかを明らかにする。実際、階級は、特定の社会経済的階層に存在する制約をむき出しにする番組だった『クイーン・フォー・ア・デイ』以来ずっと、つねにリアリティ番組の一部だった。リアリティ番組は私たちを、チーズボールの広口瓶から二万五〇〇〇ドルのサングラスまで、階級制度のツアーに案内する。そうすることで、これらの番組は、階級制度と、それを保つために用いられる物語の型や文化的活動に光をあてる。階級の設定は嗜好や道徳性や正当性の評価へと変換されて、わたしたちがどんなタイプの人間を笑い、どんなタイプの行為を称賛するのかに影響を与えることになる。このジャンル自体が、階級の境界線を越えた魅力をもつ〝後ろめたい楽しみ〟として、このヒエラルキーの興味深い位置を占めている。だが、上流階級の人々の一部も視聴し、『ブー・ブー』一家のような人たちに脚光をあてたとしても、結局のところリアリティ番組はアメリカの社会階級の現実には何の変化ももたらさない。

逆に、その現実を、生き生きとした細部にわたり放送している。

私たちは、社会的階級ではっきりと分断された国にいる。さらに、この分断は弱まるどころか強まっている。たとえば中間所得層と高所得世帯との収入格差はこの数十年間、広がり続けている。[66] また、階級はなかなか動かない。ある推定によると、ある家族が富を失う、あるいは貧困から抜け出すのには、一〇世代から一五世代を要するという。[67] 別の調査では、子供の将来の決定要因として、知能よりも階級の方がはるかに重要であることがわかった。実際、幼稚園での試験の点数が高い低所得世帯の子供が大学に進学し、新入社員向けの良い仕事に就ける可能性は、試験の点数が低い高所得世帯の子供と比較して著しく低い。[68] リアリティ番組のスターが大統領の地位にまで昇りつめることができ、わたしたちがその本人に直接ツイートすることができるという事実でさえ、階級制度の基本構造を揺さぶることはない。この構造には多少の変わり種もあり（おかしな遺産相続人！　レッドネックのテレビスター！）、かすかに揺らぐこともあるが、しっかり維持されている。

アメリカは実力主義の国だという神話は、この国の言説の核心だ。しかるべき技能と努力をもってすれば、誰でも生まれた境遇よりも上に行くことができるはずだとわたしたちは自分に言い聞かせている し、実際に、一部の人たちはそれを成し遂げている。だが、制度は完全に実力主義にはなっていない。わたしたちは支配的なイメージを指針として、アメリカという国の実力主義の物語と、その国における生活の現実との折り合いをつける。わたしたちがこうしたリアリティ番組を視聴するのは、おそらくそれが、階級について誰もが聞きたがる昔ながらの物語を強化するからだろう。すなわち、道徳性や善良性の客観的なヒエラルキーが存在し、それは社会経済的な分布と一致しているという物語、そして人々は〝ふさわしい〟場所におり、そうでない場合は道化として見世物にされるという物語だ。結局のところ、階級制度は揺るぎなく、それを和らげるためにわたしたちが用いる物語は、何が自然で正しく、誰が現実(リアル)なのかについて社会がつくり出す根拠不十分な思い込みを下敷きにしている。

7章　誰がわたしをチェックするって？　ブー？（人種）

シェリーはパーティーを催すことになっている。

彼女は巨大な車の中で、パーティープランナーのアンソニーと電話で話している。話はうまくいかなかった。彼女は電話でアンソニーに、そしてインタビュー映像で視聴者にも、アンソニーは彼女のパーティーについての懸念にちゃんと対応していないと説明した。そして次のシーン、彼女は電話をちらりと見ながら車をおりた。

「あのばか、電話を切った」彼女は抑えた声で言う。

そしてシェリーは、話の続きをするためにアンソニーのオフィスを訪ねる。

「こんにちは、アンソニー」そう言って、彼と握手する。二人の声には緊張が感じられるが、冷静さもある。どちらも友好的だ。

アンソニーはシェリーを会議室に通し、パーティーの次第を以下のように説明する。シェリーがパーティーに登場するとき、「女性たちがあなたの足元にバラの花びらを振りまくんだ。彼女たちがあなたを中に導き、玉座に座らせる……」。さらにやりとりがあり、シェリーはアンソニーに対して、このパーティーで彼女についての詩を書くことになっている人物とまだ会ったことがないのが心配だと言う。

ふたりの話し合いは激しさを増す。シェリーは計画にもっと自分を含めるように要求し、アンソニーは、彼女は彼がこのためにかけた時間への敬意を欠いていると言い返す。ふたりの声が少し大きくなる。「アンソニーはヘリコプターを約束した」インタビュー映像でシェリーは説明する。「それはもう実現しない」アンソニーはただ失敗を認められないのだと、彼女は語る。

映像が会議室に戻り、アンソニーは指でテーブルをトントンと叩き、シェリーに現実をチェックすることが必要だと言う。まだ二人とも席に着いている。

「二度と私の前に顔を出さないで」シェリーはアンソニーに言う。

「チェックされる前に、自分を見つめ直したほうがいい」アンソニーが言い返す。

「誰がわたしをチェックするって？　ブー？」シェリーはサングラスの縁をずらして彼を見る。

ここでシェリーのインタビュー映像が入り、突然「めちゃくちゃになった」と彼女は回想する。

二人の怒鳴り合いが始まる。アンソニーは語気を強めて自身の資格を数えあげ、シェリーは水のボトルを振り回す。放送禁止用語を消すビープ音が響く。アンソニーのスタッフがやってきて、困った様子で戸口にたたずんでいる。

シェリーはインタビュー映像で、自分はクリーヴランド出身だと説明する。「クリーヴランド女は、相手のケツをむち打つために電話でブーキーを呼び出すのよ」

ふたたび会議室の映像に戻ると、二人とも立ちあがり、相手のほうに身を乗りだしている。アンソニーの振り回した腕がシェリーの顔をかすめ、シェリーは何度も彼を煽る。「わたしに指一本でもふれてみなさいよ！　指一本でも！」

「わたしのオフィスから出ていけ、くだらないあばずれ！」アンソニーは声を張り上げ、スタッフに取り押さえられて部屋から連れ出されていく。

このシーンは、「カスタマーサービスはいったいどうなったの？」と穏やかに問いかけるシェリーのインタビュー映像で終わっている。

「リアル・ハウスワイフ in アトランタ」（Bravo、二〇〇八年―現在）[1]のこのシーンにはたくさんの未解決の疑問が残る。たとえば、なぜ事態が急速に激化したのか？ このプーキーというのは誰なのか？ しかしこのシーンが描いたステレオタイプは、はっきりしている。会議室での行動が進むにつれて、シェリーは意地悪で気難しい黒人女性のカテゴリーに次第に落とし込まれ、アンソニーは無能な黒人男性と、潜在的に暴力的な傾向のある怒りっぽい黒人男性、両方の役割を果たす。

アンソニーの会議室以外でも、リアリティ番組は、人々のもっとも深い社会的亀裂の深さを測り、それらがどのように交差するかを見せ、それらを維持するためにわたしたちが用いる文化的物語を強調する。社会階級のケースでは、黒人に関する支配的なイメージは長年をかけて浸透し、わたしたちはその助けを借りて現行の人種の序列を許容する。しかし、結局のところ、リアリティ番組のジャンルがおこなう戯画によって、人種というのは、わたしたちが世界を整理するために自らに語るストーリー――とてつもなく強力な話ではあるが、しょせんつくり話――だということが、明るみに出る。

これでこの近所は終わりだ

俯瞰すれば、リアリティ番組の風景はアメリカ国内の人種の地勢図を反映していると言える。番組は、地域や学校や結婚や、高校のカフェテリアの席と同様に[2]、法律によって隔離はされてはいないが、人種の分断の歴史によって大きな影響を受けている。社会学者アンリ・ルフェーブルは、〝社会的空間〟(社会的関係が存在する空間)なるものが存在し、それは〝精神的(または〝認知的〟)空間〟とも〝物理的空間〟とも違うと考察した[3]。社会的空間は手を伸ばしてさわれるようなものではないが、別の社会的構築物である金銭を現実と考えるのと同様に〝現実〟だ。リアリティ番組が示すように、人種の成層は物理的にだけでなく、精神的にも社会的にも存在し、人々は深く刻み込まれたヒエラルキーに基づいて他者を分類し、他者と交流する。

たしかに、ほぼ白人の出演者の中に有色人種も点在している。番組でなくとも多数の白人の環境に有色人種が存在しているのと同じだ。そうした例を指して、わたしたちの社会は肌の色が問題にならない、人種問題を乗り越えたモデルに移行しつつある証拠だと主張することもできる。また、一部のリアリティ番組、たとえば『アメリカズ・ネクスト・トップ・モデル(America's Next Top Model)』(UPN、二〇〇三年—二〇〇六年;CW、二〇〇六年—二〇一五年;VH1、二〇一六年—現在)や『ル・ポールのドラァグ・レース』などはひじょうに人種多様性に富んでいると見ることもできる。もっともどちらの番組も、指揮を執る黒人の有名人は、非白人の表象〔メディア表現におけるジェンダー、年齢、民族といった社会的側面の描かれ方〕の点で目立つ変化をもたらすことができる人物だということは留意しておくべきだろう。

一部にカテゴリーを横断する動きがあるとはいえ、現実でも画面の中でも人種の空間性は依然として残っている。たとえば職業のカテゴリーは肌の色によってパターン化されている。二〇一八年、黒人はホテルのポーター、ベルボーイ、コンシェルジェの三七・七パーセントを占めていたが、内科医と外科医では七・六パーセントに過ぎなかった。[4] アフリカ系アメリカ人は、人口比以上に刑務所に収容されている。合衆国人口の一三パーセントのアフリカ系アメリカ人が、囚人の四〇パーセントを占めている。[5] 法律上の学校における人種隔離は過去の遺物かもしれないが、事実上の人種隔離は目下の現実だ。[6] 奴隷制度、合法的だった人種隔離、差別的な不動産取引の影響は、住宅地のグリッドに焼き付けられ、"黒人"と"白人"の地域を生み出し、それを維持している。そうした地域分けは、ただの集団間の社会経済的相違の産物ではない。[7] 黒人の家族がある地域に移住してくると、白人の住民がぽつりぽつりと地域から出ていく。そして黒人ばかりの地域に移住しようと考える白人はほとんどいない。[8] ジャーナリストのイザベル・ウィルカーソンの考察によれば、アメリカには人種の"カースト制"が存在し、それは「わたしたちが家と呼ぶ物理的な建物の目に見えない釘や根太のように、国の運営の要となっている」。[9]

それと平行して、リアリティ番組がとくに黒人のために用意する場所が存在する。たとえば『リアル・ハウスワイフ』はシリーズ内で住み分けされており、ほとんどの出演者が黒人の『ポトマック』版や『アトランタ』版は、その他の、ほぼ全員が白人の（あるいはほぼ全員がヒスパニックの『マイアミ』版）シリーズとは対照的だ。『全米警察24時 コップス』や、『ロックアップ（Lockup）』（MSNBC、二〇〇五年―二〇一七年）のような刑務所を舞台とした番組は、表向きは有色人種の人々についての番組ではないが、黒人やヒスパニックの集団が特集されたり、背景に存在したりする。さらに、出演者の大多数が有色人種女性という『ラヴ・アンド・ヒップホップ』シリーズのような、既に言及した"ラチェット"番組もある。そうした番組の多くは、BravoやVH1等、特定のテレビ局に集中している。[10]

いっぽうで、白人の場所もある。これまで見てきたように、『バチェラー』や『バチェロレッテ』は、有色人種の参加者もいることはいるが、本質的に〝白人の番組〟のままだ。エイミー・カウフマンが指摘するように、プロデューサーたちがアフリカ系アメリカ人を主役に起用するのに一五年の歳月がかかった。二〇〇九年から二〇一二年まで、『バチェラー』の黒人女性参加者は皆無で、『バチェロレッテ』でも二〇〇九年から二〇一一年まで、黒人男性は一人も参加していない。その他の年も、黒人の参加者は二、三人だ。「わたしたちは、常に黒人の女性を一人か二人は入れる必要があると考えていた」番組の元プロデューサーは、カウフマンに語った。「……わたしはずっと、それは形だけだと理解していた[11]」これは先に論じたように社交における人種の同類性を反映しているが、わたしたちの世界とリアリティ番組の世界のどちらもが広く階層化されているということの反映でもある。最初の黒人のバチェロレッテのシーズン中、元『バチェラー』の参加者リー・ブロックは以下のようにツイートした。「わたしがここに座って @BacheloretteABC を観ていたら、ルームメイトがソファーに腰をおろして、『これは何？ @LoveAndHipHop ?』って言った。笑える[12]」リーのこの書き込みは、黒人はいわゆる〝ラチェット〟な場に閉じ込められていることが多いという現実を表したものだ。またこのツイートは、さらに広い意味で、おもに白人の空間に黒人が——物理的に、精神的に、社会的に——入り込んだときに生じる不協和をとらえているとも言える。これは歴史的に、学校での人種隔離廃止の際の騒動や人種が混在した都市部から郊外への〝白人の転出（ホワイト・フライト）〟にも見られた。暗黙の質問はこうだ。「こいつらはこの、つまり白人専用の空間でいったい何をしているのだ？」

リアリティ番組というジャンルは、わたしたちが階級についてするように、人種に関するある種の物語を広めることによって、人種隔離を維持し、自然化する。たとえば多くの学者やジャーナリストが、今日のリアリティ番組とかつてのミンストレル・ショー（黒人に扮した白人による歌や寸劇の大衆的なショー）の密接な関係を指摘している。[13] 一九世紀初めに生まれたこの巡業ショーは、一八八〇年になっても大人気だった。顔を黒塗りした白人（ときには顔を黒塗りした黒人）が、黒人と黒人文化を、人種差別的かつステレオタイプ的に演じる。それらの描写が根本的にアメリカ人の人種についての見方を形作った。というのも、白人の出演者と観客の多くは、アフリカ系アメリカ人と実際に接触した経験が一度もなかったからだ。[14]

時々、黒塗りの顔はブーメランのように人々の意識に戻ってくる。朝のニューススキャスターであるメーガン・ケリー（元フォックスTVのニューススキャスター。ダガー一家にジョシュの性的虐待についてインタビューをおこなった）が顔を黒塗りにしたハロウィーンの仮装を擁護したり、ヴァージニア州のラルフ・ノーサム知事が医科大学の卒業記念アルバムに顔を黒塗りした写真を載せていたことが明らかになったりといった具合に。ケリーはそのコメントのせいで解雇され、[15] ノーサムの辞任を求める声があがった（が、彼は辞めなかった）。[16] 黒塗りの顔はリアリティ番組の領域にも現れた。『アメリカズ・ネクスト・トップ・モデル』では、参加者たちが、顔を色塗りして他の人種を模倣するように求められ、一度ならず批判を浴びた。[17] 二〇一八年、伯爵夫人のルアンは仮装パーティーにダイアナ・ロスに扮して登場した――アフロのウィッグをかぶり、黒いメーキャップをほどこして（「セルフタンニングスプレーを塗っていたのよ」と彼女は主張している。「いつでもセルフタンニングスプレーをつけてるんだから」[18]）。そして『ザ・チャレンジ（The Challenge）』の二〇一二年のあるエピソードで、[19] 参加者のひとりエミリーが、同じ参加者である黒人のタイのまねをしようとして、彼の服を着て自分の顔にチョコレートを塗った。彼女がその恰好で登場すると、家のムードは重苦しくなった。「びっくりした」白人参加者のポーラがインタビュー映像で回想した。「わたしにとってはあまりにも侮蔑的で、あの人たちは頭がどうかしていると思った」エミリーは主流の社会から隔絶されたカルト教団で育ったとはいえ――のちにその事実を彼女の無知の理由にあげた参加者もいた――知性ではなく、優れた身体能力や酔っぱらったはずみのセックスで知られている『ザ・チャレンジ』の参加者たちが[20]、エミリーの行動をすぐに許されないことだと判断したことが多くを物語っている。こうした事例は、わたしたちの黒塗りの顔に対する文化的禁忌と、そのような描写が完全になくなったわけではないことを示す。

リアリティ番組の参加者たちのほとんどは、実際に顔を黒塗りにしているわけではないが、リアリティ番組には、ミンストレル・ショーの雰囲気が色濃く存在する。黒人の大まかでステレオタイプな造形は、数百年間にわたり、マスメディアをとおして浸透し[21]、このジャンルの井戸に溜まっている。原型が不可欠なリアリティ番組は、そうした比喩を再び活性化させる現場となった。異なる人種のあいだにおそらく〝本来存在する〟相違を大げさに演じたミンストレル・ショーは[22]、再度人種を分離した。台本のないテレビの同様の描写は、わたしたちが今も大衆文化を用いてそうした深い亀裂を再固定化、自然化していることを示している。映画制作者／作家のジャスティン・シミエンは、著書『親愛なる白人へ（Dear White People）』のなかで、次のように説明した。「キャッチフレーズが『それは誰だ?（ミンストレル・ショーで）』から『誰がわたしをチェックするって、ブー?』に変わっても、リアリティ番組はステレオタイプをうまく取り繕い、ますます人気を得させた[23]！」

ここまでに、リアリティ番組の表面的な原型によって、わたしたち視聴者は頭の中で人物を分類し、自分がもっとも共感する登場人物を選ぶということを見てきた。同様にわたしたちはそれらの人物を、人種とジェンダーの交差する特定のステレオタイプのカテゴリーに滑り込ませることもできる。批判的人種理論の提唱者キンバリー・クレンショーは当初、黒人女性の生活を形作る異なるカテゴリー（人種とジェンダーの両方）が交差するカテゴリーを表す〝インターセクショナリティ〟という言葉を生み出した。[24] その概念は広義には、人が基本的に属する社会的カテゴリー――人種、ジェンダー、階級、セクシュアリティ等――の組み合わせが、他の人々からの見方や、自分の社会での経験にどのように影響するのかを説明する。[25] アメリカに住む裕福な白人女性は、貧しい白人女性や裕福な白人男性や裕福な黒人女性とは異なる人生経験を積み、他者から異なる見方をされている可能性が高い。

この概念が『リアル・ワールド』の初回エピソードでどのように作用したのかは、すでに見てきたとおりだ。ケヴィンとヘザーは、これまで彼らが経験してきた人種差別は、ふたりのジェンダーのせいで少し違う形で現われたと語った。同じように、アメリカのマスメディアは、とくに黒人女性を、黒人男性や白人女性の描写とは質が異なる特別なやり方で描写し、[26] リアリティ番組もその例外ではない。インターセクショナリティのレンズをとおしてこのジャンルを見つめると、特定の描写がいかに深い歴史的な根をもち、その根が構造的な人種差別とさまざまな形で絡み合い、それを支えているのかが見えてくる。

たとえば、大衆文化における黒人の男性性のもっとも顕著な二つのイメージは、怠け者の黒人男性と、怒る黒人男性だ。怠惰と怒り両方の特徴づけは、当初、奴隷制と、アフリカ系アメリカ人男性はやる気を出させると同時に飼い馴らす必要があるという考えを強化し、正当化するのに使われた。歴史学者のJ・スタンリー・レモンズが指摘するように、ミンストレル・ショーの人気が一八四〇年代に上昇したのは偶然ではなかった。「ちょうどその頃、奴隷制の問題が深刻な政治問題になっていた」[27]。ミンストレルの歌曲では、黒人の怠惰という概念が〝考えるのも動くのも遅い〟ジム・クロウに具体化した[28]。このステレオタイプは、たとえば『サバイバー』シーズン1の参加者で肉体労働を嫌がったジャーヴァス等、リアリティ番組の表象にも伝わっている。

ミンストレル・ショーの中のアフリカ系アメリカ人の男性はしばしば怠け者かお調子者、またはその両方で、内に秘めた怒りをかかえていると描写され、その怒りは閉じ込める必要がある。これはブルータル・バックというキャラクターに具体化されている。暴力的な性犯罪者だ[29]。この想定される黒人男性の怒りは、表面下でくすぶり、ときに爆発する。そうした黒人男性の怒りは、刑務所のリアリティ番組や司法をテーマにした『全米警察24時 コップス』等で垣間見られる。リアリティ番組というジャンルの二つの重要な要素――大まかなステレオタイプ化と激化した争い――が合わさって、この特定の表象を作り出している。

実際、怒る黒人男性は、『リアル・ワールド』のケヴィンを皮切りに、リアリティ番組のごく初期から登場している。「あなたはすごく怒ってるんだと思う」ジュリーは最初のエピソードでそう言い、〝白人に対する偏見〟をもっているとケヴィンを批判した。ケヴィンはインタビュー映像で、そのときのことを振り返る。

『ぼくは怒ってないよ』と言ったけれど、今考えれば、ぼくにはおおいに怒る権利があり、それが悪いことだとも思わない」この場面でのケヴィンの静かで思慮深い怒りは、わたしたち視聴者には抑制されているように見える。リアリティ番組というジャンルが、黎明期の当時から指数関数的により身体的に、よりドラマ化されていることを考えればなおさらだ。しかしケヴィンが過激な政治思想のために学校を退学になったと説明したり、くり返し人種不平等について語るところを撮られたり、犯罪をおかした過去をほのめかしたりする時、彼のキャラクターは、潜在的に暴力的にふるうおそれのある不機嫌な黒人男性の形になってくる。そしてシーズン2のデイヴィッドからは性犯罪者のステレオタイプの気配が感じられた。彼はルームメイトのタミの毛布をはぎとったことで、番組から追放された。彼女はそのとき下着しか身につけていなかった[30]。コミュニケーション学者のマーク・オーブは、『『リアル・ワールド』のケヴィンやその他のアフリカ系アメリカ人男性は、黒人男性はもともと怒りっぽく、潜在的に粗暴で、性的に攻撃的だと示す働きをしている」と指摘した[31]。

ミンストレル・ショーはおもに男性を描写したが、黒人女性をで白人社会から隔てておくことの正当化には、さまざまな方法でその他のステレオタイプが使われた。たとえば、〝ジェゼベル〟——性的にみだらな黒人女性——の概念は、奴隷制度の時代までさかのぼる。コリンズが述べるとおり、このステレオタイプは当初、〝黒人女性の体を野生の、抑えのきかないセクシュアリティの場であり、飼い馴らすことはできるが完全に制圧することはできない[32]〟と定義することによって、黒人女性奴隷へのレイプを正当化するために使われた。この原型は時代を経てリアリティ番組にたどり着き、〝hoe（ふしだらな女)〟のキャラクターに根づいた。たとえば、その一例であるティファニー・ポラード[33]――別名〝ニューヨーク〟――は『フレイヴァー・オブ・ラヴ(Flavor of Love)』(VH1、二〇〇六年―二〇〇八年)でラッパーのフレイヴァー・フレイヴの愛情を競い、その後自分のスピンオフ番組『アイ・ラヴ・ニューヨーク(I Love New York)』(VH1、二〇〇七年―二〇〇八年)に出演し、その他複数のリアリティ番組にも出演した。『アイ・ラヴ・ニューヨーク』開始から五分もたたず、彼女の顔が映る前に、彼女が脚と胸にワセリンを塗るところが映し出される。[34]「わたしは恋人をつかまえるためならなんでもするつもりだった」ポラードは、彼女のランジェリー姿、彼女がフレイヴに絡みついている場面、他の参加者の髪を乱暴につかんでいる瞬間のフラッシュバック映像の合間に、『フレイヴァー・オブ・ラヴ』出演をふり返ってそう語った。『アイ・ラヴ・ニューヨーク』で、彼女は求婚者たちに会う準備をしている――が、優雅なドレスを着た『バチェロレッテ』とは異なり、豊満な胸の谷間をあらわにしたフワフワなドレスをまとい、口には煙草をくわえている。

『リアル・ハウスワイフ in アトランタ』のシェリーが好例だが、大衆文化における黒人女性のもうひとつのイメージは〝サファイア〟だ――この言葉は、ラジオのシットコム番組『アモス・ン・アンディ(Amos n'Andy)』(一九二八年―一九六〇年)に出ていた、恋人をがみがみ叱りつける男勝りのサファイア・スティーヴンズに由来する。[35]リアリティ番組では、〝怒る黒人女性〟または〝うるさい黒人女性〟として知られている。〝怒る黒人男性〟のように潜在的な犯罪者というわけではないが、いつも不満げで、かっとなり、人差し指を振り、頭をそらして、いつでも意見を述べようとしているふうに描写される。〝怒る黒人男性〟と同じように、サファイアもリアリティ番組の黎明期から存在した。コミュニケーション学者のドネトリス・C・アリソンによれば、黒人女性は『リアル・ワールド』のほぼ全シーズンに参加していた。「そして黒人女性のほぼ全員が、ルームメイトたちから、〝仕切りたがり〟、〝厳しい〟、〝横柄〟、〝威張っている〟、〝短気〟、〝独立心が強い〟、〝女王様気取り〟、〝歯に衣着せない〟、〝財産目当て〟などと言われていた[36]」『アプレンティス』（二〇〇四年）、『アプレンティス／セレブたちのビジネスバトル（Celebrity Apprentice）』（二〇〇八年）、『オールスター・セレブリティ・アプレンティス』（二〇一三年）、『セレブリティ・ビッグ・ブラザー（Celebrity Big Brother）』（二〇一八年）に参加し、トランプ大統領の補佐官を務めたオマロサ・マニゴールト・ニューマンは、典型的なサファイアだ。最初に参加した『アプレンティス』でオマロサは他の参加者たちから面と向かって、また陰口として、七回も〝やな女〟と呼ばれた[37]。

こうしたステレオタイプに合致する、非黒人のリアリティ番組のスターたちもいる。〝おもに白人が出演する〝ラチェット〟番組もある。『ロック・オブ・ラヴ（Rock of Love）』（VH1、二〇〇七年―二〇〇九年）でポイズン〔アメリカのロックバンド〕のブレット・マイケルズの心を射止めようとしたり、『マイ・ビッグ・ファット・アメリカン・ジプシー・ウェディング（My Big Fat American Gypsy Wedding）』（TLC、二〇一二年―現在）で乱闘する白人参加者たちだ。逆に、リアリティ番組に出ている黒人全員がミンストレル・ショーの原型にあてはまるわけではない。しかしこれらのステレオタイプは、〝ラチェット〟の造形のために特別にセットされた空間やネットワークにおいて、とくに黒人にあてはめられる。さらに、リアリティ番組においては、白人の幅広い描写と比較して黒人のイメージは限られている[38]。

とくに黒人にあてはめられたこうした支配的イメージは[39]、特定のタイプの社会的働きをして――わたしたち全員もその働きをしていることを明らかにする。たとえばわたしたちは〝怠け者の黒人男性〟のようなステレオタイプを使って、労働市場での人種差別を容易にする。実際にいくつもの研究で、雇用者はマイノリティの労働者、とくにアフリカ系アメリカ人に強く否定的な特徴をあてはめているという結果が出ている[40]。黒人と白人の応募者には他に違いがあり、雇用者はそれに反応しているのだろうという反論が考えられるが、研究では、客観的な資格をもつ仮想の応募者の履歴書に対しても、このような差別がおこなわれることがわかっている[41]。同様に、〝怒る黒人男性〟は、テレビの画面だけでなく、より幅広く人々の想像に影響を及ぼしている。研究によれば、人々は、たとえ客観的に同じ体格だとしても、黒人男性のほうが白人男性よりも大きく、よりおそろしく、より積極的な身体抑制が必要だと見なす傾向がある[42]。そしてわたしたちが、人差し指を振りながら爆発寸前で悪態をつく黒人女性を見るとき、簡単に彼女たちの言い分はろくでもないことだと思ってしまう。そうすることによって、黒人女性が白人男性の六五パーセントしか稼いでいないことも[43]、五人に一人以上は貧困にあることも[44]、黒人女性の平均寿命は白人女性より短いことも[45]、あまり深刻に考えずにすむ。ステレオタイプはこうした格差の唯一の原因ではないが、それはこうした格差を維持する構造に由来し、またそれを強化している。わたしたちはリアリティ番組を視聴することで、自分が社会生活のどの交差点に存在しているかということが社会経験に大きく影響を与えるということ、またわたしたちは自分に言い聞かせる物語をとおして、その分割を規範化また強化しているということがわかる。こうした支配的なイメージを利用することで、意識的か否かにかかわらず、わたしたちはそのイメージが現実(リアル)でありつづけさせている。

ゲットーを離れて

6章では、階級制度が人生経験に根本的な影響を与えると論じた。そして本章では人種のステレオタイプがジェンダーの区分によって異なるということを見てきた。だが人種、ジェンダー、社会階級は完全に分離した権力システムではない――実際にはほどくのが不可能なほど絡み合っている。クレンショーのインターセクショナリティの概念から、複数の、絡み合った相違の次元が考えられる。たとえば、わたしたちはリアリティ番組に出てくる金持ちの道化をおもしろがって見る。しかしながら、それがとりわけ真実なのは、それが金持ちまたは金持ちを目指す黒人の女性だった場合だ。このことは、わたしたちについて重要な何かを教えてくれる。

出世したアフリカ系アメリカ人をばかばかしくて不自然だと描く文化的習慣は、何も新しいことではない。たとえばミンストレル・ショーに戻ると、ジップ・クーンというキャラクターを、ダンディーな服装と言葉の誤用だらけのうぬぼれた話し方で、ばかげた人間に見せていた[46]。現在、リアリティ番組は黒人の成金を同じように提示している。歴史学者のシーナ・ハリスの言うとおり、リアリティ番組というジャンルは「この新たなクラスのエリートが高貴さ、財産、裕福な暮らしを展示する場を提供し、視聴者は彼らを嘲笑し、彼らが上流階級が身につけている洗練された行動様式を欠いていることをばかにする[47]」

ここでシェリーの話に戻ろう。

彼女はシャネルのイヤリングをつけ、アンソニーはアイロンのきいたチーフをスーツのポケットに入れているかもしれないが、二人はすぐに人差し指を振って声を荒げ、〝ブー〟言葉〔反対や不満を表す発声〕を使う。

リアリティ番組は、裕福な黒人女性、とりわけ薄っぺらな礼儀正しさの下に〝ゲットー〟育ちの芯がひそんでいる人間の支配的イメージを強調し、永続させる。『リアル・ハウスワイフ in アトランタ』や『医学と結婚して（Married to Medicine）』など、比較的裕福な黒人女性が出演している番組には、贅沢な見た目にもかかわらず、底流には〝ラチェット〟がある。たとえば『医学と結婚して』は、おもにアトランタに住む、医師と結婚したり自身が医師であるアフリカ系アメリカ人の集団に密着している。一見、この番組は成功した黒人たちがテーマであるように見え、彼らの学歴を紹介し、その贅沢な持ち物を見せる。「アトランタの医療コミュニティーのすばらしいところは、多くの若い黒人たちがいて、彼らが成功していることよ。みんな六桁の年収を稼いでいる」医師の妻のひとり、トーヤは最初のエピソードでそう語った[48]。

しかし画面の枠のすぐ外にはゲットーが存在する。女性たちは、トーヤが特権階級出身ではないとくり返す。あるときはトーヤが、自分は「ゲットーのようなところ、ほら、フッド〔低所得者層地域〕」で育ったけれども、「医師の妻として、ゲットー的な考え方、故郷でしていた行動とは決別しないといけない」と語った。対照的に、クアッドは、そういった考え方を捨てられない人間として描写された。「わたしは銀のスプーンをくわえて生まれてきたわけじゃないから、一マイル先からでもゲットーが見える」トーヤがクアッドのことを説明する。「彼女はたぶん麻薬ディーラーとつきあったことがあって、食料品店でたまたま医師の男性と出会ったんだと思う」あるときにはクアッド自身が顔をくしゃくしゃにして大声で言った。「わたしは昔のようにならないよう、がんばってるの！」。

このエピソードの最初から最後まで、女性たちはクアッドのふるまいが医師の妻にふさわしくないと力説した。「人の髪をつかんだり、人を指差したりしたらいけない」一人しかいない白人参加者のカリが説明する。「そういう行動はあなたの夫の評判にかかわる」。髪をつかんだり、人差し指を振ったりすることについてのカリのコメントは、彼女が標準的なリアリティ番組における黒人女性のステレオタイプを意識しているということを示唆している。その後、カリと他の二人との会話の中で、この意識がよりはっきりと現われた。

「女性、それも有色人種の女性が社交の場でマナーをないがしろにして感情的にふるまうと、わたしはとても悲しくなる」医師であるドクター・ジャッキーが言う。「わたしたちは喧嘩をしたり髪をひっぱったりしない」

「指差したり、手を叩いたりも」マリアが応じる。

「そうね」と、ドクター・ジャッキー。

この会話でマリアとドクター・ジャッキーは、礼儀作法の信条を利用してクアッドと距離を置いている（つまり、「わたしはあそこにいる、あの黒人とは違う」）。だがより広い意味では、二人は象徴的な意味で、特定の歴史的な黒人女性性の原型からも距離を置いているのだ。制御不能な黒人女性、社会階層の階段を登っても、〝ゲットー〟の自分を脱ぎ捨てることはできない女というイメージの再解釈をねらっている。

こうした種類の番組はなぜこれほど人気があるのだろう？　たしかに人々はミスマッチのハビトゥス

や無能な金持ちを観てよろこぶが、黒人女性に特化した番組の多さは無視できない。問題の原型は『マリード・トゥ・メディスン』以外にも、『リアル・ハウスワイフ in アトランタ』、『リアル・ハウスワイフ in ポトマック』、『バスケットボール・ワイフ（Basket Ball Wives）』、『ラブ・アンド・ヒップホップ』シリーズに浸透している。これらはほんの数例に過ぎない。支配的なイメージを考えるときには、それらが担っている社会的機能を考慮する必要があると、コリンズは指摘する。制御不能な黒人女性という戯画化は、ジェンダーと人種の標準的なヒエラルキーを自然化するワンツーパンチを含んでいる。そしてクアッドのように〝フッド〟で生まれた黒人女性がエリートの社会にうまく同化できないという考えは、人種、ジェンダー、階級の標準的なヒエラルキーを自然化するという、三連パンチを内包している。

もっともこれも、新しいことではない。

著述家のベル・フックスは、リコンストラクション〔アメリカ史において、南北戦争終結からヘイズ大統領就任までの再建期〕時代、社会的地位をあげようとしたアフリカ系アメリカ人がいかに愚弄されたかについて書いている。具体的には、「身ぎれいにして、凛としてふるまった黒人女性はたいてい、その自己改善の努力を嘲笑い、ばかにする白人男性から泥を投げつけられる的になった。彼らは黒人女性に、白人から見れば彼女は何をしても思慮と敬意に値すると見られることはない、と思い知らせた」[49]。現在、『ハウスワイフ』等の番組の白人女性たちがこの種の嘲りを受けることもあるが、リアリティ番組のジャンルは、エレガントだとされる黒人女性を取り上げ、身の程を思い知らせることで特別な人気を得ている。

裕福な黒人女性が〝下層階級〟のふるまいをする描写は、たまたまおこなわれているのではない。それには歴史と機能があり、アメリカ人に人気があるのには理由がある。『ハニー・ブー・ブーがやってくる』のケースのように、そのキャラクターに共感し、真似しようと努力する視聴者も中にはいるが、そうした番組に対する人々の熱中が示唆するのは、わたしたちと富裕層の関係は、ロビン・リーチのようなの憧れだけではなく、もっと複雑でインターセクショナルなものだということだ。

加えて、リアリティ番組が、実際には社会構造に深く関係する問題に対して個人的な改善を勧めるのを、本書では見てきた。そうすることによってリアリティ番組は、潜在する権力システムの自然化を促進している。同様に、クアッドのような黒人女性は個人的な欠点のせいでゲットーから完全に脱出することはできないのだとするリアリティ番組の物語は、人々が社会的ヒエラルキーを受けいれやすくするものだ。

この物語の中でももっとも印象的でもっとも痛切だったのは、『アメリカズ・ネクスト・トップ・モデル』におけるティファニー・リチャードソンのものだろう。二一歳のティファニーが初めて画面に登場したのはシーズン3の最初のエピソードだった。このエピソードでは、モデル志望者の三四人のセミファイナリストが一四人のファイナリストに絞られる。[50] ティファニーの最初の言葉は、審査員に対して、自分は「多少ゲットーに見える」だった。モデル志望者たちがロサンゼルスで飲みに出かけたとき、バーである客がティファニーの頭にビールをぶっかけた。ティファニーは怒って相手の女性にグラスを投げ、喧嘩が始まった。バーの外で、ティファニーは興奮して語った。「あの女がわたしの髪にビールをかけたのよ!」ホテルに戻るバスの中で、ティファニーは前のシートにもたれかかり、とめどなく涙を流す。「フッドには戻らない。ぜったいに」そのエピソードの終わりで番組から脱落した彼女は悲しそうに目を伏せて言う。「ちんぴらから魅力的な女性になるなんて、とても無理だったってことだね」

しかし、ティファニーはアンガーマネジメントのカウンセリングを受けて、シーズン4に復帰した。

「わたしはいろいろな意味で前よりいい人間になった」最初のエピソードで、彼女はそう語る。

「ティファニーは問題の手綱をつかんだ」写真撮影ディレクターのジェイ・マニュエルはよしよしという感じで言う。

このシーズンで、彼女はエピソード7までもちこたえたが、そこで参加者のレベッカとふたりで番組から追放された。レベッカはその決定に対して見るからに動揺していたが、ティファニーはほほえみを浮かべ、ジョークを言いながら、残る参加者たちにお別れのハグしていた。「ティファニー、あなたには心底がっかりした」ホストのタイラ・バンクスが彼女に言う。「これはあなたにとってジョークだったの？……みんなにとってこれは大事なことなのよ。あなたも真剣に受けとめるべきなのに」

「見た目は裏切る」ティファニーは言う。「……わたしが変えられることではないのよ、タイラ。わたしは自分が変えられないもののために泣くのはもううんざりなの。がっかりするのにもうんざり」

「あなたはがっかりするのにうんざりしているわけではないわ、ティファニー」タイラが返す。「いいえ、違う。本当にがっかりするのにうんざりしていたら、立ちあがって、自分の運命の手綱を握る。あなたには勝つチャンスがあったって知ってた？　アメリカ中があなたを応援していたのを？　そのことを知ってるの？　それなのにあなたは、番組にやってきてこれをジョークのように扱うのよ」

ふたりは相手を遮って会話しつづけ、タイラは見るからに腹を立てていた。

「わたしがこんなふうに女の子に怒鳴るなんて、生まれて初めてよ！」タイラはティファニーに金切声で言う。「わたしの母がこんなふうに怒鳴ったとき、それは母がわたしを愛していたからだった。わたしはあなたを応援していたのよ！　わたしたちは全員、あなたを応援していた！　それなのに、どうして？」

どちらのシーズンも、ティファニーの個人的な欠点を強調した。彼女の〝悪い癖〟、プロの助けを必要とするほどの彼女の抑えきれない怒り、他人にグラスを投げるという彼女の行動。番組が示唆するのは、彼女がクアッドと同じく、ゲットーを抜け出してそれと決別するほど強い人間ではなかったということだ。

見えないもの

クレンショーがインターセクショナリティについて提唱した当初は、政治と司法において、黒人女性は〝理論的に消されている〟という事実を指摘するのが目的だった。[53]女性について話すとき、わたしたちはしばしば暗黙のうちに白人女性を意味し、黒人についての政治を語るとき、わたしたちはしばしば黒人男性について語っている、とクレンショーは論じた。それによって、黒人女性とその特定のニーズや経験は、見えないものになる。クレンショーが論文を書いたのは一九八〇年代だが、いまでもそうした想定はなくなっていない――たとえば、二〇一七年のウィメンズ・マーチは狭い白人のフェミニズムを反映し、インターセクショナルな問題に取り組まなかったという批判があった。[54]もっとも、このような形で黒人女性が〝消されて〟いるあいだも、台本のない番組では彼女たちは比較的〝見えていた〟。実際、リアリティ番組のジャンルはその他のメディアよりも、黒人の表象により大きなプラットフォームを提供している。[55] 二〇〇七年の『アイ・ラヴ・ニューヨーク』のプレミア放送は、四四三万人という、それまでのVH1の新番組でもっとも多くの視聴者を集めた。[56] そして二〇一七年、『ラヴ・アンド・ヒップホップ～アトランタ（Love and Hip Hop: Atlanta）』は、ケーブルテレビで最高の視聴率を獲得したリアリティ番組となった（次点はオリジナルの『ラヴ・アンド・ヒップホップ』だ）。[57] ある意味、リアリティ番組は、ほかでは見られないような多様性を伝える媒体だと言える。そしてこれまで見てきたように、そうした表象の深さを測ることによって、いかにわたしたちが社会を人種やジェンダーごとのカテゴリーに整理し、その組織を維持する物語をつくりあげているのかがわかる。

しかし〝見えないこと〟も、わたしたちに何かを伝えている。ジャンルとしての順応性と幅広さにもかかわらず、リアリティ番組ではあまり見えない人種・民族がいる。彼らが消されているということも、わたしたちについて何かを教えてくれる。たとえばラテンアメリカ系の登場人物は、歴史的にテレビでは、黒人の登場人物よりも見えにくい。[58] そしてこれはリアリティ番組というジャンルにも受け継がれている。[59] 目を引くのは、リアリティ番組における黒人性の構築についての研究は少数ながらも存在するが、リアリティ番組のコンテキストにおけるラテンアメリカ系の人々に焦点をあてた研究は、ほぼ皆無だということだ。[60] アメリカ人の六人に一人がヒスパニックだということを考えれば、この層の画面への登場の少なさは際立っている。[61]

リアリティ番組でヒスパニックの人物を見るとすれば、たいていは女性（その一部は異人種間の子）で、黒人女性とともに〝ラチェット〟の空間に混在している。そうした空間では、黒い肌の人にあてはめられたステレオタイプの多くが、褐色の肌をした人にもあてはめられる。たとえば、不機嫌で、相手を見下す話し方の、人差し指を振る有色人種女性という支配的イメージだ——この場合、〝怒りっぽい〟とか〝気が強い〟と描写されるかもしれない。[62] リアリティ番組のほかの場では、ラテンアメリカ系と黒人には、どちらも暴力的な犯罪者の原型が存在する。たとえば一九五五年から一九八六年までの幅広いジャンルのテレビ番組を調べたある研究では、ヒスパニックの人物は犯罪者として描写されることが普通だった。「最悪なのは〝リアリティ〟番組で、その現実像は、白人警察官が黒人かヒスパニックの強盗を追いかけるという図で構成されている」[63] そしてリアリティ番組でラテンアメリカ系女性は、家庭内労働者として描写される——台本のあるテレビ番組では昔から黒人によって演じられてきた役割だ。[64] リアリティ番組におけるラテンアメリカ系の描写の多くが、黒人の描写とぴたりと一致するいっぽうで、ラテンアメリカ系は独自の支配的イメージにも影響されている。たとえば、英語があまりうまくないので問題を起こしたり笑われたりする、ラテンアメリカ系のキャラクターがいる——『ル・ポールのドラァグ・レース』で見られたステレオタイプが一例だ。[65]

こうして、リアリティ番組は、褐色の肌をした人々についてわたしたちが語る特定の物語を強調する。そうした物語がいかに黒人についてのそれとぴったり適合するかや、それらがいかに独立したものであるか。そうしたラテンアメリカ系の人々の支配的イメージ——行儀が悪い、融け込もうとしない、暴力や犯罪をおこなう人——は、特定のカテゴリーの人々の隔離を施行する理由となる。とりわけこうした物語は、移民に関する政治的なレトリックに収束する。リアリティ番組におけるラテンアメリカ系のキャラクターの少なさと、実際に登場したときのその表象において、わたしたちが誰の視点を重要として、誰の視点を些末だと見なしているのか、さらにその些末さを維持するためにわたしたちがつくりあげる物語が明らかにされる。
アジア系アメリカ人も、リアリティ番組でほとんどその物語が語られることのない集団のひとつだ。ときおりアジア系アメリカ人女性が登場するのは、従順で印象の薄い背景の人物として（『バチェラー』）、ひどく性的に描写される人物として（『ティラ・テキーラ（Tila Tequila）』）、異国趣味の生き物として（『アメリカズ・トップ・モデル』のアジア系参加者）、あるいは要求ばかりする不愉快な〝ドラゴン・レディ〟としてである（『チャイルド・ジーニアス』に出たライアンの母親）。二、三の注目すべきケース（『ドクター・にきびつぶし』の皮膚科医サンドラ・リー）を除いて、彼女たちはたいてい番組のおもな展開の周縁に存在する。だが、アジア系アメリカ人男性は、女性よりも見えない。たとえば、『リアル・ワールド』にはアジア系アメリカ人女性が何人か出ていたが、全シリーズをとおしてアジア系男性はひとりも登場しなかった。同様に、二〇一三年から二〇一八年の『バチェロレッテ』でも、参加したアジア系男性はわずか五人で、そのうち四人は最初の回で脱落している。[66] ラテンアメリカ系の表象のケースと同様に、リアリティ番組でアジア系男性がほぼ皆無であることは、アジア系がアメリカの人口の少なくない割合を占めることを考えると、とくに不快だ。ある予想によれば、二〇五五年にはアジア系はヒスパニックを抜いて最大の移民グループになるとされている。[67]
アジア系男性はどこにいるのだろう？　テレビ画面における彼らの不在は、この特定のジェンダーと人種のインターセクショナリティについて何を語っているのだろう？　アジア系男性のステレオタイプ——知的で、勤勉で、他者に性的欲求ももたない[68]——は、リアリティ番組の典型的な参加者——騒々しく、ろくでなしで、ケンカっ早い——とは正反対だ。そのうえ、リアリティ番組にアジア系男性を出させないように働く文化的ステレオタイプは、彼らが実際に登場するときにも同じくらい顕著に存在する。文化理論家のグレイス・ワンは、『トップ・シェフ』と『プロジェクト・ランウェイ』を分析して、アジア系アメリカ人参加者がいかに〝技術ロボット〟の役割を担っているのかに気がついた。[69]

技術的な器用さは〝ポジティブな〟特性と考えられなくもないし、アジア系アメリカ人は全体としてアメリカではある意味で客観的な成功を達成していることから、[70]わたしたちは〝技術ロボット〟が、人種の周縁化に貢献している支配的イメージだとは思わない。しかしアジア系の人々は、客観的に見て、これまで周縁化されてきた。例をあげれば、歴史的には人種ごとに階層化された労働市場において最下層に置かれたり、[71]第二次世界大戦中には強制収容所に送られたり、新型コロナウイルスのパンデミック禍においてはスケープゴートにされたりしている。今日、わたしたちがアジア系男性をあまり情熱的でないとかあまり人を引きつけないといった枠にはめ込むとき、そのステレオタイプによってわたしたちは、独特な形の社会労働をおこなっている。ワンが指摘したとおり、わたしたちは、〝技術ロボット〟というステレオタイプを使って、アジア系男性が成功しそうな、白人の支配する分野で必要とされる個人的特質に欠けると特徴づけている。このステレオタイプは大学入試でも働いている。実際に二〇一八年、監査によって、ハーバード大を志願するアジア系アメリカ人は、テストの点数、高校の成績、課外活動の分野においてどの人種／民族グループよりも高い点数を獲得したにもかかわらず、さまざまな〝人格〟評価において大幅に減点され、合格のチャンスが少なくなっていることが明らかになった。[72]わたしたちが『バチェロレッテ』でアジア系男性は（もしいたとしても）ほんのひと握りで、長く勝ち残ることがないのを見るとき、アジア系アメリカ人男性と白人男性の経験は歴史的に同じではなかったし、今も同じではないというインターセクショナルな現実を突きつけられている。定着しない家庭内労働者から〝技術ロボット〟まで、台本のないテレビが明らかにするのは、わたしたちがヒスパニックやアジア系のアメリカ人を——それぞれ異なる形で——白人〝以外〟だと考え、その区分を保つために特定のストーリーを自分に言い聞かせているということだ。

表象の政治（についての議論ではない）

有色人種の人々がテレビ画面に登場するとき、それらの人物描写は結局のところ善よりも害になるのだろうか？　そうしたことすべてにおいて、わたしたち視聴者はどんな位置を占めるのか？　テレビのスイッチをつけるわたしたちは、支配的なイメージを永続させているとして道徳的に責められるべきだろうか？

それらは本書の主題ではないが、重要な問いであり、微妙に異なる答えが存在する。リアリティ番組における表象の政治性について広く取り扱った本もある。その一部は、リアリティ番組が周縁化された人々を前面に押し出すのは、その周縁化を永続させることにしかなっていないと批判する。[73] また、リアリティ番組が〝現実（リアル）〟として提示されることで、そうしたステレオタイプに独特の活力を与えているという指摘もある。[74] しかしながら、たとえば『ラヴ・アンド・ヒップホップ』での黒人女性の否定的な描写をボイコットするのではなく、番組を楽しむことは可能だという意見もある。もっともそれは〝対立する視線〟を批判的に用いることが条件だが。[75]

他には、これらの番組の問題の多いステレオタイプを認めたうえで、そうした描写には潜在的に解放的な性質があるという指摘がある。[76] たとえば、リアリティ番組に参加した黒人女性が、そうしたステレオタイプ的カテゴリーの内側で働き、金を稼ぐことで、自分たちが文化的に〝見える〟ようになるということだ。[77] わたしたちは、カーディ・Bが〝ラチェット〟のカテゴリーを使ってスターの座を手に入れるのを見た。比較的規模は小さいが、シェリーも「誰がわたしをチェックするって？ ブー？」という言葉を利用した。たとえば自身のアパレルライン〈シー・バイ・シェリー〉のTシャツには、自分の写真とそのキャッチフレーズをプリントした。リアリティ番組では数少ないアジア系アメリカ人で、『アメリカン・アイドル』のシーズン3に出たウィリアム・ハンは、自分の音痴をまったくわかっていないまぬけなアジア人男性というペルソナから利益を得ることができた。彼は番組に出たことを利用して、（短いながらも）音楽キャリアを成功させた。彼のデビューアルバム『インスピレーション』は、二〇万枚売れた。[78]

リアリティ番組のスターたちが、番組が製作／制作されるやり方についてよく知るようになると、中にはインターセクショナルなステレオタイプとその周辺で巧みに活動する人が現われた。その好例が『ダンス・ママ』のホリー・ハッチャー・フレイザー、アフリカ系アメリカ人の元校長だ。シリーズのダンス指導者アビー・リーはホリーの娘ニア（参加者の中で唯一の黒人）に、犬の首輪をつけたり、音楽に合わせて挑発的に腰を振ったり、ヒョウ柄の衣装をつけたり、〝ラクイーファァ〟というポン引きのキャラクターのダンスではアフロのかつらをかぶるようにと要求した。ホリーは、〝怒る黒人女性〟のステレオタイプに沿ってふるまえと煽られていたも同然なのに、一切感情を見せなかった。冷静に反論しただけでなく、しばしばアビー・リーと激しい口論になっていた白人の母親たちとは際立って対照的に見えた。

ホリーは表象の責任を敏感に意識しているようだった。シリーズをとおしてそうだったが、とくにシーズン2で短期間、別の黒人の母親が出ていたときにそれが顕著だった。彼女はカヤという名前だが〝ブラック・パッツィ〟が通称で、〝黒人のあばずれ〟原型に同調している（そして実際、意識的にこのカテゴリー区分け内でふるまおうとしているように見えた）。シーズンの最後に放映される再会特別編でブラック・パッツィは、同じ有色人種としてホリーとニアは、彼女をもっと歓迎してくれてもよかったのにと言った。ホリーは、同じ黒人の女の子が加入するのをニアはよろこんでいたと認めたが、「同じ人種だからといって優遇されるわけじゃない」とブラック・パッツィに告げた。そしてホリーは番組におけるブラック・パッツィのふるまいを批判し、〝大爆発〟は〝七〇年代のB級映画からとってきたようだった、あれはほとんど、いえ、とてもステレオタイプ的だと思った〟と説明した。[79] このときホリーは、『医学と結婚して』のドクター・ジャッキーやマリアのように、人種差別的な描写の歴史を引き合いに出して、ブラック・パッツィと強調されたステレオタイプの両方から、象徴的に自分を切り離そうとした。

白人のダンス・マムもホリーも、自らのふるまいに対する視聴者の反応に取り組む必要があるが、ホリーは人種のステレオタイプを避けてふるまうという追加の負担を背負っている。彼女は、社会学者のW・E・B・デュボイスの〝二重意識〟を体現している。誰でも社会的鏡を覗き込んでみずからの行動を変えるが、デュボアが指摘したのは、自分自身の基準と、潜在的に人種差別的な傍観者の基準、両方を考慮しなければならないアフリカ系アメリカ人にとって、それはとりわけ真実だということだ。デュボイスにとって二重意識は「たえず自己を他者の目によってみるという感覚、軽蔑と憐びんをたのしみながら傍観者として眺めているもう一つの世界の巻尺で自己の魂をはかっている感覚」[80]を意味する。デュボイスがこれを書いたのは一九〇三年だが、その概念は今日でも現実の問題に直結している。それはホリーが能動的にみずからをブラック・パツィとその〝ひどくステレオタイプ的な〟行動から切り離そうとしたやり方にも表れている。有色人種の人々はこれを実生活で経験する。スピード違反で車を停められたとき、高級ファッション店の周囲を歩くとき、家から締め出されて中に入る方法を探すとき、みずからの行動と反応を管理している。

「こうした番組は社会的な善をおこなっているのか、それとも害を及ぼしているのか?」という問いへの答えは、つねにその両方で、切り離すことはできないというものだろう。同じように、トークショー番組について書いた社会学者ジョシュア・ギャムソンは、トークショーは歴史的に虐げられてきた人々に声を与えたが、それは搾取的なやり方でだったと論じた。「実際、巧妙な見世物と民主的な公開討論会のうちのどちらかという選択肢は存在しない。あるのは、どちらも単独では存在できないという状況の謎だけだ[81]……」

しかし、ここでの本書の中心的な問いはリアリティ番組のジャンルが搾取的かどうかではない。声を荒らげ、相手の髪をつかみ、警察に追われる有色人種の人々を映し出すこれらの番組が、わたしたちについて何を語っているのかということだ。そしてリアリティ番組がこれほど大人気なのは、わたしたちについて何を語っているのだろう? それらの問いに対する答えは、黒人の人々がこうした番組の重要な視聴者であるという事実によって、複雑になる。同様に、『バチェラー』のようなジェンダー・ステレオタイプの番組の重要な視聴者は女性たちだ。たとえば二〇一三年のニールセン報告書によれば、

『ラヴ・アンド・ヒップホップ〜アトランタ2』は、一八歳から四九歳までの黒人が最も高く評価したリアリティ番組であり、その視聴者数は『アメリカン・アイドル』の二倍だった。[82]実際、同じ年、アフリカ系アメリカ人視聴者が見たプライムタイムのテレビ番組上位一〇位のうち六つがリアリティ番組だった。[83]とはいえ、これは黒人――さらに言えば女性、アジア系、ラテンアメリカ系、クイアの人々なども――が、自分たちのステレオタイプ的描写を無批判で受け容れているということではない。アリソンの言うとおり、「なぜわたしたちは自分自身の従属や誤解を助長しているのか?」という問いへのひとつの答えは、簡単だ。「わたしたちはテレビで自分たちを観たいから。たとえそれが歪曲されて不正確な姿であっても[84]」

リアリティ番組の幅広い訴求力のひとつには、そうした表象は人々に馴染みがあり、優勢な物語を裏付けるものだという事実にあるのだろう。実際、そうした物語の強化にリアリティ番組が一役買っているという調査結果が出ている。ある調査では、就職の面接という設定で、被験者がジェゼベルのイメージを見せられたとき、それはアフリカ系アメリカ人の求職者に対する認知に負の影響があった。[85]結局のところリアリティ番組は〝善〟なのか、それとも〝害〟なのか? 倫理的なのか否か? わたしたちはそれを視聴することを恥じるべきなのか? そうしたすべての問題は本書の範囲を超えている。リアリティ番組は、今も存在する厳しい不平等、わたしたちが今も使っているステレオタイプ、その二つの要素が輪のようになり共働しているということを教えてくれる。

わたしは、ドラゴンかリスから生まれたのかも

最後に、人種の隔離とそれを維持するためにわたしたちが語る物語に光をあてながら、リアリティ番組というジャンルの人種そのものの誤謬をあらわにしている。人々は〝生まれつき黒人〟でも〝生まれつきゲイ〟でもなく、彼らの自然な肌の色や性的指向を（わたしたちが見なす）特定の枠組みに入れて解釈する社会に生まれただけだ。本書でずっと論じてきたとおり、人種は重要だ。だが、中には人種のカテゴリーと対応する生物学的な特徴もあるが（たとえば肌の色、髪質、目の形）、人種そのものは社会的構築物、つまり人間が作り出したものだ。

リアリティ番組のスター、ニコール・ラヴァイエ（旧姓ポリッツィ）、通称スヌーキーは単純な人種の分類を避けることで、この構築をあらわにする。スヌーキーが最初に画面に登場したのは、二〇〇九年の『ジャージー・ショア〜マカロニ野郎のニュージャージー・ライフ（Jersey Shore）』（MTV）でだった。ニュージャージー州シーサイド・ハイツのバケーションハウスで共同生活を送る男女のグループに密着した番組だ。出演者はイタリア系アメリカ人というサブカテゴリーで紹介され、髪をジェルで固めて、日焼けが大好き、自分たちを〝グイド〟〔イタリア系アメリカ人男性を指すスラング〕や〝グイデット〟〔イタリア系アメリカ人女性を指すスラング〕と自認する人々だった。番組は放送開始当初から物議をかもし、ステレオタイプに反対するイタリア系アメリカ人のグループから批判的な反響を引き起こした。実際、あまりにも広く非難されたため、ウィキペディアには「『ジャージー・ショア』についての論争と批判」という独立した項目ができたほどだ。[86]

人種とは、民族とは何か？　そしてスヌーキーは？　彼女は本当にイタリア系アメリカ人なのか？それは厄介な問題だ。社会学者は人種を、さまざまな特徴（通常は身体的なもの）を共有し、理論上は同じ血統をもつ人々のグループと定義する。ヒエラルキーがあり、しばしば他者に押しつけられるものだという点で民族とは異なる。民族のカテゴリーは（イタリア系アメリカ人のように）自発的で、ヒエラルキーのない所属先だ。[87] しかし人種と民族の境界はぼやけ、たとえば、ヒスパニックは人種のカテゴリーだと思われるが、合衆国国勢調査では民族として扱われている。[88] 前にも述べたとおり、スヌーキーと共演スターのジェニファー・〝Ｊワウ〟・ファーレイは、二人の番組では間違いなく白人として出演している。[89] だが〈Latina.com〉〔ヒスパニック女性向けの雑誌〈ラティーナ〉のウェブサイト〕はスヌーキーとＪワウの両方を、「リアリティ番組で活躍するラテンアメリカ系女子五五人」のリストに入れた。[90] Ｊワウの祖先の一部はスペイン系で、スヌーキーはチリからイタリア系アメリカ人家庭に養子として引き取られた。だがスヌーキーが『スヌーキー&Ｊワウ〜傍若無人』内でＤＮＡ検査を受けたとき、結果は彼女が実際にはチリ人の子孫ではないというものだった。[91] また、イタリア系アメリカ人の血統でもないと判明した。もっともスヌーキーは文化的にはイタリア系アメリカ人家庭で育てられ、自分のアイデンティティを〝グイデット〟だと考えている。スヌーキーは長年、明確で安定した人種や民族アイデンティティをもっていないとほのめかしている。自分は（日焼けが大好きなことから）〝オレンジ〟だというジョークを言い、ＤＮＡ検査を受ける前には、自分は養子だったとして、「わたしは、ドラゴンかリスから生まれてきたのかも」と述べた。[92]

遺伝的には、スヌーキーはＤＮＡ検査の結果に示されたとおりだが、ＤＮＡと人種はイコールではない。それは、エリザベス・ウォレンが遺伝子検査報告書を示してネイティヴ・アメリカンだと自認したことを正当化したときの世間の論争にも表れていた[93]。繰り返しになるが、人種には生物学的な関連要因もあるが、人種のカテゴリーの創造と解釈は社会的なプロセスだ。歴史的には、父母を同じくする兄弟でも、肌の色の違いから別の人種に分類されたこともあり、それは彼らの人生経験に非常な影響を与えた。一九一〇年から一九四〇年までの国勢調査の分析では、異人種間に生まれた子供で白人として通用する子供はそうではない兄弟よりかなり経済的に豊かだったことが判明した[94]。そしてもし人種が純粋に遺伝子で決まるのなら、人種のカテゴリーは変わらないはずだ。だが以前は人種だと考えられていた、たとえばアイルランド人のようなグループは、今では民族的なグループだと考えられている[95]。逆に、アラブ系アメリカ人のように、時が経つにつれて徐々に人種化されたグループもある[96]。遺伝子と文化の寄せ集めであるスヌーキーは、分類体系としての人種を揺るがし、わたしたちの奥深い社会的不平等の基盤であり、当然視されているカテゴリーのあいまいさを白日の明るみに出す。彼女をすっきりとひとつの人種カテゴリーに分類できないということは、人種そのものが固定された自然の現実ではなく、わたしたちが世界を理解するために使うひと組の物語なのだという事実を顕在化させる。

しかし人種は、本質的な〝現実〟ではなくても、その結果は〝現実〟だ[97]。リアリティ番組で映し出される映像は、さまざまな物語、ステレオタイプ、道徳的欠陥と個人の努力などのより広い集合の一部なのだ。番組は大げさな映像をとおして、わたしたちの生活を支配する、深く染み込んだ人種差別主義、またそれとその他の〝主義〟との交差点（インターセクション）を示している。

リアリティ番組を見ることで、アメリカの不平等をひととおり見学できる。それらの番組は、独力で困難を乗り越えるという、より広い国民的な物語に一役買っている。その物語はわたしたちが金と資源と権力の不平等な配分に安住するのを助けるものだ。しかしリアリティ番組は、その支配的イメージにもかかわらず、カーテンの裏で起きている何か――わたしたちの社会的位置は個人的な選択や道徳の結果だけではないということ――を垣間見せてもくれる。リアリティ番組のジャンルが壮大な戯画にして提示する、アメリカに編み込まれた階級主義と人種差別主義は、わたしたちの文化の一部ではあるが、同時に構造的に、わたしたち市民に住まいを与えたり、養育したり、取り締まったり、世話をするようなやり方で制度に織り込まれている。

それは、わたしたちの人種についての考えやそのリアリティ番組をとおした表現が変わらないということではない。比較的最近の動きでは、『医学と結婚して』や『ダンス・ママ』や『リアル・ハウスワイフ in ポトマック』などの番組ははっきりと第四の壁を壊し、参加者が歴史的なステレオタイプのコンテキストでのみずからの描写を語っている。リアリティ番組に出ている有色人種の人々が、自分たちの描かれ方に精通し、ときにはそれに調子を合わせるのを拒否することは、驚きではない。昔からずっとそうだったのだろう（たとえば二〇〇四年に放映された『アメリカズ・ネクスト・トップ・モデル』のシーズン3で、タイラは参加者候補のエヴァ・ピッグフォードに、番組にもうひとり〝うるさい黒人女性〟はいらないと告げた）。だが、番組そのものが今この議論を放送したがったということが印象的だ。『アイ・ラヴ・ニューヨーク』にそんな柔軟性があったら、今頃まったく違う番組になっていただろう。

リアリティ番組と人種のインターセクションのほかのできごとは、もっとあからさまだった。白人警察官によってミネアポリスの黒人男性ジョージ・フロイドが死亡し、警察官の残虐行為に対する抗議デモが広まり、『全米警察24時 コップス』は二〇二〇年に打ち切られた。『ライヴPD（Live PD）』（A&E、二〇一六―二〇二〇年）もパトロールする警察官に密着する番組だったが、同様にほぼ同じ時期に打ち切りとなった。パンデミックの中、人々がマスクをつけてブラック・ライヴズ・マターのデモ行進をおこない、フロイドの死（そしてブレノナ・テイラーズ、アーマード・オーベリィ、その他大勢の死）をめぐるできごとは多くの人々にとって、人種に関する国民的対話の極めて重要な地点だと感じられた。一部の人々には、『全米警察24時 コップス』のような番組の映像は元からおもしろくなく嫌悪を催すものだったが、この時、主流の意見もその方向に傾いたように見えた。実際、そうした番組がフロイド以降の時代には〝続けられない〟という事実は、わが国の大規模な歴史の清算を示しているのかもしれない。

こうしたできごとによって、人々が人種についてどう考え、どう対処していくのかが長期的に変わっていくのか、それはまだわからない。ドライブレコーダーとスマートフォンの映像が今や小さなリアリティ番組となり、人種不平等を国民に広く可視化する。とはいえ、こうした新しい技術が照らし出す問題は新しいものではなく、リアリティ番組がこれまでずっとわたしたちに見せ続けてきたことだ。『リアル・ワールド』のシーズン1でケヴィンが〝怒っている〟と言ったのと同じこと――差別、アクセスの欠如、刑事司法制度の構造――に、現在の人種差別反対活動家たちも抗議している。台本のない番組はずっと前から、手錠をかけられ、白人警察官の膝で首を圧迫された黒人男性が懇願しながら死ぬという、おぞましいが、それがありえないことではない文化への覗き窓を提供してきた。『全米警察24時 コップス』は別にしても、人種のステレオタイプはリアリティ番組に広がり続けている。その理由のひとつは、リアリティ番組ではなにもかも盛られるという事実に加えて、このジャンルが〝現実〟を表象すると称しているせいで、他より公然と人種差別的であっても大目に見られるから、ということかもしれない。シェリー、クアッド、ティファニーのような女性が現実に存在し、番組はただ彼女たちの行動を映しているだけだと言うこともできるだろう。しかしそうした番組は参加する人々を厳密に選び、編集や要約によって特定の物語の枠にはめている。そしてミンストレル・ショーにあった、実際すべてにわたって馴染みのあるステレオタイプを今でもVH1で見ることができるのは偶然ではない。リアリティ番組というジャンルはミンストレル・ショーのように、アメリカが、とくにその仕事のために指定された場所での労働力や娯楽としていかに黒人から利益をあげてきたのかの、そのけばけばしい反射像なのだ。

最終的に、こうした表象がおぞましいと思われれるか、おもしろいと思われるか、また一部の参加者がそうした原型の内側でそつなく働くか、公然と異議を申し立てるかにかかわらず、その表象は、わたしたちが社会の異なる領域に引く根本的な区別と、それを支えるためにわたしたちが使う物語、そして区別による悲惨な結末に明るい光をあて続けている。

8章　みんな裸で生まれた……（ジェンダー）

きらびやかな舞台。けたたましい笑い声。スポットライトの中に立つ人影。片手を腰にあて、反対の手を劇的にあげる。

音楽が始まり、彼女がキャットウォークを歩いてくる。

（歌詞）「カバーガール！　腰を振って歩くのよ」

彼女のカラフルなドレスはくびれたウエストから流れるように広がる。

（歌詞）「頭からつま先まで、全身に語らせて」

珊瑚色の輪っかのイヤリングが、巻き毛の金髪のウィッグからのぞく。

音楽がとまり、彼女はふたたびポーズをとる。そしてドラァグ・クイーンのル・ポールが今週の参加者を評価する審査員を紹介する。

今週、ドラァグ・クイーンの参加者たちには、〝異性愛者の男性アスリート〟をドラァグ・クイーンに変身させるという課題が出される。視聴者はドラァグ・クイーンとアスリートの各ペアがチアリーディングの演技をおこない、魅惑的な衣装をつけて〝ドラァグ姉妹〟としてランウェイを歩く。そして参加者全員と彼女たちの〝運動選手（ジョック）〟たちが舞台に集合して審判に臨む。

「自分の女性的な部分をよく活かしている」ゲスト審査員のシャロン・オズボーンがアスリートのひ

とりに言い、彼とペアのドラァグ・クイーンには「メークとヘアがすばらしい出来だ」とつけ加えた。「カーダシアン姉妹みたい！」コメディアンのマーガレット・チョーが同じペアに言う。「〝お騒がせ〟ね」

ラジャとパートナーはあまり褒められない。シャロンは運動選手の歩き方がまるで海兵みたいだと評す。

「マドンナの顔はすごくうまくつくれている」マーガレットはまた別のペアに言う。「かっこいい」「それにふたりとも〝男の手〟をしてる、マドンナみたいに」ルがジョークを飛ばす。

ほかの審査員たちが笑う。

最後に、ルと審査員たちはカーメンが騎手のスタイルをつくるやり方に懸念を示した。「あなたの妹はがっしりしてる――とても筋肉質――もう少しその体を女性的に見せる衣装を考えなかったの？」ルが尋ねる。

ルはドラァグ・クイーンたちをステージ奥に下がらせる。審査員が検討するあいだ「〈インテリア・イリュージョンズ・ラウンジ〉でアブソルート・カクテルを楽しむ」ために。審査員たちは〝生き残りをかけた口パク歌唱〟をする最下位の二人を選び、口パク勝負の敗者は番組から追い出される。[1]ジェンダーは演じられると示すことができる人がいるとすれば、それは『ル・ポールのドラァグ・レース』の参加者たちだ。彼女たちは（ほとんどの場合）男性の服を着てインタビュー映像に収まり、その後わたしたちは彼らが変身するのを見守る。顔にブラシで色を差し、イヴニングドレスを着て、スティレットヒールで自信満々に歩く。彼女たちの女らしさは『バチェラー』の典型的な参加者よりも強調されたもので、彼女たちのまつげはアシュリー・Iよりも長い。そのパフォーマンスは極端だとしても、彼女たちがやっているのはわたしたちが毎日やっていることだ。社会学者のキャンデス・ウエストとドン・ジンマーマンが指摘したとおり、わたしたちは全員、幼い頃から〝ジェンダーを実践する（doing gender）〟〔人々が性別秩序をパフォーマティブに反復し、秩序再生産に寄与すること〕ように社会化されている。[2]文字どおり舞台に立ってコメディアンやリアリティ番組のスターに審査されるということはないが、わたしたちは他者という観客に男であることまたは女であることを展示する。その観客たちは、男性であるということ、または女性であることはどういうことか、わたしたちと同じように理解している。毎週ル・ポールが言う、「最高の女性に勝利を！」の言葉どおりだ。

ふりふりのスカートをはいた少女から攻撃的な男性まで、リアリティ番組の誇張した参加者たちは、わたしたち全員がある種のジェンダーへの期待に応えるように育てられていると教えてくれる。彼らはジェンダーを、誰がどんなふるまいや役割にふさわしいかという疑問の余地のある前提によって調整された社会的構築物としてさらけ出す。そしてジェンダーが二つのレベルで働くと示す。つまりジェンダーはわたしたちが毎日演じるものであると同時に、わたしたちの生活全般に広がり、社会が運営されるやり方に本質的な影響を与えるより大きなシステムでもある。ジェンダーはもっとも基本的で、重要で、永続的な社会的カテゴリーのひとつであり、人種と同様に、主としてわたしたちがつくりだしたものだ。

派手（グリッツ）で行く

そうした番組がジェンダーについて何を教えてくれるか見ていく前に、性（生物学的、解剖学的男性と女性）とジェンダー（〝男〟と〝女〟というカテゴリーに付与された社会的な意味、習慣、アイデンティティ）の基本的かつ社会学上の区別を知っておくのは重要だ。ただ、この区別にも問題がないわけではない。中には生まれつきインターセックス（身体的特徴から〝男〟か〝女〟かにはっきり分類できない）[3]の人もいるし、生物学上の性もまたジェンダーの文化的な理解に影響されている。[4]しかしそれでもこれは重要な区別であり、わたしたちが〝男性〟と〝女性〟を、必ずしも生まれつきの特徴とは結びつかない考え方をするよう社会化されることについて考えるのに役立つ。

ウエストとジンマーマンが指摘するとおり、さまざまな社会的状況で、ほとんどの人はつねに男性または女性の〝ジェンダーを実践して〟おり、他者も同じことをしていると考える傾向がある。[5]実際に初対面の人と会うとき、最初に気がつくのは相手のジェンダーということが多い。それはわたしたちが日常的かつすぐにおこなっている評価で、英語の代名詞にも刻み込まれている。たとえば男が短髪にして、ブレザーとネクタイをつければ、それはわたしたちの男性性のカテゴリーへの期待に応えており、したがってその人を男性として分類する。だが彼の性が男性であるかどうかは、わからない。実際、日常生活では誰かの性を確実に知ることはめったにない。相手の性器を確かめたりすることはしないのだから。

当然、誰が男性の、誰が女性の性のカテゴリーに入るかという具体化されたしるし（体型や声の高低など）はあるが、わたしたちはさらに、そうした生物学的要素と併せて働く社会的しるしにも頼っている。たしかに、わたしたちのジェンダーの理解を混乱させる人も存在する。両性具有の人、異性装の人、ノンバイナリーの人（〝ジェンダークイア〟と呼ばれることもあるノンバイナリーの人は自分の性を、男性または女性に限られないと表現する）。だがほとんどの人々は伝統的なジェンダーのふるまいをするし、ほかの人にもそうすることを期待する。

ウエストとジンマーマンが論じ、『トドラーズ&ティアラズ』で映し出されたとおり、わたしたちはとても幼い頃からこうしたパフォーマンスをするように準備されている。(実際、ほとんどの人はそれより前、子宮内にいる頃からジェンダーに従った名前、服、おもちゃによって準備されている)。リアリティ番組は普通、〝ナチュラルな〟美少女コンテストではなく〝フルグリッツの〔メークやつけまつげやウィッグや日焼けスプレー等をつかった美を競う〕〟美少女コンテストに焦点をあてているため、切り取られた女らしさはより強調され、子供がどのように吹き込まれてそうした恰好をするようになるのかが、巨大ディスプレーで見るようによく見える。〝フルグリッツ〟はウィッグやエクステ、華美なドレスを身につけ、フルメークとマニュキアがほどこされる。母親のひとりがインタビュー映像で語るとおり、〝グリッツ〟美少女コンテストを始めるときには、「『子供に日焼けスプレーなんてぜったいにしない。つけまつげをつけさせたりしない』と思うの。わたしもそう言ってたけど、いままでに全部やってきた」実際、彼女が五歳の娘ストーリーにあらゆる付属品をつけさせ、ステージでの出番を待っていると、通りがかりの人が彼女に、ストーリーは「とてもきれい」と褒める。[6]

これまでに、子供たちがどのように階級制度を照らし出し、再生産しているかを見てきた。子供たちはジェンダーのシステムでも同じことをする。社会学者バーバラ・リズマンは、「ジェンダーを社会構構築物として概念化する必要がある」と論じた。つまりジェンダーは、経済体制や政治組織と同様に、わたしたち全員に関係し、わたしたちの生活に大きな影響を及ぼす。[7] わたしたち個人のパフォーマンスは、そのシステムに由来し、そのシステムを助長している。『トドラーズ&ティアラズ』でコンテストに出ていた男の子が数人いたが、彼らは小さなスーツを身に着け、つけまつげやペチコートを膨らませるクリノリンをつけてはいなかった。その子たちと、肩パッドを叩き、ヘルメットをぶつけ合う幼いアメフト選手たちに密着した『フライデー・ナイト・タイクス（Friday Night Tykes）』（エスクァイア・ネットワーク、二〇一四―二〇一七年）に出ていた男の子たちをくらべると、子供時代はジェンダーに基づいた存在になることを学ぶ場だとわかる。

ひとたびそうしたパフォーマンスに熟達すると、一生それを続ける。カーダシアン／ジェンナー家の姉妹は身繕いをして、髪を整え、エクササイズし、アクセサリーをつける。『ハウスワイフ』シリーズの参加者たちは買い物し、噂話に花を咲かせ、マニュキアからヴァギナの引き締めまで、一連の美容の手順を番組中で披露する。わたしたちは、カメラの前でボトックス注入を受けることはないが、彼女たちと同様に、どうやって着飾るか、何を体に入れるか、どのように他者と交わるかなど、ジェンダーに基づいた判断をしながら、日々生きている。

「みんな裸で生まれるんだから……」

わたしたちは、そうした日常のパフォーマンスに参加するよう社会化されるのだが、その後、それらを自然で生まれつきのものだと正当化しはじめると、ウエストとジンマーマンは指摘している。リアリティ番組が教えてくれたように、わたしたちはそうしたジェンダーは生物学的なものだとする考えに固執し、明らかに異議申し立てされたり、反証が存在したりする状況でもその姿勢は変わらない。

ここで『ル・ポールのドラァグ・レース』に戻る。

この番組では、ドラァグ・クイーンたちがさまざまな課題をこなし、ランウェイを歩き、ホストのル・ポールを含む審査員の前で口パクをして、勝者は賞金と賞品と〝アメリカの次世代のドラァグ・スーパースター〟という称号を得る。すでに述べたとおり、この番組は社会的に構成されたジェンダーを白日のもとにさらす。ジュディス・バトラーにとってドラァグは、ジェンダーそのものがフィクションであることをさらけ出す啓蒙の実践だった。バトラーは「ジェンダーを模倣することで、ドラァグは暗にジェンダーの模倣の構造――そしてそれに付属することがらを暴露する」と言う[8]（ちなみに、シーズン9の参加者サーシャ・ヴェラーは、番組の課題のひとつでジュディス・バトラーを演じようとしたことがある！）また、わたしたちがジェンダーを〝実践する〟とき、通常は他人が認知したわたしたちの性別を追認する。[9] 番組のドラァグ・クイーンたち――ウィッグ、つけまつげ、ドレス、ヒールを身につけ、メークをするおもにシスジェンダー〔身体の性と心の性が一致している人〕のゲイ男性――は、このプロセスを撹乱する。さらに番組には、トランスジェンダーの参加者も存在し、ドラァグ・クイーンたちが両性的なドラァグや〝少年ドラァグ〟になることもあった。ジェンダーと身体はアクセサリーのように混ぜたり合わせたりできるというメッセージだ。ル・ポールが何度もくり返したとおり、「みんな裸で生まれるの。あとはドラァグよ」

いっぽうで、『ドラァグ・レース』でさえ、ジェンダーは生物学に由来するという文化的な考えと無縁ではなかった。ドラァグ・クイーンたちは、あらゆる手段を使って女性の体に近づこうとする。無精髭を剃り、女性的なほお骨に見せるためにメークの濃淡をきかせ、〝しまい〟（ペニスと睾丸を後ろにテープで留め、膨らみをなくす）、偽の胸をつけ、ウエストを締め、砂時計のようなくびれをつくるためにパッドを加える。そうしたことがちゃんとできていないと、審査員に批判される。参加者は〝フィッシュ〟――本物のシスジェンダーの女性――っぽく見えると褒められる。そして、ドラァグは裸の体に着せるものだとル・ポールはくり返すが、いっぽうで彼は、性転換手術を受けているトランス女性は番組参加者に応募してほしくない、そうした手術は〝能力向上薬〟のようなものだからと言う。[10]（本書執筆時点でシスジェンダーの女性が参加したことはない）ル・ポールはその後、問題の発言について謝罪したが、これは身体とジェンダーを結びつけるわたしたちの文化的考え方が、ジェンダーの境界が押し広げられている場でさえ、存続していることを映し出したものだ。もしジェンダーが身体ではなくパフォーマンスだとしたら、なぜ〝しまい〟が必要なのか？

　裸と言えば、少しだけ『The Naked』のシェーンとキムの話に戻ろう。「男女が二人だけで、裸でおびえ、自然の中で生き延びることができるだろうか？」番組のオープニングでナレーターがそう問いかけ、各エピソードでは男と女がこの挑戦のために選ばれたと強調される。番組紹介と裸によって、番組は明らかにアダムとイブ、そして生物学的に異なる二者というわたしたちの概念を示唆している。ときには、裸の参加者たち自身がその概念に注意を引くようなこともあった。たとえば、[11]シェーンが、番組プロデューサーを咬んだのと同種のヘビを仕留めたとき、キムは、自分がその生き物に近づけるのかどうかわからないと言った。

「女性は生まれつきの狩猟者じゃない」シェーンが彼女に言う。

「それどういう意味？」彼女が尋ねる。

「女はくそ弱っちい。なんにでも不平を言って、ぶうたれて、文句を言う」

シェーンの言葉はわたしたち自身について二つのことを教えてくれる。ひとつは、わたしたちがジェンダーの違いを描写し、正当化するのに生物学的な言葉〝生まれつき〟を使っていること。二つめは、これがすごい皮肉の一例だということだ。なぜならシェーンは客観的に見て、キムよりもずっと不平が多かったのだから。こうして番組は、そうしたジェンダーロールが生物学的に確実なことではないと示した。

『The Naked』は明示的に異性の二人の組み合わせに焦点をあてながら、この枠組みのひび割れも見せてくれる。番組の女性参加者たちはその力強さ、そのタフさ、その野心で、わたしたちの硬直した男女の二分論を複雑にする。番組のある分析によれば、[12]女性参加者のほうが男性パートナーよりもリタイアする可能性が少し低いという結果になった。「関係者全員にとって驚きだった。女性たちの鋼のような決意は他に見たことがない」番組のプロデューサーのひとりが二〇一六年に『ＥＬＬＥ』誌に語った。「まだその答えは見つかっていないが、全体的に見て、女性のほうが男性よりもガッツがあるのは確かだ[13]」

それは番組がとくに〝ガッツがある〟女性を選んだからだろうという反論があるかもしれない。それはそうだが、番組は男性もタフな人を選んでいる。参加者たちは全員、二一日間ジャングルに置き去りにされてもいいと思う人間だ。『The Naked』は女性のほうが男性よりタフだったり強かったりすると証明したわけではないし、男性と女性に生まれつきの差異がないことを示しているわけでもない。しかし「男／女」が「タフ／弱い」に合致しているという硬直した二元に疑いを投げかけてはいる。そう言えば、男性は（一般的に）短距離とマラソンでは速いタイムを出すが、ウルトラマラソンのように極限の耐久競技では、女性が男性と勝るとも劣らぬ成績をあげるのはありえないことではない。[14]『The Naked』の二人組は、わたしたちが男女の体や特徴について知っていると思っていることに疑いをはさむことで、わたしたちが生物学的事実として当然視している、反対であることが社会的フィクションであること明らかにする。

ゲイル・ルービンの指摘どおり、反対の性〔異性は英語ではopposite sex。oppositeは「反対の」という意味〕という言葉は間違っている。二つの性は〝反対〟ではない。どちらかの不在がもういっぽうの存在になるわけではない。「男と女は、もちろん違う」とルービンは論じる。「しかし男女の違いは昼夜や天地や陰陽や生死のような違いではない。実際、自然の視点から見れば、男女はほかの何よりも——たとえば山やカンガルーやココナッツヤシなどより——互いに近い[15]」（他の学者たちも、男女の体の類似を強調する。社会学者のジュディス・ローバーは、「生殖のためのホルモンと器官を除けば[16]」基本的に同じだと指摘している。）明らかに、ペニスをもって生まれる人もいれば、ヴァギナをもって生まれる人もいる。そして〝男らしい男〟〝女らしい女〟のより広い特性に苦もなくあてはまる人もいる。しかしそれは、男と女が別のタイプの存在だということでも、本質的に異なる社会的機能を果たさなければならないということでもないとルービンは論じる。『ドラァグ・レース』と『The Naked』はそれぞれがこの両面、つまり、生まれつきジェンダーは二者択一だというわたしたちの考えと、その考えの間違った側面を見せてくれた。

「寝室のマドンナ……」

わたしたちはなぜ、ジェンダーの慣習が性染色体の理論的延長だと考えたがるのだろうか？　なぜ、ジェンダーが社会で一定の機能を果たしている生物学に由来しているという考えを信じるのだろう？　ローバーの説明では、「現代社会の制度としてのジェンダーの従来からの目的は、集団として女性を男性の下位に置くことだ[17]」貧困層や労働者階級の人々に対する支配的イメージや、ミンストレル・ショーに起源をもつ人種のステレオタイプと同じく、女と男は〝生まれつき〟異なるという根強い考えは、わたしたちが家庭で、職場で、政治で、経済でになう不平等な役割を正当化するのに一役買っている。ウエストやジンマーマンのような学者は、女性はマニュキアをやめろとか男性はチェーンソーを使うなと言っているわけではなく、こうした日常のジェンダーの表現がどのようにより広いレベルで生じ、意味をもつようになるのかをわたしたちに考えさせようとしている。〝ジェンダーを実践する〟のは無意味なパフォーマンスではなく、重みをもち、現在の権力構造を支える。

『子供19人まだまだ増加中』は、極端な方法で、子供のジェンダーの社会化が将来にわたり影響を及ぼす可能性があるということを見せた。ダガー家にははっきりとした労働区分が存在する。このことは一家の男の子と女の子が一日だけ〝管轄〟を交換するというエピソードによく表れていた[18]。管轄というのは、娘のひとりであるジルの説明では「わたしたちが毎日することになっているお手伝い」だ。「女の子たちは家のことをたくさんやってる」子供たちの父親であるジム・ボブは認め、女の子たちが「実質的に家事をこなしている」と言った。実際、子供たちが役割を交換すると、女の子たちは料理、掃除、洗濯という毎日する家事をやっているのに、男の子たちは車のオイル交換など、たまにしかやらない仕事をしているのがわかった。

このエピソードでダガー家の人々は、わたしたちが幼いころから〝ジェンダーを実践する〟ことを学んでいるということ、そしてこうして学んだ行動が不平等の再生産に変換されるかもしれないことを示した。ここまで見てきたように、女性は男性より多くの家事と育児をこなしている[19]。米労働統計局によれば、フルタイムで働いている既婚の母親の五六％が毎日何かしらの家事をやっているのに対して、フルタイムで働いている既婚の父親では一八％だった[20]。家庭への貢献の非対称性は問題だ。それはいわゆる母親への〝賃金ペナルティ〟と父親への〝賃金プレミアム〟――母親は子供のいない女性より賃金が低く、父親は子供のいない男性より賃金が高い[21]――の一因となっている。関連して、女性は余暇も男性より少なく[22]、その自由時間も質が低く家事や育児の必要から中断されることが多い[23]。

男女は性質や能力が大きく異なる反対の性であるというわたしたちの考えは、男女の労働の組織され方に反映されている。資本主義的な文脈ではそれが顕著だ。フェミニスト経済学者のハイディ・ハートマンが論じたとおり、資本主義のもとでは「わたしたちは全員労働者であり」女性の仕事は労働力を再生産すること（文字どおり生物学的な意味で、そして夫と未来の労働者である子供たちを食べさせ世話をすること）と家庭を維持することだ[24]。要するに、女性は歴史的にあらゆる裏方の労働をこなしてきたが、それに対する直接の金銭的な見返りは何もなかった。ハートマンは、男女の役割の区別を社会における権力のジェンダー不均衡と結びつけ、こう言っている。「男性は支配力を行使して女性から個人的なサービス労働を受け取り、家事や子育てを担う必要がなく、セックスのために女性の身体へのアクセスをもち、自分には力があると感じ、実際に力をもつ[25]」。

ハートマンの資本主義批判、その大黒柱／専業主婦モデルに対する批判は、一九七九年に出版され、今のわたしたちには極端で時代遅れに感じられるかもしれない。今は女性を家庭に閉じ込めるのに生物学に基づいた議論は使われないと反論されるかもしれない――なぜなら女性はもう家庭にいないからだ。大黒柱／専業主婦のモデルはもはや主流ではないことのは見てきたとおりだ。ハートマンが執筆した当時よりも多くの女性たちが働いている。[26]女性の稼ぎ手が増えたことに加えて、男性も多くの家事をやるようになった。たとえば二〇〇〇年におこなわれたある研究によれば、男性が家事に費やす時間は一九六五年からほぼ二倍に増えた。[27]

しかし、リアリティ番組は、わたしたちがいかにまだそのモデルの恩恵を受けているかを示す。パンデミックで学校や保育所が休みになると、子供の世話をするために勤務を減らしたり仕事を辞めたりする女性は男性よりも多かった。ハーバード・ビジネス・レビューが二〇二〇年九月におこなったある分析によれば、「女性は平均して、子育てや老人介護や料理や掃除といった世界中の無報酬のケア労働の七五％を担っている。新型コロナウイルスによって、女性が家族のために割く時間は不釣り合いに増大し、女性たちは労働市場の力学だけでは説明がつかないほどの高率で労働力から脱落した[28]」。

わたしたちはまた、女性を男性との関係で定義し続けている。リアリティ番組はそれに飛びつき、それらの強力な文化的つながりに光をあてた。妻をテーマにしたリアリティ番組の一群がその証拠だ。『バスケットボール・ワイフ』、『医学と結婚して』、『ギャング・ワイフ（Mob Wives）』、そしてなんといっても、『リアル・ハウスワイフ』シリーズ。『ワイフ・スワップ』のような番組が成立するのは、家庭はおもに妻の領域であり、彼女たちが相手の住まいでどのように機能するかを観察できるからだ。〝ハウスワイフ〟という言葉が少々古臭く感じられるのはおそらく、ふわふわした巻毛にプードルスカートをはき、薬が手放せない女性というイメージを呼び起こすからだろう。今ならたぶん、〝ステイ・アット・ホーム・マム〟とか〝家の外で働いていない〟人という言い方で、家事労働の仕事としての重要性を強調する。しかしリアリティ番組のジャンルは、どのような言葉を使っていても、わたしたちは今でも〝男の世界〟〝女の世界〟という考えに沿って動いていることを明らかにした。

これもハートマンの指摘に関連しているが、『ハウスワイフ』という番組タイトル自体が、男性との異性愛の関係をとおして女性を定義している。逆の『ハズバンド』の番組は存在しない。（わたしの知る限り、BETの『リアル・ハズバンド・オブ・ハリウッド（The Real Husbands of Hollywood）』という番組だけだが、それはリアリティ番組のパロディー作品だった。）『ラヴ・アンド・ヒップホップ』や『リアル・ハウスワイフ in アトランタ』や『バスケットボール・ワイフ』に出ていた黒人女性の中には、金目当ての女だと描写された人もいた。それらの番組で女性たちはしばしばスポーツやエンターテインメント業界の男性と結ばれていて、女性が男性パートナーの延長だというテーマが特定の人種に限りくり返されている。

女性が夫との結びつきをとおして定義されるという概念には、台本のないテレビ番組にかぎらず長い社会的歴史がある。文化人類学者クロード・レヴィ＝ストロースは初期の親族体系においてどのように女性が〝性的財産〟として機能するかを解明した。[29] 近親相姦に対するタブーは、女性が社会的集団間で交換されなければならないという事実、それによって連帯を生じ、政治的同盟の結成をもたらすものへの対応として発達した、と主張する。現代のわたしたちは、そうした同盟を保つために女性を動産のようにまわすことはないが、妻が夫の付属品であるという考えは今も、台本のないテレビ番組と現実社会の両方で根強く存在する。たとえば二〇一一年におこなわれたある全国調査では、アメリカ人のおよそ半数が、結婚時に女性が夫の姓に改姓することを州が法的に義務づけるのはいいことだと答えた[30]。テレビの画面を見れば、ハートマンとレヴィ＝ストロースの親族理論のこだまが今も文化的空気の中をかすかに漂っているのがわかる。

ときにはそれほどかすかではない場合もある。

前章では、「ペニスが選ぶ」で有名なパティ・スタンガーが生物学的な言葉で男性と女性のデートにおける正反対の役割を正当化するのを見てきた。また彼女が、そうした役割は結婚後も継続するのが当然だと考えているのは、『ミリオネラ・マッチメーカー』の最初のエピソードでも明らかだ[31]。パティは男性クライアントが求めているのは、〝寝室ではマドンナ、キッチンではマーサ・スチュワート、子供部屋ではメアリー・ポピンズ〟だと言い、シリーズ中何度もこの台詞をくり返した。彼女は、男性クライアントは「今すぐ赤ん坊が生まれてもいいと思っている」として、年配の女性をデート相手から除外し、労働力を再生産するという女性の役割を明らかにした。パティは女性の知性を評価し、〝美しさ、頭脳、そして階級〟、〝ハーバード卒の〝運命の人〟を探していると述べ、家の外で働いている女性をねたむこともないが、その仕事には一定の線引きがある。たとえば、ある女性が〝ドクター〟だと自己紹介したとき、パティは「専門家としてリードすると、男の人のあれは下を向く」と言った。男性はあなたと競争したいと思っていない、とパティは助言した。自分の指針を露骨な言葉で述べたパティはわたしたちに、ジェンダーに特有の期待の根深さを示した。そしてそれは、女と男がどのように家庭生活を経験するかに現実の影響をもっている。

リアリティ番組におけるジェンダーの描かれ方を一笑に付すのは簡単だ。なにしろ美少女コンテストの母親は子供たちに熱接着剤でつけまつげをつけるような人たちで、パティはペニスについてのばかげた言葉が売りだし、ダガー家はあまりにも子だくさんだ。しかしそうしたリアリティ番組のスターたちは極端なところもあるが、わたしたちが誕生するとすぐにジェンダーを付与し、男性または女性のパフォーマンスをするように指示し、そうしたパフォーマンスは生物学に基づいていて、異なる社会的重みが割り当てられるべきだと教えるシステムを明らかにしている。娘をアメフトのユースチームに入れる親はあまりいない。『子供19人まだまだ増加中』や『ミリオネラ・マッチメーカー』のような番組の魅力のひとつは、スターたちがあまりにもいかれているということかもしれないが、同時に彼らはわたしたちの引きずる長い影でもある。

リアリティ番組のトランスー移行

誤解のないように言っておくと、リアリティ番組に出ている全員が退行したジェンダーのステレオタイプに合致しているわけではない。このジャンルは、どの番組を見ればいいかわかっていれば、ジェンダー・アイデンティティとその実践の多様性を見せてくれる。

人々が〝トランスジェンダー〟という言葉を耳にするずっと前から、台本のない番組がトランスジェンダーの描写では先行していたという事実は無視できない。二〇〇五年、サンダンス・チャンネルは、アメリカの大学に通うトランス女性二人とトランス男性二人に密着したリアリティ番組、『トランス・ジェネレーション（Trans Generation）』を放送した。二〇〇八年には、トランス女性のケイトリン・クサネッリが『リアル・ワールド in ブルックリン』にメンバーとして登場し、以来、いくつもの台本のない番組がトランス女性（興味深いことに、トランス男性はまれだ）に焦点をあててきた。『ビカミング・アス（Becoming Us）』（ABCファミリー、二〇一五年）、『アイ・アム・ジャズ（I Am Jazz）』（二〇一五―現在）、『アイ・アム・ケイト（I am Cait）』（E!、二〇一五―二〇一六年）等だ。

だからといって、リアリティ番組におけるトランスジェンダーの描写がいつもすばらしかったと言うつもりはない。イギリスの番組『ミリアムに首ったけ（There's Something About Miriam）』（Sky1、二〇〇三年）を見れば、その反対だとよくわかる。番組では六人の男性がモデルのミリアム・リヴェラの愛情をめぐって競い、最後のエピソードで彼女がトランスジェンダーだということが明らかになった。長年、トランスジェンダーへの中傷はリアリティ番組では普通だった。たとえば『プロジェクト・ランウェイ』の二〇〇八年のシーズン4で、デザイナーのクリスチャン・シリアーノは、だらしない服を「トランスみたいにひどい」と表現し、参加者仲間はその言葉遣いを正さなかった。『ル・ポールのドラァグ・レース』は六シーズンで、参加者がル・ポールからのビデオレターを受け取る場面がある。そこで声だけのホストが言う。「ほら、女の子たち、シーメールよ（ユー・ガット・シーメール）！」〝シーメール〟という中傷で言葉遊びだ。また二〇一四年のシーズン6では〝女かシーメールか（フィメール・オア・シーメール）〟という課題があり、参加者たちは有名人のアップの写真を見て、その人が〝生物学的に女性〟（フィメール）か、〝心理学的に女性〟（シーメール）かをあてなければいけなかった。

しかしリアリティ番組の進化は、トランスジェンダーに対するわたしたちの態度が比較的短期間で変わったことを示している。トランスジェンダーの人々がもうスティグマを押されていないということではない。彼らは今でも高い率でジェンダーに基づいた暴力をこうむっており、[32] アイデンティティを認められるのに苦労している。たとえばトランプ政権は、軍からトランスジェンダーの兵士を禁じようとし、国の〝ジェンダー〟の定義を誕生時の生物学的な性と同義にしようと呼びかけた。

同時に、目に見える変化もあった。台本のないテレビ番組と実社会の両方で、人々がトランスジェンダーの人々についてどのように考え、語るかが変わった。『ドラァグ・レース』の参加者たちは今でもル・ポールからのビデオレターを見るが、「ユー・ガット・シーメール」という台詞はシーズン6では姿を消した。そして番組では他の多くの課題は複数シーズンにわたって現われるが、〝フィメール・オア・シーメール〟の課題は歴史のゴミ箱行きとなった。さらに、現在はトランスジェンダーと自認する参加者もいる。リアリティ番組の世界の外では、近年、ハリー・ポッターの著者J・K・ローリングがそのトランスジェンダー排除の意見を非難されている。二〇一九年の時点で、アメリカ国内のトランスジェンダーの選出議員は二〇人いる（前年の一三人から増えた[33]）。現在多くの大手保険で性適合手術をカバーするようになった。ジェンダーに中立なトイレは——まだ論争となっているが——アメリカ中で設置されている。「トランスみたいにひどい」といった雑な言葉は現在の『プロジェクト・ランウェイ』では受け入れられないだろう。そのことが、わたしたちのジェンダーと生物学的な性を結ぶ考えにはあてはまらないように見える人々についての進化しつつある対話や理解について何かを物語っている。リアリティ番組はまた、ドラァグ・クイーンや女性ボディビルダー[34]、ドレスを縫うのが好きな男の子たち

(『プロジェクト・ランウェイ・ジュニア(Project Runway Junior)』(Lifetime、二〇一五―二〇一六年))を取り上げて、トランスジェンダーの描写を越えて、わたしたちの伝統的なジェンダーへの期待を刺激してきた。多くのリアリティ番組が男性が稼ぎ手で女性が家庭向きだという文化的物語を続けているいっぽうで、異性愛の稼ぎ手/専業主婦というモデルは普遍的でも歴史的な真実だったわけでもないとほのめかして、暴露する瞬間もある。『リアル・ハウスワイフ』が看板に偽りありだと指摘するのはわたしが初めてではない。番組に出演している女性たちの多くは独身だったり有給の仕事をもっていたりする――そして厳密に言えば、彼女たちは全員番組に出ることで報酬を得ているのだから、定義からはずれる。そしてカーダシアン/ジェンナー家の女性たちは、パートナーの男性と伝統的なジェンダーロールへの献身を公言してはいても、積極的に資本主義の恩恵を得ている――ハートマンのモデルのように脇役に甘んじているわけではない。

りんごの手押し車をひっくり返す?

リアリティ番組の女性たちがジェンダー革命の兵士たちだと考え始める前に先走って留意しておくべきは、リアリティ番組でも実社会でも、女性が労働力に加われた理由のひとつは、ほかの女性たちへの依存だったという点だ。それは、社会学者のラセル・サラサル・パレーニャスが〝労働振替制度[35]〟と名づけた、家庭内労働がある女性グループ(通常は白人女性)から別のグループ(通常は有色人種の女性)に移るということだった。女性は依然として多くの家事――掃除、子育て、介護等――をこなしている。リアリティ番組で、注意して見れば、裕福な家庭が機能するのを支えている家庭内労働者の姿を垣間見られる。『トリ＆ディーン～ホーム・スイート・ハリウッド（Tori & Dean: Home Sweet Hollywood）』のトリ・スペリングは俳優の仕事に戻るかもしれないが、オーディションのあいだ、パッツィが小さなリアムの面倒を見ている。そしてビバリーヒルズのハウスワイフ、リサ・ヴァンダーパンプはレストラン帝国を経営し、ロキオが彼女の寝室のクローゼットを掃除している。

たとえば、『ＫＯＮＭＡＲＩ～人生がときめく片づけの魔法（Tidying Up with Marie Kondo）』（ネットフリックス、二〇一九年）でも、そうした場面がうかがえる。番組では、プロの片づけコンサルタントの近藤麻理恵が家族に持ち物の取捨選択と片づけの効率化を伝授する（念のため言っておくと、裕福な近藤はマニュアルに沿った掃除はやらないので、この場合は家庭内労働者ではない。）最初のエピソード「幼児といっしょに片づけ」では、幼児ふたりの親で、洗濯のことで喧嘩するというレイチェルとケヴィンが登場する。ケヴィンは、必ずしも妻がすべての家事をやれるとは期待していないが、「ぼくたちでそういうことをするのは完璧に可能なのに」なぜ家事をしてもらうために誰かを雇っているのかわからないと言う。エピソードの最後で示された解決策は、レイチェルが洗濯することになる――家庭内での女性のより広い役割への期待と合致しているシナリオだ。しかしもうひとつ注目すべきなのは、これまで洗濯物をたたむために通っていた洗濯〝ヘルパー〟を、解雇するという点だ。レイチェルによれば、ヘルパーの人はこの展開をよろこんでいる。なぜなら彼女は家族にとって一番いいことを望んでいるから、と言う。だがわたしたちはそれを、ヘルパーの人から聞くわけではない。彼女のことは話には出たが、その姿は画面には登場しなかった。

レイチェルとケヴィンのヘルパーは、ときに、たいていは一瞬だけ、家事を手伝うために番組に登場する他の家庭内労働者仲間たちに加わった。(何人か例外はいる。たとえば、ジェフ・ルイスの家政婦ゾイラは『フリッピング・アウト (Flipping Out)』(Bravo、二〇〇七年—二〇一八年)で主要な役を担っていた。)『バチェラー』の黒人参加者と同様に、彼女たちは番組の中心となる主役たちの相談役となることもあり、そうしたやりとりから主役にスポットライトをあてる。『リアル・ハウスワイフ in ニューヨーク』の最初のシーズンでは、ルアンの家政婦ロージーはおもに、ルアンのずれた俗物的態度を包み隠す機能を果たした。そのつかの間の登場をとおして彼らは、男、女、家事労働についてのわたしたちの会話の背景にある労働者のネットワークを垣間見せる。女性たちが労働人口に加わっても、それで男性と女性とそれぞれに適した役割についてのわたしたちの考えが土台から大きく揺さぶられるとは限らないのだと、彼らは教えてくれる。

そして社会が求める役割や期待に従わ﹅な﹅い﹅女性たちは、リアリティ番組でも実社会でも、出る杭は打たれる。〝うるさい女〟のステレオタイプや〝成金のお調子者〟のステレオタイプが当てはめられるのは、ただの黒人ではなく黒人女性だというのは、偶然ではない。人種／ジェンダーのヒエラルキーで底辺の人々はそのタフさ、野心、経済的成功によって、権力といううりんごの手押し車をひっくり返す危険がある。リアリティ番組、そしてポップカルチャー一般は、わたしたちがそうした女性を〝いるべき〟場所に押し戻すことによって、権力構造を維持したがっているということを示している。例えばクラシック映画の『赤ちゃんはトップレディがお好き (Baby Boom)』(一九八七年)では、ダイアン・キートンの演じる有能な大都会のヤッピーが、田舎町に越して来て赤ん坊を育てて、アップルソースを手作りすることによろこびを見出す。この映画が公開されたとき、わたしはまだサンタクロースを信じているような子供だったが、この青写真は数え切れないほどのライフタイムの女性を対象とした映画や文具メーカーのホールマークのクリスマス特集でくり返されている。そこでは凄腕の女性が最終的にはゆっくりした小さな町の暮らしを選び――男を捕まえる！ そしてリアリティ番組では、無分別な〝金持ちの〟（または表面上は金のある）女性が、黒人も白人も、急増している。彼女たちをエリートらしくふるまうことのできないお調子者のキャラクターとして登場させることで、わたしたちもまた彼女たちに身の程をわきまえさせているのだ。

意地悪な審査員

よく聞くのは、表象にかんしてリアリティ番組は機会均等に誰でもひどい描き方をしているということだ。つまり、どの社会的集団もバラ色に描かれることはない。わたしの返事は、これにはふたつの答えがあり、ひとつは、社会の文化的断層を深く理解するためには、ある集団が否定的に描写されているかどうかだけでなく、どのように描写されているかが重要だということだ。二つめは、ストレートの白人男性はしばしばかなり良い印象を残すということだ。

わたしたちはリアリティ番組に出る男性――たとえばついにゲームドクから脱落した悪役や『バチェロレッテ』のうぬぼれが強くまぬけな参加者――の失敗をある程度はよろこんで見るが、このジャンルでは、わたしたちが無礼で攻撃的な男性を、女性にはしないようなやり方でどれだけ大目に見ているかがわかる。リアリティ番組界隈でもっともそれが顕著なのは、意地悪な審査員たちだろう。サイモン・コーウェルやゴードン・ラムゼイのような意地悪な審査員は、競争系の番組には必須だ。サイモンは音楽業界の重役で、タレント発掘番組に次々と出演し、参加者を「泣いている赤ん坊」や「道路をひきずられる三匹の猫」のようだと評する、テレビ界でもっとも高額報酬のパーソナリティーのひとりだ。彼の純資産はおよそ五億五〇〇〇万ドルと見られ、二〇一七年だけで九千五〇〇〇万ドルを稼いだ。[36] ゴードンは有名なシェフで、これまでに料理の競技番組『ヘルズ・キッチン（Hell's Kitchen）』（Fox、二〇〇五年―現在）や『マスター・シェフ（Master Chef）』（Fox、二〇一〇年―現在）など一二を超えるリアリティ番組に出演しており、サイモンと同様に酷評で知られている。彼は〝ファック〟という言葉が好きで、おもに自分の番組でシェフに「ファック・オフ（失せろ）」というときに使う。彼のお気に入りの悪罵は〝くそ野郎〟と〝まぬけ〟だ。一度など、切り身をだめにしたシェフに向かってその切り身を投げ、「どうするつもりだ、パパに新しいのを買ってもらうのか?」とあざけったこともある。純資産一億一八〇〇万ドルで、一説では世界で二番目に金持ちのシェフだ。

ゴードンやサイモンのような意地悪な審査員が意地悪な役柄にはまり、そこから利益を得られるのは、ひとつには彼らがそういう輩だからだ。〝もっとも意地悪な〟や〝いちばん厳しい〟や〝最悪の〟競争系の番組の審査員についての記事やリスト記事をよく見ると、あるパターンが浮かび上がってくる。圧倒的に白人男性が多いのだ。たしかに中には有色人種か女性またはその両方の審査員も入ることがある。たとえば、長寿番組『アメリカズ・ネクスト・トップモデル』のジャニス・ディキンソンはときに名前があげられた。だが彼女は、番組の四シーズンしか続かなかった。現在同番組は二十数シーズンを数えている。それではずっと長続きしている厳しい審査員は誰なのか？ ゴードン・ラムゼイ、レン・グッドマン、マイケル・コース、ナイジェル・リスゴー、ピアス・モーガン、サイモン・コーウェル、ドナルド・トランプ。全員、白人男性だ。

リアリティ番組のこのパターンは、実社会における人々の悪意や攻撃性への耐性を反映している。女性および有色人種は、愛想よくしないとより厳しく見られるという社会学的な証拠は豊富にある。攻撃的な女性は攻撃的な男性よりも否定的に評価され[38]、リーダーの地位にいる女性が〝独裁的または専横的〟だったりすると（すなわち〝典型的に男らしいやり方〟でリーダーシップを発揮すると）、彼女たちはそのことで批判される。[39]少女と女性は、思いやりやいたわりのような共同に役立つ性質を示すように社会化され[40]、そうしたステレオタイプに従わないと、好ましくない、または辛辣だと批判される。

たとえばヒラリー・クリントンは論争を呼ぶ人物だが、彼女が権力を得ようとしていなければ人々はそれほど彼女を気にしないのがその好例だ。ある分析によれば、彼女が選挙に立候補すると人気が急落し[41]、別の分析では、彼女が難局に直面すると支持率が上がるという結果になった。Voxのあるライターは二〇一六年、アメリカ人は「彼女が野心的になるとき、障壁を壊して政治的闘争に参戦するとき、もっとも彼女を嫌いになる。もっとも好きになるのは、野心が挫折し、彼女がより馴染みのある伝統的な役割に追いやられたときだ」と書いた。[42]

わたしたちはサイモン・コーウェルの酷評を、高視聴率の維持で報いているが、普通に考えるとサイモンはこれほど成功しなかっただろう。おそらくサイモンが白人であることが彼を防護している。研究によれば人々は、無作法なふるまいをした有色人種をより厳しく断罪する。たとえば量刑の分析では、黒人、ヒスパニック、ネイティヴ・アメリカンの被告人は同じ犯罪でも白人被告人より厳しい刑罰を受ける。[43]ある研究ではさらに、人を雇おうとする雇用者は、前科がある白人応募者を、前科のない黒人応募者より好意的に扱うことがわかった。[44]

ゴードンやサイモンが意地悪な役柄で儲けられるのは、彼らの努力だけでなく、より広い意味での彼らの社会的地位のおかげだ。これは男性だけがひどいやつでも許されるというわけでも（レオーナ・ヘルムズレー）非白人の前科が大目に見られることがないというわけでもない（R・ケリー）。しかしゴードンとサイモンは、わたしたちが見逃しがちなタイプの人の見逃しがちなタイプの態度という、より一般的なパターンの一部なのだ。実社会の俳優でもうひとり例をあげると、ジェフリー・タンバー（『アレステッド・ディベロップメント』や『トランスペアレント』に出演）は二〇一八年にセクシャルハラスメントの疑いで非難された。彼の反応は、自分は〝意地悪で〟〝気難しかった〟しセットで共演者らに怒鳴ったことはあるが、「一度たりとも人を食い物にしたことはない」だった。[45] この言葉は、なぜ彼のような男性が〝ただ〟意地悪だっただけとして許されることになったのかなど、いろいろと考えさせられる。[46] サイモン・コーウェル、ゴードン・ラムゼイ、ジェフリー・タンバーに共通するのは、白人で、男性で、裕福で、クリエイティブ産業で権力をもつ地位にいるということだ。

これまでにリアリティ番組のスターたちがどのように既存の原型を利用するかを見てきたが、意地悪な審査員が示すように、彼らは偶然そうした役割になったわけではない。あなたがすでに〝白人男性のクリエイティブな天才〟の空間にいれば、〝意地悪な〟空間に入るのは簡単だ。リアリティ番組に出ている大人たちが、幼稚園から追い出された四歳児のようなふるまいをしても彼らはそのことで非難されることはなく、わたしたちがそれを許容するということは、より広い権力の回路に同期されるということだ。どのジェンダーがどの役割に生まれつき向いているかというわたしたちの考えは、そうした回路を強化し、わたしたちの文化的物語とジェンダー構造がひとつの巨大な循環として機能する。

リアリティ番組のジェンダー――それはドラァグ

わたしたちは日常生活のやりとりの中で、職場で、家庭で、より広い文化の中で、自分に言い聞かせる。男と女は異なる生き物で特定のタイプのことに向いていると。そして台本のないテレビ番組はそれらすべてを並べて見せてくれる。リアリティ番組の女性全員が専業主婦というわけではないが、女性はしばしば――男性よりもかなりひんぱんに――家庭という文脈で示され、語られる。わたしたちは男性が生まれつき攻撃的で積極的に自己主張すると考え、それを良しとしている――白人ですでに権力者の場合はとくにそうだ。いっぽう女性のことは、『ビューティー・アンド・ザ・ギーク（Beauty and the Geek）』（WB、二〇〇五―二〇〇六年、CW、二〇〇七年―二〇〇八年）のように、あまり頭がよくないというステレオタイプで見る。同番組は頭の中がからっぽの女性と頭のいい男性のペアが一連の課題で競う内容だった。〝きれいだけどばかな女〟というステレオタイプのもっとも好例は、『ニューリーウエッズ新婚アイドル：ニックとジェシカ（Newlyweds: Nick and Jessica）』（MTV、二〇〇三年―二〇〇五年）だろう。この番組では歌手のジェシカ・シンプソンが、当時の夫であるニック・ラシェイに「〝海のチキン〟まぐろって、鶏肉なの魚なの?」と訊いたのが有名だ。

わたしたちはまた、『ブライドジラズ』や、『BADガールズ・クラブ～クレイジーな集団生活～』と『ラブ・アンド・ヒップホップ』での乱闘に見られるように、感情的でキレやすいというステレオタイプを女性にあてはめている。女性による犯罪をテーマにしたリアリティ番組がその犯罪における感情の役割を強調するのには、意味がある。これはおもに白人女性の殺人犯を取り上げる番組、『スナップト（Snapped）』（Oxygen、二〇〇四年─現在）でとくに顕著だ。この番組タイトル自体も『ブライドジラズ』と同様にジェンダー化されており、女性が過剰に感情的だというステレオタイプが反映されている。[47]また同時に、女性は遺伝的にはそうした犯罪をおかす傾向はなく、追い詰められただけだということも暗示されている。たとえばあるエピソードに登場する四六歳のシンシア（〝シンディ〟）ジョージはレストラン店主と結婚しており、七人の子供がいて、元恋人が一見プロの殺し屋の仕業のような事件で殺されたとき、最重要容疑者となった。[48]被害者はガソリンスタンドの外で白昼堂々と射殺されたというだけでも衝撃的だが、事件の〝最大のショックは〟、手掛かりがシンディにつながったことだと、番組では説明された。ある人はインタビューで、「彼女がこんなことをするなんて、まったく信じがたい」と語った。ナレーターとインタビューに応えた人たちはシンディを、〝元チアリーダーの小柄な女性〟、とても明るくて、とても魅力的、〝若くて美人〟、〝美しい妻で母親〟と描写する。このエピソード以外でも『スナップト』は主役の外見を、殺人犯には見えないという枠組みで語ることが多い。まるで伝統的な女性の魅力は犯罪性に対する予防接種だと言わんばかりに。〝リアリティ番組に出ているキレる／感情的な女性〟の原型は、二〇一九年、ソーシャルメディアで大増殖した。『リアル・ハウスワイフ in ビバリーヒルズ』のテイラーが指さして叫んでいる写真を、落ち着いた様子の猫が食卓についている写真と並べたミームが登場したからだ。

リアリティ番組のジャンルは、こうしたジェンダーについての文化的な考えが、階級や人種と同様に根深く刻み込まれているのを明らかにする。ジェンダーがわたしたちのもっとも重要な社会的カテゴリーのひとつであり、それがいかにわたしたちの言語に、世界の見方に、他者への評価に浸透しているか、リアリティ番組は見せてくれる。それは手にするあらゆる書類、身につけるあらゆる身分証明書にも表れている。ジェンダー規範はわたしたちの経験の中心にあるが、避けられないというわけではない。そして、リアリティ番組は、あまりにも大げさにすることで、それをわたしたちに教えてくれる。ドラァグについてのジュディス・バトラーの指摘に戻ると、彼女の論点はこうだ。ドラァグ・クイーンたちは、極端な方法ではあるが、女性ジェンダーの演者はヴァギナをもつ人である必要はないと示すことで、女性をあざけるのではなく、むしろ、ジェンダーそのものについての社会の考え方とジェンダーが生物学に基づくというわたしたちの思い込みをあざけっている。[49] 同様に、リアリティ番組の極端な〝きれいだけどばかな女〟や〝キレる女〟や〝意地悪〟がわたしたちの文化に隠れているジェンダーについてのステレオタイプをあぶり出す。このジャンルは、そうした戯画的な映像をまき散らすことで、ばかばかしい人たちを単に見せているだけではない。こうした描写のばかばかしさ、したがって、社会的構築物としてのジェンダーのばかばかしさを示しているのだ。簡単に言うと、リアリティ番組はわたしたちに、けばけばしく女装した（ドラァグアップした）人々を多数見せてくれる。ドラァグ・クイーンはその一部にすぎない。

　ル・ポールが流れるようなロングヘアのウィッグをつけていたらおもしろいし、花嫁がブーケで人々に殴りかかったらばかばかしいし、サイモンの次の酷評を待つのははらはらするし、「こんな美人がなぜ殺人犯に？」というナレーションは笑えるし、泣きわめくテイラーが落ち着いた猫と並べられているのは滑稽だ。しかし、このジェンダー・ステレオタイプが盛りだくさんのお祭りは、わたしたちの日常とかけ離れたものではない。性器がある形の人だけが口紅をつけるべきなんて思い込みも、同じくらい変ではないだろうか？　なぜ男性が子供の面倒を見る専業主夫になりたがるのか、あるいは女性には国を治めるための資質があるのだろうかと問うことは、同じくらいばかげたことではないのか？　結局のところ、リアリティ番組は、わたしたちの大多数がこの茶番に参加しているのだと教えてくれる――みずからのパフォーマンス、他者への期待、日常的に使う言葉をとおしてこのシステムを維持することで。

9章　食べ物、お酒、そしてゲイ（セクシュアリティ）

「わたしはバイセクシュアル（両性愛）で、それを超気に入ってる！」

パンチのきいた音楽が流れる中、チューブトップと赤い口紅をつけた金髪の女性が熱をこめて宣言する。

ほかにも何人かの参加者が続く。

「ぼくはバイセクシュアルであることを心から誇りに思っている。スーパーパワーのようだと思ってるんだ」がっしりした体格で黒い巻き毛の白人男性がほほえみながら、そう言う。

今シーズンが短い映像の連続で紹介される。女性が男性にキスしているところ、男性が男性にキスしているところ、女性が女性にキスしているところ。

「誰でも歓迎」という文字がネオンカラーで画面にまたたく。

インタビュー映像の画面枠にぎゅっと固まって、参加者のグループが次々とカメラに向かって語る。

「準備はいい、アメリカ？」

「心配だな」

「さあ行くよ！」

リアリティ番組にはまだ何か、新たに見せてくれるものがあるのだろうか、と思うことがある。

ニューヨークのロフトアパートメントで〝七人の他人〟から始まったこのジャンルは、主流の外にいる人たちが多数存在する広大な分野に成長した。だがMTVのデート番組『アー・ユー・ザ・ワン？〜奇跡の出会いは100万ドル！』（二〇一四年―現在）のシーズン8が二〇一九年に放送を開始したとき、複数のジェンダーに魅力を感じる人々が参加するという設定を多くの人々が画期的だと感じた。

テレビのジャンルが性的流動性の主張を通そうとするとしたら、それはリアリティ番組で決まりだった。台本のないテレビ番組は、ある意味、ずっと性的多様性の先駆者だったからだ。たとえばランスやペドロのような非異性愛の人物は、黎明期からこのジャンルに欠かせない要素だ。LGBTQの支援組織であるGLAAD（グラード）は、リアリティ番組のジャンルが包摂的（インクルーシブ）であるとして称賛を送る。「メディアとして、台本のないテレビ番組は、台本のあるテレビ番組が追いつこうとするずっと前から、クイアやトランスの物語を語り始めていた[2]」

それでも、このシーズンの『アー・ユー・ザ・ワン？』はそれまでと違うと感じられた。番組の参加者たちも、番組の記事を書くジャーナリストらも、性的流動性に重点を置くのは新しい動きだと言った。そのことが、わたしたちが社会としてセクシュアリティをどう考えているのかに関して、大事なことを教えてくれる。〝セクシュアリティ〟は〝欲望、性的嗜好、性的アイデンティティー、ふるまい[3]〟を表す包括的な言葉で、考えてみると、カテゴリーに依存する傾向がある。肌の色、性器の形、財布の厚さなどと同じだ。反対の性（opposite sexes）の概念が、従来のジェンダーロールは生物学に基づいており、したがって正しいと示唆するのはこれまで見てきたとおりだ。しかし男と女が補完し合う生き物だという考えは、男女が自然と互いに魅力を感じるし、感じるべきであるという思い込みを強化するのに使われている[4]。このように、ジェンダーについての生物学的考えは、わたしたちのセクシュアリティについての概念と密接に結びついている。

性的なラベルはわたしたちの文化にとって中心的なものだ。それはなぜなのだろうか？

フーコーの説を思い出してみよう。子供を性から保護する手続きをつくることによって、実際には子供たちを性的な存在にしてしまう。これは彼の、わたしたちが文化の中で性がどのように扱われるかという、より広範な理論の一部だ。性は禁じられた話題だと思われるかもしれないが、この数世紀、性についての言説の〝爆発〟があったと、フーコーは指摘した。[5] つまり、わたしたちはある意味、性について清教徒のように禁欲的かもしれないが、いつも性について話している。そして性的行動を（しばしばそれらを抑圧し囲い込むために）さまざまなカテゴリーに分類する強力な社会的機関によって、どのように話すかが決められている。

リアリティ番組はこの動態の両端をさらけ出す。〝爆発〟と規制だ。キム・カーダシアンのセックス・テープから『バチェラー』のファンタジー・スイートまで、リアリティ番組は性的なジャンルだ。リアリティ番組は性的多様性の（比較的）前線に位置するかもしれないが、いっぽうで、わたしたちが性に関していかに保守的で退行しているかを明らかにしている。

「ナイキ！」を思い出せ

アメリカでは性はタブーであるが、そこかしこに存在する。性は禁止に取り囲まれているが、その禁止を実行するのに、わたしたちは性について大いに考え、話をする。『性的搾取者を捕まえる』や『トドラーズ＆ティアラズ』のような番組が子供時代についての社会的な理解を明らかにすることはすでに論じたが、それらは、より一般的には性に関するわたしたちの態度に光を当てる役割を果たしている。あるリアリティ番組が表向き性犯罪者から子供たちを守るいっぽうで、別の番組が子供に先の尖ったコーンブラをつけさせるのは、セクシュアリティをめぐるわたしたちの文化的両面性とぴたりと一致する。

強力な機関は、わたしたちが性をどう理解するかを管理することで、わたしたちを管理できるのだと、フーコーは指摘する。彼は権力を、ある集団が直接別の集団に権力を行使すると論じたマルクスよりも多様で拡散したものだと考えた。そして権力はひとつの源から発するものではない、と論じている。むしろ、おもな社会的機構——医療、司法、教育制度、宗教などが〝権力の多形的な技術〟を使う(6)。たとえば、彼らはわたしたちの性をめぐる言語——〝言説(ディスクール)〟——を管理し、複数の、ときに狡猾なやり方で、わたしたちの態度や行動を管理する。

リアリティ番組では、性的な言説がこうした機関の間を進み、その結果どうなるかを見ることができる。たとえば『ドクター・ドリューのセックス・リハビリ(Sex Rehab with Dr.Drew)』(VH1、二〇〇九年)では、医学博士のドクター・ドリュー・ピンスキーが有名人のセックス依存症を治療し、普通のセックスと病的なセックスを区別する医学界の役割を示す。そしてダガー一家は性について極めて保守的だが、彼らの生活は、宗教に影響を受けた、〝異性間の、婚内の、生殖が目的の大人のセックス〟以外のすべてを避けるためにつくられた一連の手続き(「ナイキ!」が一例だ)で構成されている。さらにこの家族は法制度をとおして、この唯一の許容できるセックスを推進しようとしている。息子のジョッシュは、反LGBTのヘイトグループとして分類されている南部貧困司法センター下のある組織の代表として、少なくとも一回は結婚の平等に反対するデモを指揮した。[7] いっぽう、『16歳での妊娠〜16 & Pregnant〜』に登場する少女たちは、一〇代のセックスは許されず、禁欲は美徳だとする考えを推進する教育制度の役割を見せてくれる。

アメリカ人は少し性的に抑圧されているかもしれないが、セックスについては黙っていない。しかしながら、わたしたちがセックスについて話すとき、それはより広い権力システムと同期する話し方でだ。マルクスとエンゲルスは「人々の意識がその存在を決定するのではなく、彼らの社会的存在がその意識を決定するのだ」[8]と言った。つまり、わたしたちの世界についての基本的な考え方は、個人の考えの集まった集積ではない。権力の源に関しては意見が異なるにせよ、フーコーも、マルクスとエンゲルスも、いかにわたしたちの信念体系が特定の目的をもつ人々の強力な密集によってつくり出されているのかを論じている。

ジェンダー、人種、階級でおこなったように、わたしたちは性のヒエラルキーを強化し、後に振り返ってそうした体系が普遍的で本質的に正当だという誤った認識をもっている。たとえば、わたしたちはジェンダーの差異は生まれつきだという考えを使って、ゲイル・ルービンが言うところの〝強制的異性愛〟[9]を支える。男と女は、生物学的に相互にのみ魅力を感じるし、そうあるべきだという考え方だ。現在ではルービンが論文を書いた一九七〇年代ほど異性愛は〝強制〟ではないかもしれないが、わたしたちの文化の中核は依然として異性愛を規範としている。」たとえば、同性婚がアメリカで法的に認められたのは最近だ。またクイアの人々はみずからのアイデンティティを〝カミングアウト〟することが期待されるが、異性愛者の人々にはそんなことはない。

フーコーらが考察したのは、人の性的嗜好や行動に基づいて身体に価値を付与し、次にそれに応じて身体を整理する——たとえば監獄や精神病院に入れ、[10] 家族から取り出す[11]ということの長い歴史だ。リアリティ番組のジャンルは、わたしたちが世界をさまざまな種類の性的な身体の種類に分け、それらを社会的・物理的空間に配置していることを強調する。実際、このジャンルはある意味ではクィアのアイデンティティを受け入れながら、そこでくり広げられる光景は人種や民族の場合と同じく、性指向によって階層化されている。アフリカ系アメリカ人のケーブル局BETとスペイン語のテレビ局ユニヴィジョンはどちらも独自のリアリティ番組をもち、〝ゲイ番組〟もあり、それらはLOGOのようなケーブル局に集中している。

その他の局では、プロデューサーらは自分たちの番組が〝ゲイに偏りすぎない〟ようにマルチキャストしている。たとえば『ワーク・アウト（Work Out）』（Bravo、二〇〇六―二〇〇八年）という、ゲイであることを公言しているジャッキー・ワーナーとパーソナルトレーナーたちに密着した番組では、エグゼクティブ・プロデューサーのエイミー・シュパルはBravoの重役から、ゲイの男性トレーナーであるダグとジェスとバランスをとるために、〝ひじょうにストレートな〟男性を入れるように頼まれたと明言している。[12] このように、リアリティ番組にもゲイの集まる領域、[13] ゲイバー、ゲイのクルーズ、ゲイクラブなどがある実社会と同様に——クィア指向の空間もあれば、クィアの人々が入るのを制限されたり拒否されたりする空間もある。たとえば、プロのアスリートには、非異性愛者だと公言する人はほとんどいない。それにゲイの『バチェラー』も、すぐには作られそうにない。

わたしたちは単に人々を箱に入れて、異なる意味と価値をつけるわけではない。ルービンの主張では、わたしたちは〝性のヒエラルキー〟をつくりだし、それは〝メンタルヘルス、社会的地位、正当性、社会的また物理的流動性、制度による支援、物質的恩恵〟と一致するということだった[14]。婚内の生殖目的のセックスはもっとも〝立派〟なセックスの形だと見なされ、ピラミッドの頂点にある。同僚が夫と子作りをがんばっているという話をするのは社会的に許容されるのに、クィアのポリアモリー（同時に複数の人と交際する恋愛関係）が先週参加したボンデージ・パーティーについて話すのは許されない（職場によっては許されるかもしれないけれど……）のは、それが理由なのだろう。

リアリティ番組はわたしたちの性の風景の輪郭に明るい光をあてる。そうしたカテゴリーの重要性と、それがわたしたちの語る物語と見る映像にどんな影響を与えるのかを教えてくれる。たとえば、クィアをテーマにしたリアリティ番組はほぼ例外なく、主流のネットワーク局で放送されることなく、ケーブルテレビに追いやられている。

あるいは、もっとわかりやすいのは、リアリティ番組の背景に消えていった性のカテゴリーかもしれない。たとえば、ウィキペディアの検索結果では、ゲイの男性または男性たちを主役にしたアメリカのリアリティ番組は少なくとも一八あるが、レズビアンを主役にした番組は六つしかない（おもに異性愛者の主役たちの中にクィアの人々がいる番組は除外している）。この差は、わたしたちの文化におけるレズビアンのステレオタイプとゲイのステレオタイプが大きく異なるという事実の反映かもしれない[15]。真面目でキャリアに燃えるレズビアンや社会正義に熱心な地母神風のヒッピーは、派手な服装や性欲過剰のゲイ男性ほどには、華やかなリアリティ番組に合わないのだろう。

リアリティ番組で、アジア系男性とレズビアン――どちらもアセクシュアルというステレオタイプで見られることもある――が比較的めずらしいということは、男性のエロティックなまなざしによる文化的支配を示している。つまり、わたしたちが集団としてセクシーで魅力的だと感じるものはしばしば、いい、い、男性にとってセクシーで魅力的なものだということだ。興味深いことに、レズビアンが画面に登場する場合、ひじょうに性的な描かれ方をすることがある。『リアル・L・ワード（The Real L Word）』（Showtime、二〇一〇年―二〇一二年）は、レズビアンの集団が登場する数少ないテレビ番組のひとつで『L・ワード』のスピンオフ番組でもある）、主役は昔ながらに魅力的な、おもに白人の女性たちで、客観的に見て半分はリアリティ番組で、半分はソフトコア・ポルノだった。同様に、Logoチャンネルが、レズビアンのサーファーたちに密着し、一シーズン放送された『カール・ガール（Curl Girls）』（二〇〇七年）が始まったときは、女性たちのセックスアピールを強調していた。宣伝では、アスリートらしい見た目で、ビキニを着た白人（または民族不明）の女性たちが互いの身体に腕を回し、〝セクシーな新顔の女の子〟、〝くっついたり離れたりしているセクシーカップル〟、〝人を驚かせるのが好きでトップレスになりがち〟などと紹介されていた。[16] こうしたレズビアンのセクシュアリティの描写は、女性に性的な関心をいだく女性を引きつけるかもしれない――とくに『カール・ガール』はクィアの視聴者たち向けのチャンネルで放送された――が、それらは異性愛の男性の好みに合うように演出されている。

このように、ジェンダーとセクシュアリティという二つの強力な力のシステムが共同して、わたしたちが社会的に魅力があり画面で観る価値があると思うものを形作っている。このことがもっともよく表れているのは、『Tila Tequila's Fantasy Couple～カップル対抗戦～（A Shot at Love with Tila Tequila）』（MTV、二〇〇七年—二〇〇八年）だろう。My SpaceのようなSNSで有名になったDIYセレブのティラが下着姿で床に寝転がっているシーンから始まる。「わたしのミュージックビデオでよだれを垂らしていたかもしれないけど……知らなかったと思うけど、わたしはバイセクシュアルなの！」この宣言に、彼女がビキニ姿で腰を振っている映像が差し挟まれる。そして〝すごく魅力的な異性愛者の男性一六人〟と〝セクシーなレズビアン一六人〟がティラのハートを射止めるために競う——当初、それぞれのグループは相手グループのことを知らされていない——という番組の設定が明かされる。

「これはレズビアンと恋愛をテーマにした初めての番組だ」女性参加者のひとりがカメラに向かって熱を込めて語る。彼女の興奮は、彼女が番組の秘密の設定を知らないこと、テレビではレズビアンの描写が少ないことを反映している。[17] 二回目のエピソードで、二つのグループが集合し、ティラが両性愛者であるとカミングアウトすると、参加者は驚いた様子だった。だが男性の多くは笑顔で、ひとりはセックスするように腰を振ってみせた。「どう見ても女のほうが男よりショックを受けているようだった」ある男性参加者はそう語った。[18] シーズン中、ティラは男性とも女性ともエロティックな関係になったが、最終的には男性パートナーを選んだ。何年もあとに、ティラはユーチューブのビデオで、『Tila Tequila's Fantasy Couple?』の撮影時には恋人がいたし、両性愛者だったことは一度もない、番組では〝お金をもらって同性愛者になっていた〟と断言し、彼女のパフォーマンスは男性の欲望に訴えるためにつくられたものだったと示唆した。[19]

『Tila Tequila's Fantasy Couple?』をよく憶えていない人もいるかもしれないが、同番組は放当時は注目されていた。〈ハリウッド・リポーター〉誌によれば、シーズン1の最終回は六二〇万人に視聴された。当時、MTVでもっとも多くの視聴者を集めていたテレビ放送だった。[20] 以来、それなりに批判もされ、学術誌で複数の分析が発表された。[21]『Tila Tequila's Fantasy Couple?』を、誰もがMy Spaceでトムと友達で、セクシュアリティにもっと保守的な考えをしていた時代の遺物だと考えるのは簡単だが、番組の内容は今日的な意味をもつ。番組はわたしたちが女性の両性愛をどう考えているのかだけでなく、より広い意味で、わたしたちの社会におけるジェンダー、セクシュアリティ、権力の交差（インターセクション）を考えさせる。

『Tila Tequila's Fantasy Couple?』は一度限りのことではなかった。内容を形作る異性愛者の男性のまなざしの重要性は、女性の両性愛に関する限り、今でも明らかだ。性的少数者の中では、両性愛の女性は比較的リアリティ番組に登場しており、さまざまな性指向の女性たちのあいだでの〝女と女〟の関係は今でもこのジャンルに欠かせない要素になっている。社会科学者は長年、わたしたちが男性の性的快楽に特権を与えてその快楽のために女性の参加を求めるさまざまな方法を指摘してきた。そのひとつ、モノ化（客体化）論は現代西洋文化では、女性は持続的で性的な男性のまなざしの的になり、それが彼女たちの人生の経験に深刻な影響を与えるとしている。[22] 男性が性的主体であり、女性は性的客体であるとする考えは、女性のほうが痩せたいという意欲が強く、また単極性鬱病を患う割合が非対称的に高い等、現在のジェンダー間のさまざまな差異を説明するのに利用されてきた。[23] この相違の種は早いうちに植えられる。幼い女の子たちは、同年代の男の子よりも、外見に時間をかけるよう社会化されており、[24]

小学生の子供を調べたある研究では、女の子は「男の子とくらべて、ダイエットへの関心が高く、体重を気にしている」という結果が出た[25]。

リアリティ番組は異性愛者の男性の欲望に訴えているという事実は奇妙だろう。なぜなら視聴者はたぶん男性より女性のほうが多いからだ[26]。しかし、女性はこのまなざしをとおして自分自身を認識するように、そして女性のモノ化を内面化するように社会化されていると示唆する研究もある[27]。たとえばある古典的な研究では、水着を着た女性は、誰にも見られていないとわかっているのに、セーターを着た女性や、水着かセーターを着た男性とくらべて食べる量が少なく、数学のテストの点数が低かった[28]。

リアリティ番組に登場するさまざまな女性たちが、男性または女性との性的関係のあいだをより流動的に動くいっぽうで、両性愛の男性は、テレビで〝不可視〟のランキングにしっかりと入る。そう考えると、『リアル・ワールド～DC』（MTV、二〇〇九年―二〇一〇年）はとくに啓発的だった。MTVのデート番組『アー・ユー・ザ・ワン？～奇跡の出会いは100万ドル！』のシーズン8が始まるまで、テレビ番組の中で（台本のある、なしにかかわらず！）両性愛者を自認する男性を主役にした数少ない番組のひとつだったのだ（おもしろいことに、『リアル・ワールド』シーズン1のノーム・コルピは番組では〝両性愛者〟とされているが、当時も今も彼は自分はゲイだと公言しており、一般的にシリーズ最初のゲイの参加者だと考えられている）[29]。それでいっそう興味深いのは、この両性愛者の男性マイクは両性愛者の女性エミリーといっしょに登場しているという事実だ。

マイクとエミリー（のちに『ザ・チャレンジ』で顔にプリンを塗った、カルト育ちのエミリーと同一人物）はどちらも白人で、昔ながらの魅力があり、二〇代になったばかりで、シーズン開始時にカミングアウトしたが、ふたりは番組で著しく異なる経験をする。初回のエピソードでエミリーのセクシュアリティはあっという間に明かされ、うっかりするとその瞬間を見逃しそうだ。ルームメイトのアシュリーが「あなたはバイ、でしょ?」と言うと、エミリーはそうだと言う。アシュリーはうなずき、会話は続いて、次の瞬間、別の参加者タイがインタビュー映像で、「ここにいる女の子たちはみんなセクシーだ」と切り出す場面になる。その後、夕食時に、マイクが自身のセクシュアリティを明かしたとき、それはかなり多くの注意を引いた。「マイクが両性愛者だと知って、わあ、たったいま彼はカミングアウトしたの? みたいなショックだった」とアシュリーはインタビュー映像で語った。別のインタビュー映像では、エミリーがマイクがあんなふうにカミングアウトしたのを「誇りに思う」といい、「すごく勇気が」要っただろうことをにおわせた。[30] その後もシーズンをとおしてマイクの両性愛は、エミリーの両性愛よりも番組の進行により大きく関わり、より深刻な問題として扱われた。

『Tila Tequila's Fantasy Couple〜カップル対抗戦〜』と『リアル・ワールド〜DC』はどちらも、わたしたちの両性愛についての文化的ステレオタイプについて、またそれらのステレオタイプがジェンダーによってどう分化し、どう合致するのかについてわたしたちに教えてくれる。両性愛の人々は、ゲイの人々の一部と同じく、歴史的にみずからの性的指向について混乱しているというステレオタイプや、相手構わずセックスして一夫一婦婚が不可能だというステレオタイプで見られてきた。[31] したがって、『リアル・ワールド』のティラ・テキーラは下着姿で腰を振りながら画面に登場した瞬間から性欲過剰だ。『リアル・ワールド』のエミリーは自分を、〝楽しむのは好き〟だけどロマンチックなやりとりはできないと表現する。しかしかなり以前から研究では、バイフォビア〔両性愛嫌悪〕はいくつかの点でホモフォビア〔同性愛嫌悪〕

とは異なるという結果が出ている。[32] 両性愛者の男性は〝本当は〟ゲイでカミングアウトをおそれているると見られることが多いが、両性愛者の女性はいろいろ試してみている異性愛者の女性だと思われることもある。[33]「あなたは自分のセクシュアリティにさえ自信をもててないじゃない」あるときアシュリーはマイクにそう言い、彼のことを〝ゲイの男〟と呼んだ。[34] そして間違いなく、ティラが異性愛の男性から見て刺激的だったのは、彼女が〝本当は〟男性を求めていると表象されたからだ。彼女は『Tila Tequila's Fantasy Couple』で「自分が本当に男性が好きなのか、それとも女性が好きなのか、この番組でわかるはず」と述べ、番組では男性を選んだ。最終的には、女性に性的に惹かれたことはないと告白した。映画ではよく、男女双方に性的関心をもつ人物は、不正直、情緒不安定、度を越えている、犯罪者のいずれかまたはそのすべてだと描かれ、[35] それと同じステレオタイプがリアリティ番組でも展開される。ティラは『Tila Tequila's Fantasy Couple』の始まりで参加者たち――とくに女性たち――が番組の秘密の設定に驚き、ショックを受けたときから、いかがわしい人間として描写された。「ある意味で裏切りのようなものだと思う」ある女性参加者の言葉だ。[36]

テレビに両性愛者の男性がほとんど存在せず、現われたとしても問題をかかえているように扱われるということは、両性愛と男性性(マスキュリニティ)の交差(インターセクション)に特定のタブーが存在することを示している。実際、研究では、大学生は両性愛者の男性を両性愛者の女性やゲイの男性やレズビアンよりも否定的に考えていることがわかった。[37] 両性愛者の男性はまた、独特の否定的なステレオタイプにされやすい。そのひとつが、彼らがゲイの人々から異性愛者の人々にHIV/AIDSをひそかに広めているというものだ。[38] 同じ研究で異性愛者の男性は異性愛者の女性より、両性愛者の男性やゲイの男性やレズビアンを――両性愛者の女性は除く――否定的に見ているという結果が示されている。これは驚くべきことではないのかもしれない。その他の性的指向とは違い、女性の両性愛は、異性愛の男性性と両立可能だからだ。両性愛者の女性は、異性愛者の男性から見て、レズビアンとは異なり、潜在的な性的パートナー候補になる（ただし、これは異性愛者の男性がレズビアンを潜在的な性的パートナーとして見たり、レズビアンの自認を〝そういう時期〟だとあしらったりすることが一切ないという意味ではない）。それで台本のないテレビ番組は、女性の両性愛者のエロティシズムを、男性の空想に直接訴えかける形で提示する。

はっきりさせておきたいのは、両性愛者の女性、ゲイの男性、レズビアンは社会的に完全に受容されているわけではないということだ。とくに、両性愛者の女性は歴史的にストレートとクィアの両方の共同体から排除されてきた[39]。これまで論じてきたとおり、わたしたちは依然として異性愛を規範とする社会に住んでいる。そこでは同性カップルが結婚する法的な権利を得たのは最近で、二〇一七年の時点でアメリカ人の三分の一近く（三二パーセント）がその権利に反対している[40]。

しかし両性愛者の男性は、リアリティ番組で、その他の集団とは違ってほぼ不可視であり、そのことがわたしたち自身について何かを教えてくれる。男性の両性愛がリアリティ番組からもより一般的なメディアからも消されていることは[41]、わたしたちが文化としてどのように両性愛に反応するのかを語っているが、それに加えて、より広い意味で、わたしたちの性的カテゴリーへの非常に強いこだわりを示している。〝両性愛〟は厳密にはそれ自体がひとつのカテゴリーだが、異性愛／同性愛と二分された硬直した考えのじゃまになる。両性愛者の人々やこの二分法にあてはまらない人々――たとえばパンセクシュアルやアセクシュアルの人々――は二つのカテゴリーの社会というわたしたちの根深い考えを混乱させ、そうすることでその考えが社会的なフィクションであるとさらけ出す（パンセクシュアリティは性やジェンダーに関係なく人々に魅力を感じる性的指向と定義され、アセクシュアルな人は他者に性的な魅力を感じなかったり性的欲求をもたなかったりする）。しかし男性の両性愛は、異性愛と同性愛のあいだには明確な境界がないと暗示するため、異性愛者の男性にとっての驚異となる。研究者のミッキー・イライアソンが指摘するとおり、両性愛者の男性の存在が「〝わたしたち―彼ら〟という明快な性的区分をつくることに対する隠れた驚異かつ直接的な挑戦」であることを示している。[42] わたしたちが女性の両性愛者より男性の両性愛者を嫌うのは、それが異性愛の男性の欲望と両立しないからだけでなく、彼らを男性の異性愛そのものへの驚異だと認識するからでもある。そして、異性愛者の男性の欲望は重要な最上位の欲望なので、その結果、両性愛者の男性はテレビ画面から締め出された――二〇一九年に、性的に流動的な若い女性、そして男性についての番組がセンセーションを巻き起こすときまでは。

「食べ物、酒、それにゲイ」

わたしたちはおもな社会的機関の導きによってどの性的カテゴリーが〝現実（リアル）〟かを決め、人々を分類し、それに従って人々を扱う。しかしそれらのカテゴリーは、人種やジェンダーのカテゴリーと同じく、本質的に〝現実〟ではない。それらが社会的なフィクションだということを、リアリティ番組は明らかにする。

リアリティ番組の中に存在するが、そこに特有ではない言語的な慣習に〝ゲイ〟を名詞として使うことがある。異性愛者の女性とその友人であるクィアの男性が登場する番組でよく見る。『キャシー・グリフィン〜マイ・ライフ・オン・ザ・D―リスト（Kathy griffin: My Life on the D-List）』（Bravo、二〇〇五年―二〇一〇年）では、コメディアンがステージに登場し、大声で言う。「わたしのゲイはどこ?」そして『トリ&ディーン〜ホーム・スイート・ハリウッド（Tori & Dean）』のトリ・スペリングはよく、自分の人生の〝ゲイ〟について熱狂的に語る（公正を期して言えば、キャシーはLGBTQ支援活動で褒賞され、(43) トリは間違いなく〝ゲイのアイコン〟だ(44)）。この言葉はほかの番組にもよく出てくる。『ジャージー・ショア〜マカロニ野郎のニュージャージー・ライフ』（MTV、二〇一八年―現在）のドラァグ・ブランチ〔ドラァグ・ショーを見物しながら食べるブランチ〕でディーナが言ったように、「基本的に、ここにはわたしの好きなものが揃ってる。食べ物、お酒、それにゲイ。好きなものの上位三つ(45)」。そして『リアル・ハウスワイフ』の番組には、同じように扱われる補佐的な役割のゲイ男性の仲間たちが登場する。一例をあげると、『リアル・ハウスワイフ in オレンジ・カウンティ』のあるエピソードでは、アレクシスとグレッチェンがつねにおしゃれでいるために、いつも〝ポケット・ゲイ〟が必要だと言っているとタマラがこぼす。(46)（ちなみに〝ポケット・ゲイ〟はタマラの造語ではなく、オンラインのスラング辞書サイト「アーバン・ディクショナリー」によれば、〝非常に背の低いゲイ〟あるいは〝完璧な旅行用サイズの同性愛者(47)〟という意味だ）。

こうした女性たちは、厳密には〝ゲイ〟という言葉を文法的に正確に使ってはいるが、(48) そうするときにゲイ男性をモノ化しているのは否定できない。しかしそれとは別に興味深いことも起きている。なぜならば、女性たちが〝ゲイ〟という言葉を愛情を込めて使っていると考えるとすれば、それは意図してか否かにかかわらず、彼女たちはその社会的カテゴリーそのものの恣意性に注意を引いているからだ。

これは同性に対する性的関心が社会的につくり出されるものだということではない。実際、それは遺伝子的な要素だと示す確かな科学的証拠がある。[49] しかしわたしたちがさまざまな性的関心にあてはめる意味、その周りに引く境界線は、社会的につくり出されたものだ。〝ゲイ〟は社会的に構築されたものだ。人と世界におけるその居場所を定義する安定したカテゴリーとしてのこの概念は、歴史の大きな体系の中では、やや新しい。フーコーが論じたように、人々は歴史の場面や文化的文脈のなかで同性同士の性愛は位置づいているが、一八〇〇年代には、「同性愛者は、一個の登場人物となった［中略］一つの性格、一つの生の形態なのだ[50]」。これは、学校や裁判所や病院が、人の欲望や行動の単なる一側面としてではなく、特定のカテゴリーに人間としての〝同性愛〟の概念を固めた、当時の性行動の犯罪化と疾病化と関連している。ルービンの考察にもあるように、わたしたちの性的欲望は今や、その他の嗜好とは違う意味で顕著になっている。「人は辛い料理が好きだからという理由では、不道徳だと見なされたり、監獄に収容されたり、自分の家族から追い出されることはない[51]」人は誰でも嗜好や遺伝的形質の集まりで、セクシュアリティ以外にはそれほどの社会的重みは与えられない。辛い料理が好きだったり、左利きだったり、スカの音楽に心惹かれたりしても、〝カミングアウト〟する必要はない。リアリティ番組は――〝ゲイであること〟のばかげたニセ科学の分類法も含めて――その重みを認めるとともに、そのまやかしに小さくめくばせしている。

どぶで水しぶきをあげる

セクシュアリティはわたしたちの文化の中心となっているように、リアリティ番組の中心でもある。

このジャンルは、ある意味では進歩的かもしれないが、いかにわたしたちが社会的なカテゴリーにしがみつき、後生大事にしているかも見せてくれる。性的流動性を扱った『アー・ユー・ザ・ワン?~奇跡の出会いは100万ドル!』のシーズン中でさえ、参加者は依然として自分たちに〝バイセクシュアル〟とか〝パンセクシュアル〟とか〝性的流動的〟とかのラベルをつけていた。こうしたカテゴリーの社会における役割の一部は、単純で実用的なものだ。たとえば、デートの際、自分がどのような種類の人に魅力を感じるかを他者に知らせる。また、ラベルは社会の周縁に追いやられ、所属するコミュニティを探している人にとってはとくに肯定的なものになる。しかし同時にそれは社会不平等の重要な源にもなる。力をもつ機関がどの種類の性的欲望が正当で、どの種類が不道徳で、不法で、病気だと決める特権をもち、そこから不平等が流れ落ちてくる。メディアそれ自体がそうした機関のひとつであるので、リアリティ番組も、そうした〝権力の多形的な手法〟に参加しているのである。このジャンルはステレオタイプな描写――みだらな女性両性愛者、筋骨たくましいジムのトレーナー、すてきなファッションデザイナーやウエディングプランナーなどに事欠かない。たとえばゲイ男性の集団に密着する番組『ファイア・アイランド』(Logo、二〇一七年)の宣伝では、見事な胸筋をもつ男性六人が、からだにピッタリの水着姿で立ち、ひとりは小さな犬をかかえている。そして変身番組の『クイア・アイ(Queer Eye)』(当初のタイトルは『クイア・アイ・フォー・ザ・ストレート・ガイ(Queer Eye for the Straight Guy)』、Bravo、二〇〇三年―二〇〇七年、ネットフリックス、二〇一八年―現在)では、ゲイの男性たちが生まれつきファッション、美容、室内装飾、料理、ポップカルチャーのすぐれた〝目きき〟である人類の亜種として登場する。男性両性愛者の不在からBravoのわざとらしい〝ポケット・ゲイ〟まで、リアリティ番組には、わたしたちが自分たちの慣習的な規範やセクシュアリティに関する理解について学ぶための材料がたくさんある。全般的にリアリティ番組によって、わたしたちの伝統的な価値観（すなわちカップルとは、家族とは、子供時代とは何を意味するのか等）と硬直した分類方法（階級、ジェンダー、人種、セクシュアリティ）、それがいかにより広い社会から周縁化された一部の重要な集団が取り残されているか（たとえば貧困層、ラテンアメリカ系の家族、アジア系の男性、両性愛者の男性）が見えてくる。一部の集団をステレオタイプ化し、別の集団を見えないようにすることによって、リアリティ番組は、性的カテゴリーを含めてどのカテゴリーが本当で自然なのかという考えを反映し、それを広める。

しかしリアリティ番組はわたしたちのカテゴリー分類体系を強化しながらも、セクシュアリティに関してその他のメディアが隠し続けることをわたしたちに見せてくれる。たとえば、すべての性的少数者が出ているわけではないし、出たとしてもある程度のステレオタイプは続いているが、リアリティ番組はときにはそうしたステレオタイプからそれたことで高く評価される。[52]『リアル・ワールド』のペドロは、AIDS感染者のゲイの象徴だったかもしれないが、毎日彼に向けられたカメラは彼が多くの側面をもつ人だということを映し出した。ルームメイトとの友情といさかい、パートナーのショーンへの誓約式、健康上の苦労。ペドロが亡くなったとき、ビル・クリントンはMTVのスターがAIDSに非常に〝人間的な顔〟をもたらしたと語った。[53]『サバイバー』シーズン1のリチャードは〝クイア〟と呼ばれ、異性愛者の参加者たちは求められなかった形で自身のセクシュアリティを明かすことになったが、彼もそのセクシュアリティだけで見られたわけではなかった。わたしたちは、彼のことを〝あのゲイの参加者〟と（だけで）思い出すのではなく、賞金獲得につながった彼の権謀術のことも思い出す。ちなみに、わたしがそのシーズンのことを人と話すと、彼のことをゲイでも優勝者でもなく、〝裸であるきまわっていた男〟として憶えている人が多い。『クイア・アイ』はステレオタイプを売りにしているかもしれないが、ゲイの可視性にとっては非常に大きな舞台という面もある。二〇〇三年に放送を開始したとき、すぐに文化の時代精神となり、〝Bravo の新記録となる視聴率〟を獲得して（一時は、各エピソードが三三四万人に視聴されていた）[54]、エミー賞に輝き、出演者のスターたちはコマーシャル契約や有名メディアへの出演機会を得た。『リアル・ワールド～DC』のマイクでさえ、彼は自分自身に嘘をつくことなく、人々に隠し事をすることもなく、他の人が信用してくれないことにいらだっていたとしても、みずからの両性愛の性自認には安心していた。むしろマイクは両性愛が他のみんなと同じくらい退屈なものだと実演した革命児だったのかもしれない。よく同シーズンは『リアル・ワールド』の中でもっともつまらなかったと言われるのだから。[55]（明らかにロンドンを抜いた！）リアリティ番組の中の性的多様性は、一定の範囲でインターセクショナルでもある。たとえば『ラブ&ヒップホップ』シリーズは、ゲイであることを公表している参加者や有色人種の両性愛者女性が何人も出ていた。そして『ハニー・ブーブーがやってくる』の南部の労働者階級の家族は、ゲイの伯父を受け入れていた。

わたしたちの世界は、ランスが『あるアメリカの家族』に出ていた一九七一年から、ペドロがMTVに登場した一九九四年から、なんなら『クイア・アイ』のチームが最初のストレートの男性にヘアカットをした二〇〇三年とくらべてさえ、変わってきている。クイアの人々がもうスティグマを押されることはないとか、本質的にヘテロセクシュアルを規範とする文化ではなくなったとかいうことではない。本章、そして本書の他の部分でも論じてきたとおり、まだ彼らはスティグマを押されるし、そういう文化のままであり、リアリティ番組はそうしたことを明らかにする。それでも、トランスジェンダーの人々にとってそうだったように、リアリティ番組は、アメリカの人々のクイアの人々についての考え方を転換した変化の最前面にいた。バラク・オバマは二〇〇八年の大統領選挙期間中には同性婚という考えにためらっていたが、最終的には当初の立ち位置を変えた——それは、現在の民主党大統領候補なら考えられないことだった。（実際、ゲイであることを公表しているピート・ブティジェッジは二〇一九年の民主党大統領予備選では有力候補だった）。『クイア・アイ』が放送を開始した年の夏、最高裁判所はローレンス対テキサス州事件で画期的な判断をくだし、同意にもとづく同性愛行為を禁じた法律は違憲だとした。以来、最高裁は同性カップルが結婚する権利を容認し（オーバーグフェル対ホッジズ、二〇一五年）、公民権法はゲイ、レズビアン、トランスジェンダーを雇用差別から守るという判断を示した（ボストック対クレイトン郡、二〇二〇年）。意義深いことに、ボストック対クレイトン郡事件で判決を執筆したのは、トランプが指名したニール・ゴルサッチ判事だった（わたしの生徒のほとんどが名前をあげられない判事だ）。

リアリティ番組は、早くも一九七〇年代にクイアの可能性を提示し始めたとき、わたしたちの社会的景観にまさに起きようとしていた重大な変化を知らせていたのである。そうすることで、わたしたち自身について何かを教えてくれた——だがいっぽうでは、いいいいわたしたちについても教えてくれた。ラケル・ゲイツが示唆したように、ある意味では、リアリティ番組というジャンル自体についても教えてくれた。ラケル・ゲイツが示唆したように、ある意味では、リアリティ番組という〝テレビ化されたどぶ〟の中では、いろいろな描写をやってみるのもより自由にできる。[56] なぜならそうした番組は〝後ろめたい楽しみ〟であり、視聴者たちは普通、あまり深く考えることはないし、制作者たちもおそらく、それらの番組がたいした影響を及ぼすことはないだろうと考える。しかし逆説的にそのことがリアリティ番組に、主流の映像から離れ、違う種類の人々や新しい種類の経験を映し出すことを可能にさせる。そのとてつもない順応性と、反逆者の避難所であるという事実は、リアリティ番組はわたしたちが普通ではあまり見ることのない人間性の一部を垣間見せてくれるということを意味する。リアリティ番組が、わたしたちのヘテロセクシュアルを規範とする主流の文化を写すびっくりハウスの鏡だとしても、また性的原型を売り物にしていても、このジャンルはわたしたちに深く刻み込まれた役割と期待を超えていく可能性を示してくれる。このように本書ではリアリティ番組がセクシュアリティをどう扱ってきたかをたどることで、このジャンルの破壊的な可能性の豊かな鉱脈が明らかになった。

10章　バッド・ボーイズ、バッド・ボーイズ（逸脱）

アデルはほぼ二〇年間、ソファーのクッションを食べ続けている。

「毎日、だいたい縦八・五インチ横一一インチくらいのクッションを食べる。一口ずつ口に入れて一日中おやつみたいに食べてる」[1]

車を運転しながら、いくつか切れ端をバッグから取り出し、まるでポップコーンのように口に放り込む。「色の濃いクッション——黄色の——はおいしい。しっかり味があって」

クッションを食べ始めたきっかけは、一〇歳くらいのときの両親の離婚だったとアデルは言う。「わたしは両親のことはコントロールできなかった。二人が離婚するのも。つまり自分にはコントロールできないものばかりで、これはわたしがコントロールできることだった」

しかしこの習慣は健康を害するおそれがあり、家族は心配している。

「あなたはもう三〇歳で、一六歳のときにはわたしも我慢してたけど、もうやめる時期よ」母親はアデルに言う。

「わたしもやめたい」アデルは言い、レストランのテーブルの向かいに座る母親の手を取る。「助けてほしい」

ここまで、リアリティ番組がどのように、わたしたちの生活を構造化する重要なカテゴリーや区別をあらわにするのかを見てきた。しかしどの文化においても、もっとも基本的な区別は、TLCの『わたしの奇妙な依存』（二〇一〇年―二〇一五年）のこのエピソードで描写されるように、許容されることと許容されないことの区別だろう。本書はこれまで、許容されない行動を、階級、ジェンダー、人種、セクシュアリティといったおもな社会的ヒエラルキーと同期するような形で抑制する方法を垣間見てきた。本章ではそれらをたっぷりと見ることになる。リアリティ番組は、人々がなぜ常識にはずれた行動をするのか、わたしたちはそれにどう反応するか、なぜそれに引きつけられるのか、そのことはわたしたちについて何を語っているのかを教えてくれる。

結局、こうした番組からわかるのは、わたしたちははっきり区別する線を引こうとしながら、正常と異常のあいだの曖昧な空間に生きているということだ。何が正常で何が異常なのかについての考えは、わたしたちが他者をどう扱い、社会的地位を割り振るかに関して極めて重要だ。しかしリアリティ番組は――番組に出ている人も、観ている視聴者も――正常と異常の境界を破壊し、それは永続する本質的な真実などではなく、社会的に構築されたものだということを明らかにする。

逸脱とは何か？

一般読者は、本章で〝逸脱〟や〝逸脱者〟という言葉が気軽に使われているのを不愉快に感じるかもしれない。日常生活の中では、これらの言葉には道徳的な響きが感じられることもある。しかしながら、社会科学でのこれらの言葉は純粋に記述的な方法で使われる。つまり社会の常識にはずれた行動や人々を記述するために使われる。

逸脱を研究する学者が不適合者や精神異常者などの周縁化された人々を観察するのは、逆説的だが、主流の社会生活を理解するためだ。[2]社会学者のハロルド・ガーフィンケルは学生たちにありふれた規範を破らせる——たとえば店に入って商品の値段交渉をする——という、有名な〝違背〟実験をおこなった。そうした小規模な非常識行為をとおして、実験はわたしたちの日常生活における暗黙の社会的指針を明らかにした。[3]リアリティ番組はこうした調査をおこなうのに格好の場だ。参加者たちは多くの点でわたしたちと似ているが、その多くは人間の行動の極端な部分を代表している風変わりな人々だ。彼らの規則違反をとおして、わたしたちがどのように〝普通〟を社会的に構築しているのかが見えてくる。

どんな行為も、社会が与える意味の範囲を超えて、本質的に逸脱だということはない。社会学者のハワード・ベッカーが論じたように、「ある行為が逸脱行為と見なされるためには、そしてある人間が違反行為のかどでアウトサイダーのラベルを貼られ、しかるべき処置を受けるためには、それに先だって何者かがその行為を逸脱行為と規定する規則をつくっていなければならない[4]」。わたしたちはある行為が〝ただ〟悪いとか、奇妙だとか、間違っていると感じるかもしれない。しかしそうした名称は実際には文化的に生み出され、歴史と状況によって変わる。たとえば人殺しは、戦争時や国が認めた刑罰でおこなわれる場合は許されると考えられる。実際、何が悪いかという考えの一部（たとえば近親相姦）は他のもの（たとえばテーブルマナー）より幅広い文脈で成りたつが、あらゆる時代、場所、状況にあてはまるものはない。

なぜはずれるのか？

なぜ逸脱者は規範に合わせないのか？　同調するほうがある意味では楽だろう。デュルケームが指摘したように、逸脱することによってよくない結果を招くことがある。個人は社会的事実からみずからを解放することは可能だが、苦労なしではできない。それでもあらゆる社会に逸脱は存在する。（ディルケームの〝逸脱〟という言葉の使い方――そしてわたしの使い方――が判断を意味していないことに注意してほしい。これは評価を含まない中立の社会学用語で、規範をはずれた行動を意味する）生まれつき〝病的な〟人間もいるが、彼らの非同調にも社会的な説明が存在するとデュルケームは結論づけた。[5]

社会学者が逸脱を説明するひとつの方法は、人々は同調することを学ぶのと同じやり方で同調しないことを学ぶというものだ。たとえば、一九五三年のマリファナ使用者の古典的研究で、ベッカーは違法麻薬の使用にまつわるあらゆる要素に社会的構成要素があると発見した。人はマリファナにまつわるさまざまな意義、入手方法、吸い方、そしてそれがどのような気分にさせるかということまで学ぶ。[6]（これもまた、わたしたちの考える逸脱が時代によって異なるという好例だ。今では一部の州がマリファナの合法化に動いているのだから、ベッカーの二〇世紀半ばの例は、さほど「逸脱」には見えないかもしれない）。〝分化的接触〟理論も、同様に、わたしたちの社会的環境が、逸脱者になるかどうか、なるとしたらどのようになるのか、に大きな役割を果たしていると示唆する。具体的には、わたしたちが犯罪行為に参加するかどうかは、組み込まれた社会的ネットワークの機能に大きく依存するという理論だ。[7]たとえば一部の囚人にとっては、刑務所のネットワークの一員となり、そうしたつながりから学ぶこと――そして別のネットワークや技能を与えられないこと――は、釈放後の再犯を促すことになる。分化的接触は、なぜ刑務所で過ごすことが釈放後に、より儲かる犯罪行為へとつながってしまうのかを説明するのに役立つ要因のひとつなのだ。[8]

社会の普通とは違う場所を見せるリアリティ番組は、どのように逸脱が社会的につくりだされるかを明らかにするのが得意だ。子供が登場する番組はとくに、ある種の逸脱には教えられたものもあるという考えを強化する。『ドゥームズデイ・プレッパーズ（The Doomsday Preppers）』（National Geographic、二〇一一年―二〇一四年）に出てくる、生存主義の親から手順を教わり世界の終末に備える子供たちは、その一例だ。

『マイ・ビッグ・ファット・アメリカン・ジプシー・ウェディング』（TLC、二〇一二年―二〇一六年）の子供も大人も、定型をはずれた行動がどのようにして特定の社会環境で生まれるのかを示している。ロマニー・アメリカン（〝ジプシー〟）の結婚の慣習を見せることがテーマのこの番組のあるエピソードでは、一四歳のプリシラの夫探しが取り上げられる。[9] このエピソードの最初の数分間で、番組は、プリシラが育った文化と、アメリカの主流文化のはっきりとした違いの数々を描き出す。「ジョージア州ダグラスヴィルの影に隠されているのは」ナレーターの説明が流れる。「ロマ民族であるジプシーたちの故郷である秘密の共同体だ」さらにナレーターは続ける。ジプシーの生活は「ジプシーの言葉でよそ者を意味するゴージャーにはまったくなじみがない」。たとえば、「プリシラはティーンになったばかりで、ジプシーの伝統により結婚を命じられる」

「ゴージャーのほとんどの一四歳の女の子は学校に通っている」とプリシラは言う。彼女は家事と弟たちの世話を手伝うために一二歳で学校を中退した。「でもわたしはここで掃除をしている。それがいいの」

「求婚は、ジプシーの場合、二五歳に始まります」プリシラの母親が言う。「それが彼女の婚約の時です」

プリシラによれば、ジプシーの女の子たちは〝完璧な夫を見つけて、結婚し、家庭を維持する〟ように育てられる。わたしたちの考えでは、子供は親の文化的価値観を運ぶちいさな舟になる。その価値観が中道か道をはずれているかにかかわらず。『ブレーキング・アーミッシュ』に出ていた人々と同様にプリシラも、異なる社会的環境が異なる種類の期待を生み出すという実例だ。一〇代の結婚と不登校は主流のアメリカ文化では逸脱と見なされるかもしれないが、ジプシーの共同体では誰も驚かない。

なぜ逸脱が起きるのかについてのもうひとつの説明は、わたしたちが典型的なやり方では望みのものを得られない場合、逸脱に戻るということだ。ひずみ理論、または「手段‐目的」理論と呼ばれる理論は社会学者ロバート・マートンによって提唱され、広い文化的目標——たとえば富や名声——と、それらの目標をかなえるための社会的な仕組みのあいだの不均衡に注目している。[10] マートンは、正当な手段で成功するための手段（典型だが必ずしもそれに限らない）を欠いており、逸脱をとおして目標を達成しようとする〝革新者（イノベーター）〟のケースを描写している。[11] マートンがこれを書いたのは『リアル・ワールド』の最初のシーズンが放送開始する数十年前だが、彼の理論はリアリティ番組の参加者の多くの特徴に当てはまる。これまで見てきたとおり、リアリティ番組のジャンルに参加する参加者の多くは、この流れが自分を前進させてくれると期待している。たとえばＤＩＹセレブのカーディ・Ｂは、富を得るのに普通は必要な社会的なコネや教育はなかったが、ソーシャルメディアの利用と『ラブ&ヒップホップ』への参加をとおして見事に革新者となった。

ベッカーとマートンは別の観点から逸脱の起源に取り組んだが、どちらも逸脱行動は社会的文脈と切り離すことはできないという考えに至った。わたしたちは、変わっているのは生まれついての個人の差異の結果だと思い込んでいるかもしれない——そしてたしかにそのとおりかもしれないが、それだけではない。リアリティ番組の参加者たちが教えてくれるように、社会はわたしたちが同調するように圧力をかけるのと同じ様にわたしたちを同調から遠ざけるように圧力をかけることもある。友人や家族の影響であっても、社会的ヒエラルキー内の位置であっても、社会的環境はわたしたちが逸脱のスペクトルのどこに位置するのかに強力な影響を及ぼす。

助けられるなら助けて

逸脱が起きたとき、それをどうするのか? 逸脱に対するわたしたちの反応もまた社会的なプロセスだ。人々が常識にはずれた行動をとる理由がなんであれ、自分または愛する人をどうやって立て直すのかは、リアリティ番組が教えてくれる。変身もののメディアはだいぶ前から存在し、メディア学者のタニア・ルイスは著書『スマート・リビング——ライフスタイル・メディアと人気の専門知識』の中で、変身もの番組の人気が、イギリスのヴィクトリア時代のエチケットマニュアルから〈プレイボーイ〉のような男性誌の登場に及び、さらにはそれらがリアリティ番組の世界へ流れ込む軌跡をたどっている[12]。現在、変身番組はリアリティ番組の主要サブジャンルになった。ソファーに座ってテレビをつければいつでも、自分の顔、ワードローブ、家、子供、結婚生活、ダイエット方法や車まで、どうやって直したらいいのかを学べる。

こうした〝変身〟番組には、わたしたちが何を間違っていると見なし、そのように認知した間違いに対してどう反応するかが表れている。ゴッフマンの説明では、ほとんどの場合わたしたちは、社会にいるさまざまなタイプの人間について何が〝普通で自然か〟、社会的にあらかじめ規定された考えをもっている。つまり、自分の周りにいる人々がどう〝あるべきか〟について、一定の想定を立てている。[13] 人々がそうしたカテゴリーに入らないとき、わたしたちは彼らを逸脱者と見なす。誰でも〝スティグマ〟という言葉は聞いたことがあるはずだが――体にほどされた烙印を意味するラテン語が語源だ――ゴッフマンはそれに「人の信頼をひどく失わせるような属性[14]」という独自の定義をおこなった。ある人が、何が許容されるかを決めるわたしたちの基準に合わないとき、その人は「わたしたちの心のなかで健全で正常な人から汚れた卑少な人に貶められる[15]」。

数多くのライフスタイル変身番組がこの信用を落とす過程に光をあてている。そうした番組はスティグマを明らかにし――たとえばアデルがクッションを食べること――それを直そうとする過程を映し出す。たとえばTLCのリアリティ番組『ゴミ屋敷 生き埋めになって（Hoading: Buried Alive）』（二〇一〇年―二〇一四年）は、衛生上の問題になるほど大量のがらくたを家の中に集めた人々に密着する。あるエピソードで、ナレーターが語る。「ゴミ屋敷に住む多くの人々は友人や家族に自分の問題を秘密にしている」。そして「ジュディの秘密はどんどん大きくなり、隠すのが難しくなった[16]」。最終的にジュディはプロの整理業者、セラピスト、TLCのカメラ、視聴者に、ゴミ屋敷を見せることになった。

人々が自分の逸脱に対処する方法のひとつは、望ましくない属性を矯正することだとゴッフマンは考察した。[17] これが『ゴミ屋敷』やその他のライフスタイル変身番組の重要な前提だ。しかしこの修正に取り組むのは逸脱者だけではなく、その周囲の人々もである。わたしたちが他者と交流し、ゴッフマンの論じたように彼らをカテゴリーに分類する際、〝常人〟の中に入れることが難しい人々には不安を感じる。『ゴミ屋敷』で逸脱者と〝常人〟（ゴッフマンが特徴づけたように）の接触する場面のような〝混合のシナリオ〟では、この不安が強調される。[18] ゴッフマンの〝混合の〟出会いについての論点は、なぜわたしたちが逸脱者を直すことに力を入れるのか、という問題を解決するためのヒントになる。彼らが日常生活の標準的なリズムを乱すように思われるからだ。それはまた、変身ものリアリティ番組の魅力のひとつを示している。すなわち、自宅のソファーにいながらにして、アデルやジュディのような人々を、個人的な接触から生じる不安抜きで見物できるということだ。

『ロックダウン』の従順な身体

わたしたちは逸脱した人間を特定し、彼らを制御しようとする。個人の専門家とともに、社会秩序の維持に取り組む大規模機関をとおして、それをおこなう。前章では、強力な社会的機関が歴史的に、何が普通で何がそうではないかについての言説を支配してきたというフーコーの理論を見てきた。たとえば医学は、どの身体が然るべき身体で、どの身体が治療の必要があるのかについての語りを維持している。従ってセルフヘルプのリアリティ番組は、精神分析医から皮膚科医から消化器専門医まで、医療従事者がたくさん登場する。

わたしたちの逸脱についての概念を定義し促進するもうひとつの機関は、司法だ。司法制度の描写があふれているリアリティ番組の状況は、逸脱を指摘し統制する司法の力を示している。たとえば『ロックダウン（Lockdown）』（National Geographic、二〇〇七年）のあるエピソードでは、ミネソタ州の〈オークパークハイツ刑務所〉内に視聴者を連れていく。〈オークパークハイツ〉には「極めて暴力的で他の刑務所では制御不可能な囚人」が収容されているとナレーターは語り、番組はこの刑務所がそうした男性の身体をどのように扱い、それを従順にするのかにハイライトをあてる。[19]あるシーンでは、散髪中の囚人が複数の手枷足枷をつけられ、三人の看守がそれを監視する。「厳重な拘束システムは囚人の動きと攻撃能力を減じる」ということだ。しかし、刑務所は〝手に負えない身体〟を抑えるのに物理的な力を行使しているとはいえ、つねに囚人全員に枷をつけているわけでなく、二四時間銃を構えているわけでもない。フーコーが述べたように、刑務所もその他の機関と同様に、〝権力の多形的なテクニック〟を使って潜在的な逸脱を抑制する。[20]

刑務所は囚人を収容し、統制し、監視するために独特の方法でつくられている。実際、こうした施設の重要な目的のひとつは、犯罪者の身体をその他の社会から引き離すことだ。『ロックダウン』では、〈オークパークハイツ〉は〝要塞のような複合施設〟で五階建ての高さの壁と、いつでも〝全施設を封鎖する〟ことが可能なマスタースイッチがある。刑務所の広い敷地は、建物の中の身体の流れを統制するために、フーコーの言うところの〝基盤割り〟[22]にもとづいて複数の小規模エリアに分けられている。〈オークパークハイツ〉では、「数は力」であり、囚人男性たちは「最大限の統制のために小集団に分離されている」。囚人は空間から空間へと動くときには身体検査をされ、リクリエーションの時間は一度に少数しかとれない。フーコーは現代の監獄の誕生を詳しく述べ、建物の中の特定の場所は「監視し、危険なコミュニケーションを絶つという必要だけでなく、有益な空間をつくるという必要に対応して定義される」と説明した。[23]『ロックダウン』はリクリエーション・エリア、カフェテリア、を含むそれら〝機能的な場所〟[24]にわたしたちを案内してくれる。最後に、「拍子をつけた時間区分、所定の仕事の強制、[そして]反復のサイクルの規制」――すなわち〝時間割〟――の使用をとおして、身体は従順にさせられるとフーコーは考察した。[25]〈オークパークハイツ〉は一日をとおして囚人を正確に動かすことによって彼らを統制している。囚人の身体機能さえ、一定のリズムに従わせる。シャワーは一二時間ごとにしか使えないし、トイレは一回ごとに二度しか流せない。要するに刑務所は、人々が自分の身体をどう動かすかを統制することによって秩序を維持している。

『ロックダウン』は、刑務所が逸脱を抑制し同調を強いるためにさまざまなテクニックを採用していることを教えてくれるだけでなく、ほかの機関もそうした同じ仕組みを使っているということをわたしたちに教えてくれる。フーコーが指摘したように、社会的機関は、基本的にはわたしたちが対応できる年齢からその身体を調教する。たとえば小学校の生徒たちは毎日決まった時間に昼食をとり、一列になって場所を移動し、決められた席につき、トイレに行くときには許可を求めることになっている。病院、軍隊、テーマパークでさえ、同じような仕組みで人間の動きを管理する。『ロックダウン』のようなリアリティ番組は、わたしたちがいかに、わたしたちの活動を統制する強力な機構の中に組み込まれているのか――そしてそれらが、実際にわたしたちの身体に触れることなく、どのようにして身体を従順にするのかを示している。

なぜわたしたちはバッド・ボーイ好きなのか？

『ロックダウン』は司法に焦点をあてたリアリティ番組の氷山の一角に過ぎない。それらの番組の一部は驚くほどの長寿番組になっている。犯罪再現ドラマと逃亡中の犯人の情報を提供した『全米最重要指名手配者（America's Most Wanted）』（Fox、一九八八年—二〇一二年）は、放送終了時、フォックス・ネットワークでもっとも長寿の番組だった。[26] 少額訴訟のリアリティ番組、『ジャッジ・ジュディ』（CBS、一九九六年—現在）はおよそ四半世紀放送継続中だ。三〇年以上続いた『全米警察24時 コップス』は、放送終了時、ゴールデンタイムの番組としてはアメリカでもっとも長寿の番組だった。[27]『タイガーキング：ブリーダーは虎より強者?!（Tiger King）』（ネットフリックス、二〇二〇年）のような犯罪ドキュメント番組や『シリアル』（WBEZ、二〇一四年—現在）といったポッドキャストは非常に人気がある。台本のあるテレビ番組でも、『ロー・アンド・オーダー』（NBC、一九九〇年—二〇一〇年）は二〇年続き、そのスピンオフ番組でオリジナルよりも長続きしている『ロー・アンド・オーダー：性犯罪特捜班（Law & Order: SVU）』（NBC、一九九九年—現在）がある。人々はこうしたテーマの番組を求めているのだ。それはなぜか、そしてそのことはわたしたちについて何を語るのだろうか？

ひとつには、司法制度はわたしたちの生活の大きな部分を占めているということがある。合衆国の囚人は世界の囚人の四分の一にあたる。人口は世界の五パーセントに過ぎないにもかかわらず。[28] わたしたちはほかのどの国よりも人口あたりの収監者数が多い。現在、わが国の刑事制度によって二三〇万人近くの人々が収監されている。[29] この制度はまた、近年わたしたちの生活により身近になった。ここ四〇年間で、合衆国の刑務所および拘置所の数は五百パーセント増加している。実際、現在、麻薬犯罪で収監されている人数だけで、一九八〇年にすべての犯罪で収監された人数よりも多い。[30] そして現在収監中の囚人だけでなく仮釈放や執行猶予になっている人々を考慮すれば、刑事司法制度と関わっている人の数は、もっと増える。司法統計局によれば、二〇一五年にはアメリカ国内の成人三七人にひとりがこのカテゴリーに入っていた。

わたしたちの多くは、いつでも法律制度の中で生活している。そして、犯罪と司法を扱ったタイプの番組が数多く存在する。コートTVやインヴェスティゲイション・ディスカバリーといった、司法制度を専門にするネットワークもある。わたしたちは陪審義務を果たすために召喚され、スピード違反で車を路肩に寄せるよう命じられ、検問所では車を停められる。軽度の車の事故に遭えば警察に届を出す。つまり、司法をテーマにしたリアリティ番組がこれほど多いのは、家族をテーマにした番組が多いのと同じ理由なのだろう。程度の差こそあれ、司法はわたしたちほぼ全員が参加する主要な社会的機関だということだ。

一般的にリアリティ番組の人気が高い要素の一部が、そうした番組では比較的よく表われている。社会学者のチャールズ・ティリーは、人間の心が〝標準的な物語〟すなわち〝自発的な行動を説明する一連の記述〟にとくによく反応すると論じた。[32] 標準的な物語はわたしたちの日常の中心にあり、寓話、シットコム、演劇、小説、さらには陪審員が評議の際に組み立てる語りの土台になっている。[33] 同様に、司法に焦点をあてたリアリティ番組は、わかりやすいヒーローと悪役、単純明快で逐次的な語りの構造、道徳的還元主義を提供する。たとえば、『米警察24時　コップス』のテーマソングには、正常と逸脱

（さらにはジェンダーと犯罪性）についての広い文化的概念が染み出ている。「バッド・ボーイズ、バッド・ボーイズ、どうするんだ？　やつらが捕まえに来たらどうするんだ？」わたしたちは〝バッド・ボーイ〟が身元を確定され、収容され、司法の場に引き出されるのを見て、安心するのかもしれない。

司法のリアリティ番組の標準的な物語は、人種、階級、ジェンダーについての馴染み深く心地よい語りを強化する形で展開する。パトリシア・ヒル・コリンズが支配的なイメージについて書いたとき、具体的にはそうしたイメージを、黒人男性の認知された犯罪性と過剰な性欲、そして囚人に占める割合の多さに結びつけていた。[34] 司法制度はなんらかの形でわたしたちの大部分に関わっているとはいえ、貧困な共同体や有色人種の共同体はかなり厳しく取り締まられており、[35] 制度との関わりは人種によってパターン化されている。黒人男性は白人男性にくらべて六倍も収監される可能性が高く、ヒスパニックの男性は非ヒスパニックの白人男性とくらべて二倍以上高い。[36] 合衆国の一一の州では、黒人男性の二〇人にひとり以上が刑務所に入っている。[37] 異なる人種の人々は犯罪率も異なるのではないかという見方もあるかもしれないが、複数の研究によって、犯罪率が同等であっても、白人は法に基づいて処罰されることが少ないという結果が出ている。[38] そして有罪となると、先に述べたように、量刑もまた人種によって変わる。

司法をテーマにしたリアリティ番組は、人種と逸脱についてのわたしたちの考えを明らかにするだけでなく、それらを永続させるのに一役買う。『米警察24時　コップス』を観ていたほとんどの人々は、わたしのように番組が伝える広い不平等に釘付けになり、反発を感じた社会科学オタクではなかっただろう。彼らは警察（一般的に肯定的に描写される）と容疑者グループ（一般的に否定的に描写される）という二つの集団の衝突を見物するために、チャンネルを合わせたはずだ。『ライヴPD』では、土台となっている〝標準的な物語〟はもっとあからさまだった。各エピソードで、パトロールを映す合間にスタジオの映像が差し挟まれ、スタジオのコメンテーターたち――そのほとんどは自身も法の執行機関で働いていた――が現場の動きに反応するのを視聴者に見せる。この方法では、番組は、視聴者が警察を応援することになっているスポーツイベントの中継のように見える。たとえばあるエピソードでは、警察官が容疑者に質問して手錠をかけた時、メインのコメンテーターによって、その警察官が以前勤務中に撃たれたことがあると述べられる。「彼女は本物のヒーローです[40]」

当然のことながら、犯罪に関するリアリティ番組を視聴することで、白人の――とくに白人限定で――警察官に対する態度がよくなることが研究で示されている[41]。『米警察24時 コップス』に出てくる犯人全員が有色人種なわけではない。麻薬でいかれた貧乏白人も常連だ。しかしこうした、ヒーローと悪役についての標準化された物語が白人により共感を呼ぶのには理由がある。彼らは、黒い肌、男性、下級階級といったステレオタイプの犯罪者よりも、法の執行者側の人物に自分を重ねることがより可能だからだ。

松明を持った町の人々

このように、法と秩序のリアリティ番組がわたしたちの心に響くのは、それが他のリアリティ番組と同じく、人種、ジェンダー、階級についての、また身体はどのように組織され、抑制されるべきかについての快い国民的な語りを強化するからだ。しかし逸脱と逸脱者の何が、とくに関心を引きつけるのだろう？　わたしたちが逸脱者を正そうとするのは彼らに感じる不安を減じるためだとゴッフマンは示唆し、これはたしかにそうだが、わたしたちは彼らの存在から恩恵を得ている。

思い出してほしい。エミール・デュルケームにとっての本質的な謎は社会的連帯だった。社会の利己的で自律した個人がみな、自分の好きな方向に走り去り、互いに協力するのを拒否するのを防いでいるのは何か？　デュルケームにとって、社会はさまざまな部分の集合体である巨大で複雑な有機体であり、各構成要素はそれぞれ異なる社会的機能を果たしている。[42]この理論をとおして見ると、わたしたちの最初の衝動は逸脱を逆機能の何か――有機体が病んでいるしるし――と見なすことだろう。しかし、デュルケームが指摘したように、犯罪は、社会が調整を必要としているときにだけ起きるものではない。逆に、あらゆる社会で見られる。それは奇妙だとデュルケームは主張した。というのも人間は歴史をとおして逸脱を排除しようとしてきたからだ。理論的に考えれば、今日までにかなりうまく排除できるようになっていてもおかしくない。やはり、逸脱がなくならないのは、生まれつきその傾向がある人間がいるからという理由（それを否定はしていない）だけではないと、彼は考えた。むしろ、ある意味、わたしたちが逸脱を必要とするからだとデュルケームは論じた。逸脱の存在は、その社会が壊れつつあるということではなく、正しく機能していることを意味しているのだと。[43]

デュルケームにとって、逸脱は何が正常かというわたしたちの概念を補強し、そうすることによって社会的結束を強化するものだ。古いホラー映画に出てくる松明を持って怪物を追いかける町の人々のように、力を合わせて部外者を拒絶することでわたしたちは団結する。これはつねに起きることで、今後も起き続けるとデュルケームは示唆した。実際、もし聖人ばかりの社会であっても、わたしたちはきっと許容範囲の境界線を引き直し、成員の一部が逸脱者としての役を割り振られるだろう。[44]

なぜわたしたちはクッションを食べる人や、ジプシーや、バーで喧嘩する人や、殺人犯を取り上げるリアリティ番組に興味を引かれるのだろう？　なぜならわたしたちは、今も、そしてこれまでもずっと、逸脱の光景に心引かれているからだ。それがフリークショーの前提だ。フリークショーは植民地時代に始まり、一九世紀に人気が出て、今でも続いている娯楽の一種だ。[45]フリークショーは正常と奇形についてのはっきりした考えの上に成り立ち、後者を見世物として陳列する。[46]リアリティ番組がそれを思い出させるのは、逸脱した身体が珍しい存在として見せられるからだ。『アビー＆ブリタニー（Abby 6 Brittany）』（TLC、二〇一二年）の結合体双生児、『ドクター・にきびつぶし』の顔の膿の噴出、その他、低身長者たちが出ているさまざまな番組（たとえば、『リトル・チョコラティアーズ（The Little Chocolatiers）』（TLC、二〇〇九年―二〇一〇年）、『リトル・カップル（Little Couple）』（TLC、二〇〇九年―現在）、『リトル・ピープル、ビッグ・ワールド（Little People, Big World）』（TLC、二〇〇六年―現在）、『リトル・ウィメン～アトランタ（Little Women: Atlanta）』（Lifetime、二〇一六年―現在）、『リトル・ウィメン～ダラス（Little Women: Dallas）』（Lifetime、二〇一六年―二〇一七年）、『リトル・ウィメン～LA（Little Women: LA）』（Lifetime e、二〇一四年―現在）、『リトル・ウィメン～NY（Little Women: NY）』（Lifetime、二〇一五年―二〇一六年）、『アワ・リトル・ファミリー（Our Little Family）』（TLC、二〇一五年））。

しかしリアリティ番組はわたしたちに、身体に限らず広い範囲の逸脱を見せてくれる。先に論じたとおり、多くの視聴者は番組について人と話をする楽しみのために、チャンネルを合わせる。[47]わたしたちが他者との接点を作るために番組を観るとき、リアリティ番組は共同体の機能を果たす。オフィスの井戸端会議でする『ゴミ屋敷　生き埋めになって』についての会話は、たわいもないおしゃべりのように見えるかもしれないし、わたしたちもあまり社会的な重みをもたせたいとは思わない。しかし文化を共有するこうした時間が社会的結束を蓄積し、それに寄与する。つまり視聴は一見逆説的な二つのレベルで働いている。わたしたちがリアリティ番組のスターたちに引きつけられるのは、彼らに自分を重ね合わせるからだが、いっぽうでわたしたちが集団として彼らを拒絶することによって、自分たちの社会的連帯を強化している。

視聴者の一部、また番組の一部は、後者寄りだ。『カーダシアン家のお騒がせセレブライフ』のファンのひとりは、カイリーに共感をいだいているかもしれない。別のファンは、変わり続ける彼女の顔立ちについて噂話をするのを楽しんでいるかもしれない。多くのファンは、その中間のどこかだろう。カーダシアン／ジェンナー一家のように、リアリティ番組の参加者の多くは、逸脱と許容の間のどこかに位置する。彼らがどちらか*だけ*ということは、めったにいない。

わたしたちもそうだ。

そうしたキャラクターは、行き過ぎたわたしたち自身だ。視聴をとおして、許容されることと許容されないこととの境界を何度も引き直し、自分を正しいほうに位置づけることができる。しかしわたしたちがその境界を正確に管理しようとするのは、おそらくそれがやっかいで不安定なものだとわかっているからだろう。以前から社会学者が述べてきたとおり、逸脱行為をしたことがない人間はほとんどいない。たとえばエドウィン・レマートは、基本的には体制順応的な人間がする〝第一次的〟逸脱と、逸脱が続きその人間に否定的なラベリングがなされ、それを内在化したために生じる〝第二次的〟逸脱を区別した。[48]第一次的逸脱のケースでは、その行動はしばしば〝状況のせい〟や〝社会的に許容された役割の機能〟として擁護される[49]（大学生が酒を飲み過ぎるのはその古典的な一例だ。）実際、わたしたちのほとんどは、どこかの時点で逸脱を体験している。たとえそれが、どうしようもない状況での逸脱だったとしても。たとえば高速道路で制限速度を二、三マイル超過して車を走らせることはよくあり、それが当たり前だと見なされているが違法だ。この場合、この行為をしたら逸脱だが、しなくても逸脱になる。

わたしたちの多くの家は散らかっている。厳密に言えば法を破ることもある。そしてソファーのクッションを食べることはなくても、中にはチョコレートの縞模様のクッキーを一袋まるごと食べることはある（仮定の話だ）。ゴージャーの少女たちは、学校を中退して料理や掃除の家事をしたり結婚したりすることはないが、わたしたちもプリシラと同様に、女性がおもに育児を担い、不均衡な量の家事をこなす文化に生きている。本書の随所で見てきたように、リアリティ番組はわたしたちの目前に、不快だが目立たない形で知られている異常なものをつきつける。わたしたちが普通の範囲を策定することを可能にすると同時に、そんなはっきりした区別をつけることについて警告もしている。

ごみにもヒエラルキー

リアリティ番組のスターは逸脱しているだけではないし、わたしたちもそうだ。だが彼らは逸脱しているし、わたしたちもそうだ。彼らは、逸脱は連続した範囲に存在すること、そして何が許容されるかという理解は社会的文脈によって変わることを思い出させてくれる。この概念はわたしたちのリアリティ番組の視聴にもあてはまる。

リアリティ番組を観ることは〝逸脱した〟行為か？　その答えはイエスでもあり、ノーでもある。これまで見てきたとおり、このジャンルの矛盾のひとつが、極めて人気がありながら、かなりタブーであるという点だ。先に紹介した研究を思い出してほしい。「人々はリアリティ番組の影響に否定的な考えをもっている」と答えた回答者の七七パーセントは、調査に含まれていたリストにあるリアリティ番組を少なくともひとつは〝ときどきまたはひんぱんに〟視聴していた。回答者のリアリティ番組の視聴は、「このジャンルに対する彼らの軽蔑の感情と矛盾する」というのが研究者の結論だ。「リアリティ番組の評判は視聴行動を持続的に妨げるものではない」[50]。

しかし後ろめたい楽しみということでも、一部の番組はほかよりずっと後ろめたいものらしい。正当性の頂点にいるのは、料理や室内装飾のリアリティ番組で、アメリカ中の待合室で流されている。たとえば新しいママ友から、チップとジョアンナ・ゲインズ夫妻の家のリフォーム番組『フィクサー・アッパー（Fixer Upper）』（HGTV、二〇一三年―二〇一七年）が大好きだという告白を聞くと、『スヌーキー&JWOWワウ』が好きでも同じように正直に話せただろうかという疑問が生じる。

あらためてはっきりさせておくと、ドキュメンタリー番組とリアリティ番組の主な違いは、前者が本質的に教育的な性質をもち、後者がおもに娯楽を目的としているということだ[51]。しかしそうしたカテゴリーのあいだにはずれがあり、ドキュメンタリー番組が楽しませることを追求したり、一部のリアリティ番組は、少なくとも名目上は教育を目指したりしている。楽しませると同時に教える子供向け番組に使われる〝エデュテインメント〟という言葉が、この二分論の間違いを明らかにしている。そしてリアリティ番組は、モデルの売り込みとは何か、家を売るときにどんな準備をするべきか、新商品を市場に出すにはどうしたらいいかといった、あらゆる種類のことを教えてくれる。『ル・ポールのドラアグ・レース』の〝しまう〟とか〝フィッシュ（女性のように見えるドラアグ・クイーン）〟、『トップ・シェフ』の〝分子料理学〟など、新しい語彙も広めてくれる。わたし自身、『スヌーキー&Jワウ』で卵の最も上手な割り方を学び、『リアル・ハウスワイフ・オブ・オレンジカウンティ』のヴィッキーを倣って、旅行の荷造りでは服を丸めるようになった。実際、TLCが一夫多妻婚や六つ子や低身長の人たちのネットワークとして売り出す前は、〝The Learning Channel（学びのチャンネル）〟の頭文字をとった略称だった。

どうやらリアリティ番組が、その先祖であるドキュメンタリー番組に近づくほど、あからさまに内容が教育的になるほど、正統性が高まるようだ。大学生を対象にしたある調査によれば、彼らは〝良い〟リアリティ番組と〝悪い〟リアリティ番組を区別している。良いとされるのは、「視聴者に役立つアイデアや助言を提供したり、参加者に二度目のチャンスを与えたり、楽しかったりおもしろかったりして、視聴者の生活に応用できる番組だ[52]」。『BADガールズ・クラブ〜クレイジーな集団生活〜』のような番組を〝ラチェット〟区分に放り込む一因は、番組が参加者のよくない行動に注目するが、その改善には取り組まないからだ。また別の研究でも同様に、視聴者はすべてのリアリティ番組を平等に評価しているのではなく、さまざまなサブジャンルの相対的な価値を評価している。イギリスのコミュニケーション研究者であるアネット・ヒルに対して、ある回答者はこう答えた。リアリティ番組に関して言えば、「ぜったいに観ないごみもあるし、観るかもしれないごみもあるし、ぜったいに観るごみもある[53]」

それでも、やはり〝ごみ〟は〝ごみ〟だ。番組の許容され方に幅はあれども、人々がこのジャンルをはっきりと〝後ろめたい楽しみ〟と呼ぶのには理由がある。わたしたちはそのラベルを特定の文化的な探求に限って使う。シェイクスピア劇やプルーストの読書会に参加することを〝後ろめたい楽しみ〟とは言わないだろう。いったい何が〝後ろめたい〟のだろう？

その問いにはさまざまな答えが存在する。もっともわかりやすいのは、それがためにならないからだろう。たまにある教育的な情報を除けば、リアリティ番組からは何も〝得られない〟。ところがプロスポーツにも知的な価値はないが、わたしたちはそれを〝後ろめたい楽しみ〟とは呼ばない。わたしたちがリアリティ番組を軽蔑するのにはほかの理由がある。出演しているのが〝下層階級〟のふるまいをする人々で、わたしたちにとっては好みのヒエラルキーを損なわずにいることが大事だから、またスポーツとは違い、男性よりも女性視聴者の観るジャンルであり、[54] 女性向けの文化的商品（〝チックフリックス〟〔女性向け映画〕〝チックリット〟〔女性向け小説〕）は価値を低く見られるから、単にわたしたちが後ろめたいと感じたがっているから。それはわが国の、焼け焦げてはいるがまだ健在な宗教的土台を照らし出す傾向だ。言うまでもなく、リアリティ番組にも価値がある。本書でわたしたちはこのジャンルをまるで美術館のように巡り、さまざまな所産の前で立ちどまって観察し、それらが及ぼす影響、またそれらが明らかにする文化的側面を考えてきた。

しかしわたしたちがリアリティ番組に対して後ろめたく感じる大きな理由は、その世界に住む人々の類型によっている。わたしたちは『バチェラー』にチャンネルを合わせるときに松明を手に集まったとしても、怪物のスティグマに汚されたように感じる。いっぽう、アスリートたちは社会的に称賛されることをしている。わたしたちはお気に入りの選手のユニフォームを着て、「わたしたち」のチームを応援するために集まってスポーツ観戦をしても、許容されざる行為をしているとは思わない。しかしリアリティ番組にはけっして消せない悪臭がつきまとう。それはどれだけ大勢の人が視聴しても、どれだけそのジャンルが現代社会の一部になっても変わらない。おそらくわたしたちがリアリティ番組を観ていると口に出して認めたがらないのは、参加者の行動がわたしたちを映し出していると考えているから――そして多分そうであると知っているからだ。

鍵を壊す

リアリティ番組は鍵を壊し、わたしたちが個人としてまた社会として隠している場所を勢いよく開けてしまう。そのやり方のひとつが、社会の規範を傍若無人に破る人々や、彼らがそんなことをする理由や、彼らを再びこちらに引き戻すためにどんなことがなされているかを見せることだ。リアリティ番組はわたしたちが逸脱を抑制するために、愛する人や個人の専門家や巨大機関を通じて用いる〝多彩なテクニック〟を明らかにする。また、わたしたちが誰を正統と認めるかだけでなく、そうした見方がどのように文化を形作っているかを教える。そしてリアリティ番組はそうした見解が社会的に構築されたものであっても、それがわたしたちの生活に極めて重要で、権力の分配や他者の扱いや自分の世界経験に影響するという意味で〝現実（リアル）〟だということを明らかにする。

　これらの番組は、キッチンから囚人まで、具体的に直す必要のあるものや人を視聴者に与える。また、社会の規範を押しのける人々も見せる。リアリティ番組のジャンルは、規範に従わないことの社会的な影響を明らかにし、わたしたちがいかに保守的なままかを教える。だがその裏返しに、人類の異種混交を強調する。そして公正を期して言えば、リアリティ番組はわたしたち全員を直そうとしていない――それを目指してもいない。たとえばパン職人の名作を再現しようとする素人たちをユーモアたっぷりに描いている『パーフェクト・スイーツ（Nailed It）』（ネットフリックス、二〇一八年―現在）では、失敗には活気があふれている。うまくできないことをみんなでいっしょに笑い飛ばす感じだ。

わたしたち自身の変わったところの戯画を提示することで、リアリティ番組は、社会がいかに正常のパラメーターを定めているのか、わたしたちがそうした変わりやすく微妙な境界をどのように出入りしているのかをはっきりと示す。最終的に、リアリティ番組のジャンルはわたしたちが明快だと思い込んでいる区別の曖昧さを明らかにする。わたしたちが正常と異常のあいだに引く境界線はいかなる普遍的な意味でも〝現実（リアル）〟ではない。そしてわたしたちが拒絶した怪物は、わたしたちが信じたがっているほどわたしたちと異なってはいない。誰でもチョコレートの縞模様のクッキー一袋を一気食いすれば非常識のカテゴリーに入る。

リアリティ番組は後ろめたいおやつと栄養のある食事の両方であり、正常と逸脱のあいだのねじれに位置している――参加者やわたしたち自身と同様に。そしてリアリティ番組の〝フリークショー的な〟底流は依然として強いままだが、リアリティ番組のスターたちはただの余興ではない。中には番組の最大の魅力である人たちもいる。彼らはわたしたちの欲望、行動、奇矯さの発火点だ。そしてしばらくのあいだ、そのうちのひとりが我が国を動かしていた。

結論

事実がねじまげられ、TVが真実として扱われるうちに、
確かに俺たちは無感覚になっている
U2、「ブラディ・サンデー」

大統領執務室でデスクの奥に腰掛けたドナルド・トランプ大統領が満面の笑みを浮かべ、両手を合わせている。トレードマークの片方に流したような髪が頭を覆っている。その隣には大統領とアメリカ国旗に挟まれてキム・カーダシアンが立っている。エクステが流れるように肩の上に載っている。「今日@KimKardasian とすばらしい会談。刑務所と量刑手続きの改革について話した」という大統領のツイートに添えられていた写真だ。(1)

これはリアリティ番組の一場面ではない。二〇一八年五月、主要報道機関はこぞってリアリティ番組の王さま二人の実社会での対面を報じた。そのひとりは世界最強国の実権を握っていた。リアリティ番組が文化的な空気に浸透すると、それが政治にも浸透するのは時間の問題だった。

リアリティ番組と政治、この二つの世界の組み合せは、最初は衝撃的に思われたかもしれない。リアリティ番組は一見、政治から離れた空間に見える。制作の早さ、現実の人々が今日的な問題に立ち向か

うというテーマを考えれば、リアリティ番組は政治に理想的な舞台だと思われるかもしれないが、政治の領域に踏み込むことはほとんどない。[3] たとえば、『バチェラー』の参加者たちは明らかに未来の配偶者を探しているが、彼らが中絶へのスタンスや移民や銃規制について話し合うことはない。あるいはそこに登場する人々はたんに政治に興味がないのかもしれない。〈サタデーナイトライヴ〉の寸劇「ヴァージン・ハンク」〔『バチェラー』のパロディー〕で、ナレーターが主役は「投票しない三〇人の女性の中からひとりを選ぶ」と述べたこともあるように。またそうした番組が、参加者とは信条の合わない視聴者を遠ざけたくないという可能性もある。

番組制作者たちは、視聴者が〝後ろめたい楽しみ〟を政治といっしょに観たがらないと考えているのかもしれない。たとえば『リアル・ハウスワイフ・オブ・ニューヨーク』で二〇一六年の大統領選挙についての話を取り入れたところ、多くの視聴者がオンラインの掲示板で退屈だと表明した。「わたしたちはボトックス注射やろれつの回らない口論を見に来ているのに、リアリティ番組をとおして国の重大事を追体験したくない」というのが、わたしが追っていた掲示板でほぼ一致した意見だった。続編の『リアル・ハウスワイフ』シリーズも、反人種差別デモやパンデミックにおけるマスク論争に焦点をあてて、似たようなうんざりした反応を引き起した。

そしてわたしたちの政治権力の中枢がリアリティ番組の墓場であることは、たぶん偶然ではない。ワシントンDCでの『ハウスワイフ』は一シーズンで打ち切りとなり、『リアル・ワールド』のワシントンDC版は、先に見たとおり、もっとも退屈なシーズンのひとつだと評価されている。「DCのシーズンをやったときは、オバマ大統領が就任して若い人々が政治に関わり、盛り上がっていたのに、番組は低迷した」共同制作者のジョナサン・マレーは説明する。「視聴者と話したら、『リアル・ワールド』にチャンネルを合わせるのは宗教談義のような深いことを見るためではないと言われた。そういうのを見たかったらCNNを見ると彼らは言うんだ」[4] マレーの言葉が興味深いのは、『リアル・ワールド』の初期には参加者はそうした話題についてしっかり話をしていたからだ。たとえば最初のシーズンのあるエピソードでは、ハウスメイトたちは二つの政治大会に参加し、一九九二年の大統領選に向けて気持ちを高めていた。[5] 当時と今の違いは、リアリティ番組のジャンルがドキュメンタリー形式からますます離れたこと、そして視聴者が番組に期待するものが変化したことを反映しているのだろう。

　しかしいっぽうで、大統領執務室からのツイートが示唆するように、リアリティ番組と政治という二つのメディアによる見世物はますます結びつきを強めている。たとえわたしたちがそれを画面で見ることはなくても。実社会では、台本のない娯楽は間違いなく昔から政治とつながっている。一九六八年、リチャード・ニクソンは『ローワン&マーティンズ・ラーフイン（Laugh-In）』〔コメディアンのダン・ローワンとディック・マーティンの司会でコメディの寸劇を中心に構成された番組〕に登場し、一九九二年、ビル・クリントンは『アルセニオ・ホール・ショー（Arsenio）』〔コメディアンのアルセニオ・ホールが司会をつとめる深夜のトークショー番組〕にサキソフォンを持ち込んだ。わたしが小学校に入学する前に出版された本の中で、文化批評家のニール・ポストマンは政治活動とショービジネスの堕落と社会の言説に対するその悪影響を嘆いた。彼は、わたしたちがどうして俳優のロナルド・レーガンを大統領に選んだのか、なぜジョージ・マクガバンやジェシー・ジャクソンがどちらも『サタデー・ナイト・ライブ（Saturday Night Live）』の司会をつとめたのかについて論じている。[6]

今日、リアリティ番組に出ている人物たちは画面から飛びだし、ソーシャルメディアに浸透し、わたしたちの政治的インフラの中で活動している。たとえば『リアル・ワールド～ボストン』に参加していたショーンは二〇〇二年から二〇一〇年までウィスコンシン州で地方検事として働いた。彼は『リアル・ワールド』のペドロのシーズンに出ていたレイチェルと結婚している。彼女は『ザ・ビュー（The View）』〔ABCの人気トークショー番組〕とフォックス・ニュースのコメンテーターになった。二〇一一年、スヌーキーは日焼けベッドに対する増税に関してオバマ大統領に向けてツイートし、そのツイートにジョン・マケインが支援する反応をしている。[7] 二〇一六年、オマロサ・マニゴールト・ニューマンは大統領選に出馬したトランプのアフリカ系アメリカ人アウトリーチの代理人と、その後の大統領補佐官を務めたあとで、『セレブリティ・ビッグ・ブラザー』に復帰した。二〇一八年には、ミネソタ州議会議員のドリュー・クリステンセンは、『バチェラー』の主役アーリ・ライエンダイク・Jrが番組内でミネソタ出身のベッカ・カフリンをふったことを受け、彼の州内立ち入り禁止法案を起草した。[8]二〇二〇年の大統領選挙期間中には、カーディ・Bがジョー・バイデンに政策案についてインタビューした。合衆国の外では、リアリティ番組という ジャンルと政治のつながりは厄介なものになる。アラブ世界におけるリアリティ番組は「激しい物議をかもし、街頭の暴動を引き起こしたり、高位の政治家の辞任を招いたり、聖職者が敵視する人にファトワ〔イスラム法に基づく宣告〕を出したり、メディア戦争を煽ったりした[9]」と、コミュニケーション学者のマーワン・クレイディは指摘している。

もしドナルド・トランプが『アプレンティス』でデスクの奥に座り、高級スーツに身を包んで声高に命令していなかったら、彼が成功していたかどうかはわからない。だがひとつ確実なのは、政治とリアリティ番組のつながりはトランプよりずっと前から存在していたとしても、彼はそのつながりを利用するのがとくにうまかったということだ。トランプのセルフ・ブランディングの取り組みはカーダシアン家に匹敵する。トレードマークである特徴的な髪型やキャッチフレーズ（たとえば「おまえはクビだ」や「#sad（残念だ）」）に加えて、トランプはたびたび政治的演説を利用して自身の所有する不動産に注目を集めてきた。二〇一六年の彼の選挙戦を報じたNPRの見出しがよく表しているように、「トランプはしばしば選挙戦のスポットライトを自分自身のブランドの宣伝に利用する」[10]。

選挙戦の初期から大統領任期中をとおして、トランプはリアリティ番組の重要な決まり事を自分の利益になるように使った。大雑把な特徴づけ（インチキメディア）を利用し、今でも続く人口統計的なステレオタイプを存続させている支配的なイメージ（悪いメキシコ人、嫌な女）を動員し、単純な筋書でわかりやすい悪役のいるいつもの物語（コロナウイルスは中国のせいだ）に頼った。トランプはうまく複数のプラットフォームを利用し、そのツイートは不名誉な記録として残っている。黙っていられないのか黙っていたくないのか、トランプは『リアル・ワイフ』の再会特番のようにディベートの相手が話している最中にしゃべり続ける。また、クリフハンガーや大暴露の手法を採用する。ツイッターでのじらしのあとで、最初の最高裁判事候補を明かしたのがその一例だ。その後、二番目の候補ブレット・カヴァナーの発表が放送されたのは、ABCであったが、似たようなタイプの見世物である『バチェロレッテ』とリアリティ・デート番組の『ザ・プロポーザル（The Proposal）』の放送の合間だった。〈ハフィントンポスト〉のあるライターは、この夜を〝リアリティ番組ショーの胸くそ悪くなりそうなターダッキン〔七面鳥に鴨と鶏とフィリングを詰めて焼く料理〕だ[11]〟と評した。トランプはリアリティ番組と同様に、女性や有色人種についてのステレオタイプを動員して笑わせ、聴衆の感情を刺激する。大統領任期中をとおしてずっと、トランプはわざと面倒を起こして、分断された国家の中で争いを煽り、〃分割支配〃を実践した。彼の劇的なこと好みは大統領任期の黄昏まで続き、ついには連邦議会議事堂への襲撃を駆り立てた。

トランプ大統領とその周囲は、何が本当に現実なのかについてのわたしたちの用心深さにつけ込んだ。この用心深さは政治とリアリティ番組の両方に対してよく見られる。トランプは、〃フェイク・ニュース〃や〃もうひとつの真実〃や〃加工された映像〃やQアノンやソーシャルメディアのボットがはびこる時代の、人々と現実との不安な関係を利用した。最近では、検証可能な事実に疑問をもつのは、月面着陸は嘘だったとかケネディ大統領暗殺の真犯人は緑濃い丘にいたとかいう話をするティーホイルハットをかぶった陰謀論者だけではない。そういう種類の考えは主流に移行し続け、ほかの面では普通の人々――郵便配達人や教師や従兄――が、民主党が主導する人身売買や児童性的虐待、ワクチンにマイクロチップが入っているというインターネットミームのシェアボタンをクリックして拡散する。

もちろん、わたしたちの客観的な現実の経験に疑いを挟んだのはトランプが最初ではないのは、古代哲学の概要を見ればわかる。実生活とショーの境目を曖昧にしたのもトランプが初めてではない。ジャーナリストで映画批評家のニール・ゲイブラーは一九九八年に出版された著書『ライフ――ザ・ムービー』の中で、実生活とアート（創作）には今や互換性があると論じた。「毎日、実生活というメディアは新しいエピソードを生み出す。毎日誰かがその使い方のより独創的な応用を発見する」[12]。ゲイブラーはO・J・シンプソン裁判やダイアナ妃の死のようなできごとに反応していたのだが、現在のわたしたちがどこを向いても、フィクションと事実が混じり合い成長した茂みに直面する。この展開をトランプやリアリティ番組だけのせいにすることはできないが、リアリティ番組のスターが大統領になったという事実は、創作と実生活の合成が続いているという重要な証拠だ。実際、その二つの境界をぼかすトランプの手腕は、わたしたちが何十年間もリアリティ番組を視聴し続けたせいで、あまり問題視されなかったのかもしれない。リアリティ番組のジャンルはわたしたちに、表向きは台本のないとされる〝現実(リアル)の〟コンテンツには、懐疑的な態度を組み合せなければならないことを教えた。

しかしもうひとつ、リアリティ番組とトランプのレトリックに共通するのは、消費者が引き寄せられるのに、それらが〝本当に現実(リアル)〟だと信じていなくても、それらに引きつけられてしまうということだ。トランプの事実との薄っぺらな関係については、多くのことが書かれてきた。二〇二一年、〈ワシントン・ポスト〉紙は、トランプは大統領任期中に三〇五七三の〝虚偽あるいは誤解を与える〟主張をしていたと報じた[13]。

しかしファクトチェッキングはそうした主張の流れを食い止めることはなかった。実際、〈ワシントン・ポスト〉紙が指摘したように、それらの主張の〝半数近く〟が大統領任期の最後の年になされた。ファクトチェッキングはトランプの支持基盤を不安定化させることもなかった。なぜなら人々がトランプを支持するのに、必ずしも彼の言うことを信じる必要はなかったからだ。コミュニケーション理論家のダナ・クラウドの指摘では、トランプの熱心な支持者は彼を〝言葉どおり〟ではなく、〝真剣〟に受けとめている。「彼の言葉は説得力のある議論というよりはむしろ、感情を呼び起こすように調整されている……信用できるかどうかの決めての一部は、聴衆の生活と苦労に響くかどうかにかかっている」

同様に、メディア学者のミーシャ・カヴカは、リアリティ番組は「認知的内容よりむしろ[14]、感情のレベルで働く」と。[15]

リアリティ番組を視聴する人々は、それを実生活の純粋な鏡だと見なさなくてもそれを楽しみ、共感を覚えることが可能だ。「リアリティ番組は本物を求めるわたしたちの欲望を刺激するが、本物であるかどうかは、逆説的に、見ているものが〝フィクションの〟要素によって構成され、それを含んでいることに対してどれだけ意識的に関わるかにかかっている」と、スーザン・マレーとローリー・ウレットは指摘している。[16] 番組自体がみずから加工していることをほのめかすこともある。一例をあげると、『The Hills～カリフォルニア・ガールのライフ・スタイル』の最終エピソードではカメラが引いて、制作用セットが映し出された。その後、複数の参加者たちが番組の内容は演出されていたと暴露している。[17] こうした暴露はスキャンダルになることはなく、『The Hills』は数年後に再制作された。明らかに何が現実かという概念をもてあそぶサブジャンルは、『ジョー・ミリオネラ』や『アイ・ウォナ・マリー・〝ハリー〟』のように虚偽の前提に基づいて作られるが、最終的には偽りがばれる。そのいっぽうで、リアリティ番組の慣習の一部を採用した台本のあるテレビ番組（『ジ・オフィス（The Office）』や『パークス・アンド・レクリエーション（Parks and Recreation）』や『モダンラブファミリー（Modern Family）』）は、現実と虚構を逆のやり方で織り合わせている。『リアル・ワールド』の〝現実の話〟だという前提さえ、それが実生活と創作のあいだのどこかに存在することを示唆していた。それは現実だが、一連の物語を伴う現実だ。

個人的には、リアリティ番組の〝本当に現実の〟瞬間、いわば光沢の中の染みを見つけるのが楽しい。

たとえば、キムがクロエに怒りをぶつけ、それが本気だとわかるとき。『ハウスワイフ』の参加者たちが再会特番で現実のショートメッセージを引っぱり出してそれを読み上げるとき。そうした番組に出ている子供たちが変わった、イメージに合わないことを言うとき。『それを着たらダメ』の参加者があまりにも感情的になり、通常は役を作り込んでいるホストが困ってカメラに目をやり、これはただのテレビ番組なのだと彼女に思い出させるとき。『スター・ウォーズ』の映画で熱狂的なファンがイースターエッグを探すように、わたしはそうした瞬間を見つけて満足する。そのような楽しみ方は万人向けではないかもしれないが、視聴者の多くは今ではそうした文化的商品がどのように生み出されるかを知っている。それはわたしたちのリアリティ番組の楽しみには欠くことのできないものなのだ。わたしたちは〝感情のレベル〟で反応する。それがリアリティ番組ではほとんど政治を見ることがない理由なのだろう。まじめで教育的なときもあるが、リアリティ番組の本質は何より楽しみが第一なのだから。

リアリティ番組がわたしたちについて語ること

わたしたちが楽しみのために視聴しているリアリティ番組は粛然と事実をあらわにする。このジャンルから引き出せる洞察は小さなものから大きなものまでピンからキリまであり、個人としてまた集団や機関としてのわたしたちについて、またわたしたちの生活を覆う広い権力構造について教えてくれる。これらの番組は、デュルケームによればわたしたちが強制され、逃れることができない社会的事実を見せる。わたしたちがどのように世界をカテゴリーに分け、そのカテゴリーに金銭、健康、名声、権力などの異なった社会財を付与しているかを明らかにする。わたしたちがいかに特定の文化的物語を前に押し出して、それらのカテゴリーが自然で正しいものであるかのように見せているかを示す。リアリティ番組はわたしたちが法で認められた結婚、本当の家族、本物の子供時代、正しい身体、許容される嗜好、いい娘、正しい性的指向について線引きするのに使う狭い境界を見せてくれる。パーティーや、過食や、ヴァギナの若返り等についての、こうした一見取るに足らない番組を視聴することによって、現状の正当性を認証することがいかに権力者を利するかがわかってくる。

アメリカ人は以前から〝伝統的な〟価値観が崩壊することを懸念しており、リアリティ番組のとんでもないはみ出し者たちはその崩壊の最先端だと見なされるかもしれない。しかし、保守的な集団がリアリティ番組の大部分を是認することは考えにくいが、リアリティ番組はアメリカの現代社会に脈打つもっとも古風な価値観あるものにとっての避難所なのだ。それらの番組は、たとえば家族や結婚やセックスや女性の役割や黒人の身体やクィアの人々についての伝統的な考えに、わたしたちがいかにがっちりと固執しているかを明らかにする。

そしてその点でも、リアリティ番組とドナルド・トランプは団結する。どちらも奇抜さに再包装された保守主義に依存している。トランプは、職業政治家ではない人物として政治の世界に登場した。〝沼の水を抜く〟ような型破りなやり方をする派手な芸人との触れ込みで。しかし実際には反逆者とはほど遠く、アメリカの文化に昔から大きな位置を占めていたイデオロギーを利用し、具体化しただけだ。たとえば、現代の米大統領らは外国人嫌いや人種差別的な政策（黒人とヒスパニックの人々の大量投獄につながる麻薬取締法など）を暗黙のうちに支持することが多かったが、トランプは〝ケツの穴〟のような国々からの移民の禁止に動き、制度的人種差別の存在そのものを否定して、シャーロッツヴィルの街頭でナチと反ナチのデモ隊が衝突したときには、報道機関に対して「どちらにも立派な人々」がいると述べた。さらに、歴代の大統領はジェンダーについて退行した考えをもってはいたが、トランプは女性の局所をつかんだと自慢するのを録音されている。ドナルド・トランプとリアリティ番組はどちらも、愉快かつ平凡な演出法でわたしたちの目をくらませる。すでにわが国全体に流れている価値観の極端な傾向を提供する。

そうした偏狭な世界観を実演することで、リアリティ番組はある意味、わたしたちの最悪な部分を映し出す。わたしたちは自分たちが語る物語によって不平等を維持し、そうした信念や慣習を子供たちに伝承する。わたしたちは他者を操り、他者によって操られることを容認する。幸福に至る道として、多くの物を購入し、物質的所有を重視する。過度にものごとにふける。子供たちを性的な存在にし、貧しい人や太った人を嘲笑し、この国に住む人々の一部を見えなくする。リアリティ番組は、わたしたちの文化の中では、数世紀前のステレオタイプがまるで大きな心臓のように今も拍動していることを明らかにする。わたしたちの人種差別主義、性差別主義、異性愛規範のにじみ出た束を取り出して、足元に置く。びっくりハウスの大きく歪んだ鏡に映るわたしたちは思っている以上に醜く、グロテスクだ。

わたしたちがこうした特定の内容を見たがるという事実も、わたしたちについていくつかのことを教えてくれる。第一に、ますます孤独が増した時代に生きていると感じられるかもしれないが、わたしたちは今でも本質的に社会的動物なのだ。デュルケムの時代には、人々は共通の利益、信念、儀式を通じて結びついており、わたしたちは今もそういったことを続けている。リアリティ番組だけで、わたしたちの社会としてのまとまりをつくるわけではないが、わたしたちを結びつける文化という太い縄の一本であることは間違いない。第二に、わたしたちがそうした醜く歪んだ像を見たがるという事実は、明快なカテゴリーや区別を求めていることを示している。トランプ人気を見ればわかるように、わたしたちは自然と個人の努力に基づく社会的ヒエラルキーについての単純な物語に安心する。反証をつきつけられても、わたしたちはしっかりした境界の存在を信じる。子供と大人、男性と女性、クィア男性とストレートの男性、悪人と善人。境界を踏み越えた人々——攻撃的な女性や、有色人種の富裕層や、趣味の悪い服装をする人や、殺人犯——がふたたび境界内に引き戻されるのをリアリティ番組で見て、わたしたちは安心する。

実際、リアリティ番組はたいていの場合間違いなく不快で、同時にそれを〝現実(リアル)〟として提示していることで、ほかのジャンルが臆病だったり礼儀正し過ぎたりして見せられない文化的ステレオタイプをさらけ出すことが可能だ。わたしたちはそれを貪欲に視聴する。ほかの文化的商品もわたしたちについて教えてくれるが、リアリティ番組は広範に前例のない規模でそれをする。あるいはほかのどのメディアよりも、人間の経験の幅をわたしたちに見せる。それらとのすき間にさえも、わたしたちは何者なのかを垣間見ることができる。

とは言え、もっとも退行的な価値観の一部がそうした番組の中を流れているとしても、つねにそうというわけではないし、そうである必要もない。どのエンターテイメントのメディアでもそうだが、台本のない番組にも進化する力が要る。本書では、リアリティ番組がドキュメンタリーをルーツとして生まれ、どんどん奇人変人を取り上げ、ますます複雑で挑発的なシナリオになっていく様を見てきた。しかしそれらの番組は、わたしたちの社会的意識に応じて変わることもできる。たとえば二〇二〇年、

Bravoの『ヴァンダーパンプ・ルールズ』の参加者の一部は、黒人の参加者仲間について警察に虚偽の通報をしたことで解雇され、また別の参加者は人種差別的ツイートをしたことでクビになった[18]。同じ年、CBSはアップデートし、同局のリアリティ番組の参加者の少なくとも半分は有色人種にすること、年間制作予算の四分の一以上を有色人種の人々が制作または共同制作するリアリティ番組に振り分けると発表した[19]。こうした努力は実体のないリップサービスだと疑われるかもしれないし、リアリティ番組では今もさまざまな形で人種間対立やステレオタイプ化を広め続けているが、そうした事例は、人種差別や多様性の受けいれに対するリアリティ番組制作者らの従来の姿勢が変化していることのあらわれだ。

実際、リアリティ番組は多くの点でもともと、生きること、考えること、世界を組織することの新たな方法を見せてくれる。先に見てきたように、より周縁的な番組、ラケル・ゲイツの言葉で〝テレビ化されたどぶ〟にあてはまる番組はとりわけそうだ。わたしたちはそうした番組――〝黒人の番組〟や、〝ゲイの番組〟や、遠隔地のネットワークで放映されるすき間市場向けのケーブルテレビ番組――をジャンル内の主流ではないと見なし、さまざまな理由であまり注目しないかもしれない。そうした指定そのものがわたしたちの古くからの社会的不平等を反映しており、あまり真剣に受けとめられないことによって、一種の自由が確保されている。これらの番組は、とくに、境界からはみ出して自由に物語を語る可能性を秘めている。

つまり、まだ望みは残っている。リアリティ番組が教えるのは、わたしたちがひどい人間だということだけではない。いっぽうでは社会的カテゴリー化の根強さとそれを支える物語の潜在性のしぶとさを示し、他方でわたしたちの経験と社会的制約を押し戻すわたしたちの能力のとてつもない多様性を明らかにする。リアリティ番組のゲイの描写は炭鉱のカナリアのような存在だった。台本のあるテレビ番組がやらなかったようなやり方で、黒人女性とトランスの人々に表現の場を提供した。家族やジェンダー表現についての新たな可能性を見せてくれた。リアリティ番組の教育的な価値は、わたしたちがいかに頑固であるかを示すだけではなく、さまざまなスナップショットを見せてくれる可能性にある。わたしはリアリティ番組のファンとして、その可能性を信じている。

リアリティ番組というジャンルはその歴史をとおして、台本のあるテレビ番組ではあまり見ることのない種類の人々を見せてきた。彼らの描写には問題があるかもしれないが、番組のスターたちはその創造力と粘り強さで、みずからのステレオタイプの範囲内で動いたり、暴露したり、逆手に取ったりもする。社会学的な想像力をもってリアリティ番組を見れば、社会的構造や機関や文化的物語というわたしたちを抑圧している強大な力がわかってくる。しかし同時に、わたしたちは必ずしも過去に規定されたり文化的物語に縛られたりする必要はないのだと、リアリティ番組は教えてくれる。リアリティ番組は、結婚の変化からマルチプラットフォームのブランド化まで、社会や技術の新たな発展の先端に立つことが多く、わたしたちが社会的な期待に対してどう感じるのか、そしてその圧力の下でわたしたちがどのように動くのかを、明らかにする。頭を低くして前に進むのだ。鏡はわたしたちの欠点を拡大して映すが、わたしたちの美しさ、わたしたちの生活、わたしたちの進化の極端な例も見せてくれる。

リアリティ番組の現実（リアル）

わたしが大学でリアリティ番組の社会学の授業をしていると言うと、「番組が全部作り物だと教えているのか」と聞かれることが多い。それは授業の本題ではないが、リアリティ番組では参加者が選ばれ、情報整理され、操作され、編集され、宣伝される過程を経て、制作者の指紋がべったりついているという事実を見落とすことはしない。そういう意味では、リアリティ番組もその他の文化的商品と同じだ。

それでもリアリティ番組は〝本当に現実〟なのかという質問は的はずれで、それらの番組が実際に教えてくれることを考慮していない。結局のところ、リアリティ番組はわたしたちに、あらゆる現実は社会的に構築されているのだと教えてくれる。何が〝現実〟なのかをわたしたちがどのように措定するのかを明らかにする。そしてその措定は、普遍的で生まれつきだと認知される。わたしたちがつくり、子供たちに伝承する規範を加工せずに強調した描写で、わたしたちの共同体の皮膚をめくり、わたしたちが尊重するものと、現実に見られる人とその見込みのない人を、血まみれで乱雑な形であらわにする。しかしリアリティ番組は次に、〝現実〟であるということは、じつは曖昧なのだと示す。いったんその曖昧さの顔を覗き込めれば、より広くわたしたちの生活を牛耳っている不安定な社会的フィクションが見えてくる。

わたしたちが現実として経験することはしばしば、普遍的でもなければ不変でもなく、伯爵夫人のルアンのように変化する混合物だ。誰が、または何が正当だと見られるのか？　社会の中心に座するのは誰で、周縁に押し込められるのは誰か？　本物の家族や現実の子供時代はどんなものなのか？　意地悪でも許されるのは誰か？　女性やセクシュアリティや人種的マイノリティや富や自分の身体や何が上品で何が下品なのかについて、わたしたちはどう考えるのか？　リアリティ番組は、わたしたちが世界を整理するために使うカテゴリーや意味が不安定な土台に立っていると教えてくれる。それらの措定は、重大な影響があるという意味で〝現実〟だ。つまり教育制度でどこまで上の学校に行くか、いくら稼ぐか、どこに住むか、どれくらい健康か、他人からどれほど尊敬されるか、いつ死ぬか、そうした影響がある。それらは、わたしたちがみずからのアイデンティティを考えるという観点では現実だ。しかし歴史を超越した不変という意味での〝現実〟ではない。最終的に、リアリティ番組というジャンルは、わたしたちの〝現実〟はおもに社会的現実であり、それは人間がつくり出したものだということをさらけ出す。

さらに、わたしたちがドナルド・トランプの大統領任期中に学んだことがあるとすれば、リアリティ番組で〝本当に現実（リアル）〟なのは、その影響だということだ。おそらく『アプレンティス』でホストを務めたことがトランプをホワイトハウスへと送りこむのに一役買っただけでなく、トランプがリアリティ番組のテクニックを使って支持率を維持しただけでもなく、彼の大統領の任期はリアリティ番組化していたと言っても過言ではない。最終的に、トランプの政権末期には、わたしたちはリアルタイムで、彼が支持者を煽り、興奮させるのを目撃した。窓が割られ、人命が失われ、事件は消せない傷痕を残した。歴史的には、トランプは二度弾劾裁判にかけられた。連邦議会議事堂襲撃におけるトランプの役割は、エンターテイメントと現実が見分けがつかないほど融合してウロボロス〔自分の尾を飲み込み、円形をなしている蛇または竜のこと〕になったらどうなるかという、とくに極端な一例だった。

しかしここまで見てきたように、そうした極端な例を見ることで、もっと小さな規模で日常的に起きている社会的プロセスをよく理解できる。そして社会的な影響を及ぼしたリアリティ番組はトランプ大統領だけではない。このジャンルはまったく異なる領域に影響を与えてきた。一〇代の妊娠率、刑務所改革、職業としての〝インスタグラマー〟の誕生…。リアリティ番組と監視文化には関係があるという結論づけた学者もいる。たとえばマーク・アンドレイヴィッチは、リアリティ番組は「監視がますます多くの利益を生み出す時代に、包括的な監視を受けいれる利点の宣伝として、うまく機能している。[20]リアリティ番組はこの文化の唯一の原因ではないが、この文化の道具として、また監視がおこなわれているのを見ることができる重要な場として機能している。注目すべきは、アンドレイヴィッチがこの論考を発表したのは二〇〇四年だったということだ。その年はフェイスブック（二〇〇四年）の幕開け、ツイッター（二〇〇六年）のできる前、スノーデンも、ウィキリークスも、ロシアのボットも、民主党全国委員会の電子メール漏洩も、家族よりも先に女性の妊娠を検知するオンラインアルゴリズムもない時代だった。[21]現在、わたしたちは前例のないやり方で公開された生活を送っており、自分自身の監視に備えているだけではなく、さまざまなやり方で積極的に参加している。キム・カーダシアンがメディアから〝女性のモノ化〟について訊かれて指摘したように、「……わたしが自分自身をモノ化しているとしても、それでいい気分よ[22]」。

わたしたち全員が結束バンドを手に議会議事堂を襲撃するわけではないが、リアリティ番組の素材とわたしたちが世界にどのように関与するかのあいだには、ほかにもつながりがある。三年間にわたって五〇〇人近くの青年を対象にした研究の結果、『テンプテーション・アイランド』、『バチェラー』、『ジョー・ミリオネラ』を視聴している女子はセクシュアリティについてお互いによく話し、男子は性的により活発であることがわかった。[23]別の研究では、『リアル・ハウスワイフ』や『16歳での妊娠』や『カーダシアン家のお騒がせセレブライフ』のような番組の視聴は、一〇代後半の若者のジェンダーや親密な関係に対する考えと関係があるという結果になった。たとえば、そうした番組を〝よく見る視聴者〟は「現実世界の女性は男性よりも不適切な行動（口論や噂話）をすることが多い[24]」と考える割合が高かった。それらの視聴者は現実の恋愛関係での争いを過剰に予想する傾向もあった[25]。また別の研究では、「富、名声、贅沢を称賛し、定期的にそれを描写する」『カーダシアン家のお騒がせセレブライフ』のような番組をよく見る視聴者は、「たまに見る視聴者よりもはるかに物質主義で反福祉的だ」[26]。リアリティ番組を見る人は、リアリティ番組を見ない人よりもゆきずりのセックスをする可能性が高く[27]、日焼けマシンを使ったり屋外で日焼けすることが多く[28]、よく酒を飲み[29]、温泉浴やデートに出かけることが多く[30]、ブログやビデオのシェアやソーシャルメディアの使用等、オンラインの活動が盛んだ[31]。

相関関係があったとしても、それは因果関係ではない――温泉浴や日焼けマシンを好む人々のタイプがたまたまリアリティ番組を楽しむ人々のタイプだという可能性もある――が、リアリティ番組のジャンルがそうした行動を促しているのは考えられないことではない。たとえば大学生を対象にしたある研究では、リアリティ番組を視聴する男性の一部はデートについて学ぶために見ていることが判明した[32]。別の研究では、視聴者は変身もののテレビ番組を見たことで美容整形を考えたと、はっきりと答えた[33]。本書の随所で論じているほかの研究でも、それらの番組と、視聴者のライフスタイルや価値観のあいだに因果関係があることははっきり示されている[34]。

あるいはこうしたことはすべて、驚きではなのかもしれない。メディア心理学者は以前から、視聴するテレビ番組が世界についての信念に影響すると実証しているのだから。ジョージ・ガーブナーによるメディア分析の〝教化理論〟は、「テレビの世界で〝生きる〟時間が長ければ長いほど、社会的現実はテレビの現実と一致すると考えるようになる」と論じている[35]。リアリティ番組は今や、テレビ全体の半分近くを占めるようになった[36]。もしそれがわたしたちの生活に影響を及ぼさずにいるとしたら、そのほうが驚きだ。好きでも嫌いでも、たくさん見てもまるで見なくても、リアリティ番組は今やわたしたちの一部になっている。わたしたちの文化のこだまであり、同時に影響が強力で、さまざまな方法でわたしたちを動かす。よい影響も与えている。たとえば倫理学者のディーニ・エリオットは、問題はあれども、リアリティ番組をより広い包容性のための道具として使えると論じている。このジャンルを通じて、人々は自分とは異なる人々の生活を見て、自分自身の価値観への理解を深め、民主的な行動をとることが可能になる。[37]

誤解のないように言うと、現在はそうした番組の制作倫理にこういったことはまったく取り入れられていない。視聴者として、わたしは『バチェラー』の参加者がまっすぐ立てないほど酔っぱらったところを撮影されたり、犯罪ノンフィクション番組が遺族の苦しみを娯楽に利用したりするのは気分がよくない。そして撮影プロセスは、参加者にとってもスタッフにとっても過酷になりかねない。よく知られていることだが、こうした比較的低予算の番組制作はプロの俳優や組合に加入したスタッフを雇わないことが多い――つまり搾取が起きやすいということだ。たとえば『トップ・シェフ』や『リアル・ハウスワイフ in オレンジカウンティ』や『バチェロレッテ』や『ビッグ・ブラザー』のような番組は、新型コロナ禍の真っただ中でも撮影が続けられた。人気のリアリティ番組で働いているある現場プロデューサーは、二〇二〇年九月の〈ヴァニティ・フェア〉誌のインタビューでこう述べた。「プロデューサーとスタッフは、この業界の最初からずっと使い捨てのもののように扱われてきた。新型コロナウイルスは、制作会社やテレビ局ができるだけ安く、そして早く解決しようとする問題のひとつに過ぎない[38]」道徳は本書のテーマではないが（社会学の務めは「訴えたり許したりすることではなく」というジンメルの言葉を思い出してほしい)、それらの番組がどのように作られ、どのように広められているかについて、最低限の、批判的倫理的まなざしをもって見ることが重要だ。

それでも、リアリティ番組のジャンルがほかでは舞台に上がることのない人々に声を与えてきたことを本書では見てきた。もっと広く考えれば、キャスリン・ロフトンが示唆するとおり、大衆文化を大事にすべき理由のひとつは、歴史的に見ればファシストの展開したプロパガンダのように、大災害を引き起すことがあったとしても、大衆文化が意味ある社会的変化を可能にすることもあるからだ[39]。わたしたちの欠点を誇張して見せることとで、わたしたちに行動の変化を促す。ジュリーが最初にタクシーから降りてニューヨーク市のロフトアパートメントに入ったとき、彼女はわたしたちの生活を変える何かの一部となった。このジャンルは、わたしたちの多くにとって、子供の頃からBGMであり、わたしたちはそのリズムに合わせて踊る。リズムはますます大きくなり、なくなる気配はない。

最後にひと言。わたしの望みは、本書を読んだみなさんがその音楽にじっと耳を傾け――そうした番組内の力学だけではなく、その他のメディアやわたしたちの日常生活の中で働く力学についても考えるようになることだ。それらがどんな目的を果たそうとしているのかを問い続けてもらうことだ。そしてときには、何が〝本当に現実(リアル)〟なのかと問うのではなく、何が現実で何が真実かについてのわたしたちの考えはいかにしてつくられているかという問いのほうが良い問いなのだと理解してもらうことだ。なぜなら、この〝後ろめたい楽しみ〟は、ある意味ではわたしたちにとって明らかに不健康だが、それだけではなく、文化面でのわたしたちが何者なのか、わたしたちはどこから来たのか、これからどこに向かおうとしているかを深く考えるのにもってこいの場でもあるのだから。

謝辞

本の執筆は社会的行為であり、下記にあげた人々は全員、本書の誕生に重要な役割を果たしてくれた。マーゴ・フレミングとブロックマンのチームが、わたしにこの本を書くように勧めてくれなければ、そもそも本書は生まれなかった。

本プロジェクトの価値を信じてくれたコリン・ディッカーマンと、本プロジェクトを拾いあげ、並走してくれたショーン・マクドナルド（そしてファラー・ストラウス・アンド・ジローのみんな）に感謝する。

執筆のための長期休暇および継続的な支援を与えてくれたリハイ大学社会・文化人類学部にもお礼を申しあげる。

わたしに最新の知識を授け、時代遅れな人間のように感じさせてくれた「リアリティ番組の社会学」クラスの生徒たちにも感謝する。

イレイナ・キーン、ジョン・コンド、ダニエル・ナネズ、シャイナ・スタインバーグ、アリソン・マイケルら、長年にわたり、一緒にリアリティ番組を視聴したり話したりしてくれた友人と同僚たちに感謝する。そうした番組をくだらないと思いながらもわたしを愛しわたしの仕事を応援してくれた友人と同僚たちにも。

言うまでもなくジェシカ・ヒコックにも。

キーブラー・ファッジ・ストライプ・クッキー、ありがとう。

リアリティ番組の制作者、参加した人々、視聴してその感想をソーシャルメディアやネットに投稿したファンのみなさんに感謝を捧げる。

わたしを支えてくれた夫のハンターは、今では『リアル・ハウスワイフ』の妻たち四人の名前を言えるようになった（もっとも「キム」はたまたま当たっただけらしい）。

そしてわたしが子供の頃、良い成績をとっている限り、好きなだけテレビを観させてくれた両親、ルイーズとブルースに感謝を。

註

序

*1 Kaufman 2018, 21.
*2 Johnson 2000.
*3 Bell 2010, 8.
*4 Dehnart 2018.
*5 Koppel 2001.
*6 Statista 2016.
*7 Lundy, Ruth, and Park 2008.
*8 Gerbner 1969; Signorielli and Morgan 1996, 117.
*9 Gerbner et al. 1986.
*10 Gerbner et al. 1986, 18.
*11 Montemurro 2008, 84.
*12 Butler 1999, 175–76.
*13 Becker 1963; Durkheim [1895] 2002; Epstein 1994; Goffman [1961] 2017.
*14 Donoff et al. 2012, 993.
*15 Kearney and Levine 2015.
*16 Corner 2002.
*17 Murray and Ouellette 2009, 4.
*18 Huff 2006, 10.
*19 Lenig 2017.
*20 Pozner 2010, 281–82.
*21 Kaufman 2013.
*22 Pozner 2010, 285.
*23 Lenig 2017, 3.
*24 Montemurro 2008; Murray and Ouellette 2009.
*25 Blickley 2018.
*26 Bignell 2005; Biressi and Nunn 2005; Cummings 2002; Holmes and Jermyn 2004; Kavka 2012; Kilborn 1994; Montemurro 2008; Murray 2004; Roth 2003.
*27 Kilborn 1994.
*28 Nabi et al. 2006.
*29 Calvert 2000.
*30 Lundy, Ruth, and Park 2008; Papacharissi and Mendelson 2007.
*31 Lenig 2017, 12; Papacharissi and Mendelson 2007.
*32 Stefanone, Lackaff, and Rosen 2010.
*33 Edwards 2013.
*34 Kaufman 2018, 102.
*35 Kaufman 2018, 164.
*36 Horton and Wohl 1956.
*37 Punyanunt-Carter 2010.
*38 Rose and Wood 2005, 284, drawing on Baudrillard 1983.
*39 Deery 2004, 1.
*40 Deery 2012, 2.
*41 Plaugic 2017.
*42 Kaufman 2018, 225.
*43 Deery 2012, 2.
*44 Thomas and Swaine Thomas 1928, 572.
*45 Abt and Mustazza 1997; Gamson 1998; Grindstaff 2002.
*46 Arnovitz 2004.
*47 Brown 2016.

＊48 Kaufman 2018.
＊49 Papacharissi and Mendelson 2007.
＊50 Adalian 2011.
＊51 Obama 2018.
＊52 Lofton 2017, 21.
＊53 Simmel [1903] 1971, 339.
＊54 Lundy, Ruth, and Park 2008.

1章 そんな野暮を言うのはやめて（自己）

＊1 The Real World 1992a.
＊2 Mills 1959.
＊3 Durkheim [1901] 1982, 52.
＊4 Durkheim [1897] 1951.
＊5 Mills 1959, 3.
＊6 Ouellette and Hay 2008; Weber 2009.
＊7 Simmel [1903] 1971, 329.
＊8 Breaking Amish 2012.
＊9 Simmel [1903] 1971, 326.
＊10 Durkheim [1901] 1982, 56.
＊11 Chudnofsky 2013.
＊12 Cooley 1922, 184.
＊13 Goffman 1959.
＊14 Murray and Ouellette 2009, 2.
＊15 Suggitt 2018.
＊16 Turner 2006.
＊17 Davis 2017; see also Warner 2015.
＊18 Pickens 2015, 41.
＊19 Kaufman 2018, 164.
＊20 Edwards 2013, 20.
＊21 The Real Housewives of New York City 2008.
＊22 The Real Housewives of New York City 2015a.
＊23 Gold 2015.
＊24 Dodes 2018.
＊25 The Real Housewives of New York City 2015b.
＊26 Rouse 2015.
＊27 The Real Housewives of New York City 2018.
＊28 Dodes 2018.
＊29 West and Zimmerman 1987, 128.
＊30 Valenzuela, Halpern and Katz 2014.
＊31 Goffman 1959. 32. Mead [1934] 1994.

2章 正しい理由でここにいる（カップル）

＊1 The Bachelor 2015.
＊2 Parker 2020.
＊3 Porter 2019.
＊4 Moors et al. 2013.
＊5 Krueger, Heckhausen, and Hundertmark 1995; Byrne and Carr 2005.
＊6 Bailey 1989.
＊7 Bailey 1989, 98.
＊8 The Bachelor 2014.
＊9 McNearney 2017.
＊10 Eastwick and Finkel 2008.
＊11 Cleveland, Fisher, and Sawyer 2015.
＊12 Bailey 1989, 94.
＊13 Fein and Schneider 1995.

＊14 The Millionaire Matchmaker 2008.
＊15 Bailey 1989, 87.
＊16 Wade 2017.
＊17 Bogle 2008; England and Thomas 2006; Wade 2017.
＊18 England and Thomas 2006, 147.
＊19 Yapalater 2016.
＊20 Yapalater 2016.
＊21 E. Johnson 2016.
＊22 Cato and Carpentier 2010.
＊23 https://www.youtube.com/watch?v=rjPVo564uxE.
＊24 Gardner 2012.
＊25 Ahmed and Matthes 2016; Durrheim et al. 2005; Gopaldas and Siebert 2018.
＊26 Dubrofsky 2006, 39.
＊27 Geiger and Livingston 2018.
＊28 Geiger and Livingston 2018; Michael et al. 1994; Wilcox and Wang 2017.
＊29 Ryan and Bauman 2016; Williams and Emamdjomeh 2018.
＊30 Fiore and Donath 2005; Lin and Lundquist 2013.
＊31 Bialik 2017.
＊32 Aurthur 2017.
＊33 Coontz 2005, 5–6.
＊34 Cherlin 2004.
＊35 Cherlin 2004, 851.
＊36 Cherlin 2009.
＊37 90 Day Fiancé: Happily Ever After? 2018.
＊38 Hagi 2017.
＊39 Roca 2017.
＊40 Longo 2018, 469.
＊41 Longo 2018, 469.
＊42 Pearce, Clifford, and Tandon 2011.
＊43 Longo 2018, 487.
＊44 Rubin 1999, 151.
＊45 Wang and Parker 2014.
＊46 Edin and Kefalas 2011.
＊47 Cherlin 2004, 848.
＊48 Love Is Blind 2020.
＊49 Kerr 2019.
＊50 R. Johnson 2016.
＊51 Lawless and Italie 2020.

3章　友だちをつくるためにここに来たわけじゃない（集団）

＊1 Survivor 2000a.
＊2 Simmel 1964, 22.
＊3 Simmel 1964, 134.
＊4 Naked and Afraid 2013.
＊5 Simmel 1964, 136.
＊6 Simmel 1964, 156.
＊7 Survivor 2000b.
＊8 Simmel 1964, 134.
＊9 Simmel 1964, 134.
＊10 Top Chef 2007.
＊11 Durkheim [1897] 1951.
＊12 Durkheim [1901] 1982, 52–53.
＊13 Durkheim [1901] 1982, 53.

4章 キムは、いつも遅れて来る（家族）

＊1 Keeping Up with the Kardashians 2007.
＊2 Spector 2015.
＊3 Lofton 2017, 186.
＊4 Goode 2006, 18.
＊5 Goode 2006, 19.
＊6 Keeping Up with the Kardashians 2007.
＊7 Cherlin 2004.
＊8 Amato et al. 2007; Cherlin 2004, 2009; Coontz 2005.
＊9 Thornton and Young-DeMarco 2001.
＊10 Amato 2007, 207.
＊11 Cherlin 2004.
＊12 Cherlin 2004.
＊13 Sister Wives 2010.
＊14 Sister Wives 2016.
＊15 Hays 1996.
＊16 Hays 1996, 20; drawing on Whiting and Edwards 1988.
＊17 Hays 1996, 27.
＊18 Coontz 2000, 288.
＊19 Hays 1996, 29.
＊20 Yahr 2014.
＊21 Whiting 2013.
＊22 Duh 2017.
＊23 Ghahremani 2012.
＊24 Alvarez 2018.
＊25 France 2018.
＊26 Celebrity Wife Swap 2012.
＊27 Hays 1996, 21.
＊28 Supernanny 2005.
＊29 Lareau 2002, 747.
＊30 Crimesider Staff 2015.
＊31 Gates 2017.
＊32 Gates 2017.
＊33 Gates 2017.
＊34 Dunn n.d.
＊35 Harris-Perry 2011, 114.
＊36 PBS n.d.
＊37 Muñoz 1998.
＊38 Weston 1997.
＊39 Flores 2017.
＊40 Hurtado 2018.
＊41 Engstrom and Semic 2003, 145.
＊42 Pew Research Forum 2015.
＊43 Cherlin 2010.
＊44 Cherlin 2004, 853.
＊45 Edwards 2013, 5.

5章 輝いて、ベイビー！（子供時代）

＊1 Toddlers & Tiaras 2009b.
＊2 Mintz 2010.
＊3 Mintz 2010.
＊4 Mintz 2010, 65.
＊5 Mintz 2010, 58.
＊6 Mintz 2010, 58.
＊7 Mintz 2010, 58.
＊8 Hays 1996, 20.

*9 Hays 1996, 24.
*10 Hays 1996, 40; citing Vincent 1951, 205.
*11 Toddlers & Tiaras 2011b.
*12 Toddlers & Tiaras 2011a.
*13 Chopped Junior 2016.
*14 Fair et al. 2009.
*15 Bannon 2008.
*16 Duggar et al. 2014, 92.
*17 Mitovich 2015.
*18 Brückner, Martin, and Bearman 2004, 249.
*19 Terry-Humen, Manlove, and Moore 2005.
*20 Jaffee et al. 2001.
*21 Schalet 2006, 132.
*22 Schalet 2006.
*23 Guttmacher Institute 2019.
*24 Sexuality Information and Education Council of the United States 2018.
*25 Stanger-Hall and Hall 2011.
*26 Foucault 1990, 27.
*27 Kane 2006, 162–63.
*28 16 and Pregnant 2010.
*29 Kirby and Lepore 2007.
*30 Kost and Henshaw 2014.
*31 Mintz 2010, 59.
*32 Mintz 2010.
*33 Bourdieu 1984.
*34 Bourdieu 1986.
*35 Davis-Kean 2005.
*36 Child Genius 2015a.
*37 Lareau 2002, 747.
*38 Child Genius 2015b.
*39 McBee 2006.
*40 Lareau 2002, 747.
*41 Levey Friedman 2013, 92.
*42 Levey Friedman 2013, 92.

6章　あなたの嗜好レベルを疑う（階級）

*1 Toddlers & Tiaras 2012.
*2 Deery 2012, 4.
*3 Kraszewski 2017.
*4 Marx and Engels [1848] 1994.
*5 Marx [1852] 1994.
*6 Undercover Boss 2012.
*7 Marx 1867.
*8 Marx and Engels [1846] 1994.
*9 Weber [1922] 1968.
*10 Harris Insights and Analytics 2014.
*11 https://www.youtube.com/watch?v=5YMV05HosIo.
*12 Weber [1922] 1968.
*13 Harris Insights and Analytics 2014.
*14 Mejia 2018.
*15 Collins 1990.
*16 Here Comes Honey Boo Boo 2012.
*17 Bloomquist 2015, 412.
*18 Lena 2019, 119.
*19 Lena 2019, 121.

＊20 Lenig 2017, 164.
＊21 Deadline Team 2013.
＊22 Skeggs, Thumim, and Wood 2008, 9.
＊23 Allen and Mendick 2013, 469.
＊24 Calvert 2000; Nabi et al. 2006.
＊25 Lena 2019.
＊26 Zulkey 2012.
＊27 Poniewozik 2012.
＊28 Bourdieu 1986, 48.
＊29 Glasser, Robnett, and Feliciano 2009.
＊30 Czerniawski 2012.
＊31 Czerniawski 2012, 130.
＊32 Wegenstein and Ruck 2011.
＊33 Allen and Mendick 2013, 462; see also Skeggs 2009.
＊34 Weber 2009, 79.
＊35 Bourdieu 1984, 99.
＊36 Project Runway 2019b.
＊37 Project Runway 2019a.
＊38 Weber [1904] 2012.
＊39 Conley 2017, 107.
＊40 Lenig 2017.
＊41 Bourdieu 1984, 101.
＊42 The Real Housewives of Beverly Hills 2011.
＊43 The Real Housewives of Beverly Hills 2012.
＊44 Duck Dynasty 2012.
＊45 Umstead 2013.
＊46 Katz 2016.
＊47 O'Connor 2013.
＊48 Jennings 2019.
＊49 Lena 2019; see also López-Sintas and Katz-Gerro 2005.
＊50 DiMaggio 1987, 444.
＊51 Peterson and Simkus 1992.
＊52 Lena 2019, 6–7; see also Peterson and Kern 1996.
＊53 Lundy, Ruth, and Park 2008; Papacharissi and Mendelson 2007.
＊54 Lundy, Ruth, and Park 2008.
＊55 Nussbaum 2016.
＊56 The Real Housewives of New York City 2015c.
＊57 de Moraes and Bloom 2014.
＊58 Maglio 2018.
＊59 Robehmed 2018.
＊60 Casserly 2011.
＊61 Lena 2019.
＊62 Lena 2019, ix; see also Johnston and Baumann 2007.
＊63 Maglio 2018.
＊64 Lena 2019.
＊65 Bourdieu 1984, 110.
＊66 Kochhar 2018.
＊67 Clark 2015.
＊68 Carnevale et al. 2019.

7章　誰がわたしをチェックするって？　ブー？（人種）

＊1 The Real Housewives of Atlanta 2009.
＊2 Thomas 2005.
＊3 Lefebvre [1991] 2014, 289.
＊4 Bureau of Labor Statistics 2019.

*5 Sakala 2014.
*6 Wagner 2017.
*7 Massey and Denton 1993.
*8 Massey and Denton 1993.
*9 Wilkerson 2020, 17.
*10 Gates 2018, 147.
*11 Kaufman 2018, 103.
*12 Quinn 2017.
*13 Harris 2015, 26; Palmer-Mehta and Haliliuc 2009; Pozner 2010.
*14 Bloomquist 2015, 411.
*15 Blistein 2018.
*16 Simon, Sidner, and Ellis 2019.
*17 Framke and Abad-Santos 2015.
*18 Teeman 2018.
*19 The Challenge: Battle of the Exes 2012.
*20 Morrissey 2012.
*21 Coleman 2014.
*22 Palmer-Mehta and Haliliuc 2009, 89–90.
*23 Simien 2014, 43.
*24 Crenshaw 1989.
*25 McCall 2005.
*26 Smith-Shomade 2002.
*27 Lemons 1977, 104.
*28 Lemons 1977, 102.
*29 Palmer-Mehta and Haliliuc 2009, 91.
*30 The Real World 1993.
*31 Orbe 1998, 35.
*32 Collins 2004, 56.
*33 Campbell et al. 2008.
*34 I Love New York 2007.
*35 West 2018, 148–49.
*36 Allison 2016, xxi.
*37 Allison 2016, xxii.
*38 Adelabu 2015; Harris 2015.
*39 Collins 1990.
*40 Pager and Karafin 2009, 70; citing Kirschenman and Neckerman 1991; Moss and Tilly 2001; and Wilson 1996.
*41 Bertrand and Mullainathan 2004.
*42 Wilson, Hugenberg, and Rule 2017.
*43 Hegewisch and Hartmann 2019.
*44 Anderson 2018.
*45 Xu et al. 2018, 10.
*46 Lemons 1977, 102.
*47 Harris 2015, 20.
*48 Married to Medicine 2013.
*49 hooks 1981, 55.
*50 America's Next Top Model 2004.
*51 America's Next Top Model 2005a.
*52 America's Next Top Model 2005b.
*53 Crenshaw 1989.
*54 Ettachfini 2019.
*55 Dubrofsky 2006.
*56 Dehnart 2007.
*57 Dehnart 2018.
*58 Lichter and Amundson 2018.

＊59 Park et al. 2015.
＊60 Lichter and Amundson 2018; Park et al. 2015.
＊61 Flores 2017.
＊62 Fernandez 2013.
＊63 Lichter and Amundson 2018, 70.
＊64 Smith-Shomade 2002.
＊65 Jenkins 2017, 77.
＊66 Tejada 2017.
＊67 Pew Research Center 2015.
＊68 Wong et al. 2012.
＊69 Wang 2010, 404.
＊70 López, Ruiz, and Patten 2017.
＊71 Hamamoto 1994, 4.
＊72 Students for Fair Admissions, Inc. v. President and Fellows of Harvard College 2018.
＊73 Simien 2014.
＊74 Allison 2016, xxi.
＊75 Boylorn 2008, 430.
＊76 Gates 2018.
＊77 Warner 2015.
＊78 Grossman 2012.
＊79 Dance Moms 2012b.
＊80 DuBois 1903, 2.
＊81 Gamson 1998, 19.
＊82 Whiting, Campbell, and Pearson-McNeil 2013, 16.
＊83 Whiting, Campbell, and Pearson-McNeil 2013, 17.
＊84 Allison 2016, xxiv.
＊85 Brown Givens and Monahan 2005.
＊86 https://en.wikipedia.org/wiki/Controversy_and_criticism_of_Jersey_Shore.
＊87 Conley 2017.
＊88 Gonzalez-Barrera and Lopez 2015.
＊89 Gates 2017.
＊90 Fernandez 2013.
＊91 Snooki & Jwoww: Moms with Attitude 2019.
＊92 Snooki & Jwoww: Moms with Attitude 2019.
＊93 Cillizza 2019.
＊94 Mill and Stein 2016.
＊95 Ignatiev 2012.
＊96 Conley 2017.
＊97 Thomas and Swaine Thomas 1928, 572.

8章　みんな裸で生まれた……（ジェンダー）

＊1 RuPaul's Drag Race 2011.
＊2 West and Zimmerman 1987.
＊3 Intersex Society of North America 2008.
＊4 Laqueur 1990.
＊5 West and Zimmerman 1987.
＊6 Toddlers & Tiaras 2009a.
＊7 Risman 2004, 429.
＊8 Butler 1999, 175, emphasis in original.
＊9 West and Zimmerman 1987.
＊10 Framke 2018.
＊11 Naked and Afraid 2013.
＊12 Biegert 2017.
＊13 Weber 2016, quoting Kristi Russell.

*14 Brown 2017; Praderio 2018.
*15 Rubin 1975, 179.
*16 Lorber 1994, 37.
*17 Lorber 1994, 33.
*18 17 Kids and Counting 2008.
*19 Cleveland, Fisher, and Sawyer 2015.
*20 United States Bureau of Labor Statistics 2008.
*21 Anderson, Binder, and Krause 2002; Avellar and Smock 2003; Budig and England 2001.
*22 Mattingly and Bianchi 2003.
*23 Bittman and Wacjman 2000.
*24 Hartmann 1979, 3.
*25 Hartmann 1979, 14.
*26 Toossi and Morisi 2017.
*27 Bianchi et al. 2000.
*28 Mahajan et al. 2020.
*29 Lévi-Strauss [1949] 1994.
*30 Hamilton, Geist, and Powell 2011, 157.
*31 The Millionaire Matchmaker 2008.
*32 James et al. 2016; Wirtz et al. 2020, 227.
*33 Victory Institute 2019, 5.
*34 My Strange Addiction 2010.
*35 Parreñas 2001, 78.
*36 Garrity 2019.
*37 Stokes 2018.
*38 Barber, Foley, and Jones 1999.
*39 Eagly, Makhijani, and Klonsky 1992, 3.
*40 Eagly and Karau 2002; Heilman et al. 2004.
*41 Doyle 2016.
*42 Nelson 2016.
*43 Steffensmeier and Demuth 2000; Everett and Wojtkiewicz 2002.
*44 Pager 2003.
*45 Abramovitch 2018.
*46 Holmes 2018; Leah 2018.
*47 Toffel 1996.
*48 Snapped 2011.
*49 Butler 1999, 175–76.

9章 食べ物、お酒、そしてゲイ（セクシュアリティ）

*1 Are You the One? 2019.
*2 GLAAD 2019.
*3 Conley 2017, A-11.
*4 Rubin 1975.
*5 Foucault 1990, 17.
*6 Foucault 1990, 11.
*7 HRC staff 2015.
*8 Marx and Engels [1846] 1994, 15.
*9 Rubin 1975, 179.
*10 Foucault 1990.
*11 Weston 1997.
*12 Himberg 2014, 296, citing personal communication with Amy Shpall.
*13 Greene 2014.
*14 Rubin 1999, 151.
*15 Geiger, Harwood, and Hummert 2006; Herek 1984;

Vaughn et al. 2017.
＊16 Riese 2019.
＊17 A Shot at Love with Tila Tequila 2007a.
＊18 A Shot at Love with Tila Tequila 2007b.
＊19 https://www.youtube.com/watch?v=mWLVXWLN4-s.
＊20 Nordyke 2007.
＊21 For example: Callis 2014; Richter 2011; Suhr 2012.
＊22 Fredrickson and Roberts 1997.
＊23 Fredrickson and Roberts 1997.
＊24 Rivers, Barnett, and Baruch 1979; Duckett, Raffaelli, and Richards 1989.
＊25 Phares, Steinberg, and Thompson 2004, 421.
＊26 Statista 2019.
＊27 Martins, Tiggemann, and Kirkbride 2007, 634.
＊28 Fredrickson et al. 1998.
＊29 France 2017.
＊30 The Real World 2009a.
＊31 Eliason 1997, 318.
＊32 Bennett 1992.
＊33 Callis 2013.
＊34 The Real World 2009b.
＊35 Garber 1995.
＊36 A Shot at Love with Tila Tequila 2007b.
＊37 Eliason 1997.
＊38 Eliason 2000, 149.
＊39 McClean 2008.
＊40 Pew Research Center 2017.
＊41 Callis 2013.
＊42 Eliason 2000, 149.
＊43 Associated Press 2018.
＊44 Groom 2008.
＊45 Jersey Shore: Family Vacation 2018.
＊46 The Real Housewives of Orange County 2011.
＊47 https://www.urbandictionary.com/define.php?term=pocket+gay.
＊48 https://www.merriam-webster.com/dictionary/gay.
＊49 Sanders et al. 2015.
＊50 Foucault 1990, 43.
＊51 Rubin 1999, 171.
＊52 Kavka 2008, 130; see also Pullen 2006.
＊53 Muñoz 1998, 154, quoting Bill Clinton.
＊54 Advocate.com editors 2004.
＊55 Morrissey 2010.
＊56 Gates 2018, 150.

10章 バッド・ボーイズ、バッド・ボーイズ（逸脱）

＊1 My Strange Addiction 2011.
＊2 Epstein 1994; Lindemann 2012, 2019.
＊3 Garfinkel 1964.
＊4 Becker 1963, 12.
＊5 Durkheim [1895] 2002.
＊6 Becker 1953.
＊7 Sutherland and Cressey 1966.
＊8 Hutcherson 2012.
＊9 My Big Fat American Gypsy Wedding 2012.
＊10 Merton 1938, 1968.

＊11 Merton 1938, 676.
＊12 Lewis 2008.
＊13 Goffman 1963, 2.
＊14 Goffman 1963, 3.
＊15 Goffman 1963, 3.
＊16 Hoarding: Buried Alive 2010.
＊17 Goffman 1963, 9.
＊18 Goffman 1963, 9.
＊19 Lockdown 2007.
＊20 Foucault 1990, 11.
＊21 Foucault 1995, 141.
＊22 Foucault 1995, 143.
＊23 Foucault 1995, 143–44.
＊24 Foucault 1995, 143.
＊25 Foucault 1995, 149.
＊26 Andreeva 2011.
＊27 Schneider 2019.
＊28 Pariona 2018.
＊29 Sawyer and Wagner 2019.
＊30 The Sentencing Project 2019.
＊31 Bureau of Justice Statistics 2016.
＊32 Tilly 1999, 257.
＊33 Tilly 1999.
＊34 Collins 2004, 158.
＊35 Bass 2001.
＊36 The Sentencing Project 2019.
＊37 Nellis 2016.
＊38 Harris 1999; Mitchell and Caudy 2015.
＊39 Everett and Wojtkiewicz 2002; Steffensmeier and Demuth 2000.
＊40 Live PD 2020.
＊41 Callanan and Rosenberger 2011; Eschholz et al. 2002.
＊42 Durkheim [1895] 2002.
＊43 Durkheim [1895] 2002.
＊44 Durkheim [1895] 2002.
＊45 Chemers 2016.
＊46 Chemers 2016.
＊47 Lundy, Ruth, and Park 2008; Papacharissi and Mendelson 2007.
＊48 Lemert 1999.
＊49 Lemert 1999, 387.
＊50 Nabi et al. 2006, 428.
＊51 Kilborn 1994.
＊52 Lundy, Ruth, and Park 2008, 215.
＊53 Hill 2015, 4.
＊54 Statista 2016.

結論

＊1 Donald J. Trump (@realDonaldTrump), "Great meeting with @KimKardashian today, talked about prison reform and sentencing," Twitter, May 30, 2018, 6:59 p.m., https://twitter.com/realDonaldTrump/status/1001961235838103552 (account now suspended).
＊2 Edwards 2013, 3.
＊3 Biressi and Nunn 2005.
＊4 Adalian 2011.

*5 The Real World 1992b.
*6 Postman [1985] 2005, 4.
*7 CNN 2011.
*8 Walsh 2018.
*9 Kraidy 2010, 3.
*10 Anderson 2016.
*11 Fallon 2018.
*12 Gabler 1998, 10.
*13 Kessler 2021.
*14 Cloud 2018, x.
*15 Kavka 2008, x.
*16 Murray and Ouellette 2009, 7.
*17 Corinthios 2019.
*18 Aurthur and Wagmeister 2020.
*19 Hauser 2020.
*20 Andrejevic 2004, 2–3.
*21 Hill 2012.
*22 Hind and Shenton 2015, quoting Kim Kardashian.
*23 Vandenbosch and Eggermont 2011.
*24 Riddle and De Simone 2013, 237.
*25 Riddle and De Simone 2013.
*26 Leyva 2018, 1.
*27 Fogel and Kovalenko 2013.
*28 Fogel and Krausz 2013.
*29 Ferris et al. 2007.
*30 Ferris et al. 2007.
*31 Stefanone and Lackaff 2009; Stefanone, Lackaff, and Rosen 2010.
*32 Zurbriggen and Morgan 2006.
*33 Crockett, Pruzinsky, and Persing 2007.
*34 Domoff et al. 2012.
*35 Riddle and De Simone 2013, 238, citing Gerbner 1969; see also Signorielli and Morgan 1996.
*36 Dehnart 2018.
*37 Elliott 2012, 144–45.
*38 Press 2020. 39. Lofton 2017.

参考文献

Abramovitch, Seth. 2018. "'Lines Got Blurred': Jeffrey Tambor and an Up-Close Look at Harassment Claims on 'Transparent'." Hollywood Reporter, May 7. https://www.hollywoodreporter.com/features/lines-got-blurred-jeffrey-tambor-an-up-close-look-at-harassment-claims-transparent-1108939

Abt, Vicki, and Leonard Muztazza 1997. Coming After Oprah: Cultural Fallout in the Age of the

Television Talk Show. Bowling Green, OH: Bowling Green University Popular Press.

Adalian, Josef. 2011. "Jonathan Murray on 25 Seasons of the Reality Hot-Tub Groundbreaker." New York, March 9. https://www.vulture.com/2011/03/the_real_world_last_vegas_jona.html

Adelabu, Detris H. 2015. "Homes Without Walls Families Without Boundaries: How Family Participation in Reality Television Impacts Children's Development." In Real Sister: Stereotypes, Respectability, and Black Women in Reality TV, edited by J. Ward Ellis, 86-101. New Brunswick, NJ: Rutgers University Press.

Advocate.com Editors. 2004. "Pride, Patriotism, and Queer Eye." The Advocate, June 8. https://www.advocate.com/news/2004/06/08/pride-patriotism-and-queer-eye

Ahmed, Saifuddin, and Jörg Matthes. 2016. "Media Representation of Muslims and Islam from 2000 to 2015: A Metaanalysis." International Communication Gazette 79, no. 3: 219–244. doi: 10.1177/1748048516656305

Allen, Kim and Heather Mendick. 2013. "Keeping It Real? Social Class, Young People and 'Authenticity' in Reality TV." Sociology. 47, no. 3: 460-476. doi: 10.1177/0038038512448563.

Allison, Donnetrice C. 2016. "Introduction: A Historical Overview." In Black Women's Portrayals on Reality Television: The New Sapphire, edited by Donnetrice C. Allison, ix-xxix. New York: Lexington.

Alvarez, Barbara. 2018. "15 Questionable Pics of Kate Gosselin." BabyGaga, January 16. https://www.babygaga.com/15-pics-of-kate-gosselin/

Amato, Paul, Alan Booth, David Johnson, and Stacy Rogers. 2007. Alone Together: How

Marriage in America is Changing. Cambridge, MA: Harvard University Press.

America's Next Top Model. 2004. season 3, episode 1, "The Girl with the Secret," UPN.

America's Next Top Model. 2005a. season 4, episode 1, "The Girl Who Is a Lady Kat. . .Reow!" UPN.

America's Next Top Model. 2005b. season 4, episode 7, "The Girl Who Sends Tyra Over the Edge" UPN.

Anderson, Deborah J., Melissa Binder, and Kate Krause. 2002. "The Motherhood Wage Penalty:

Which Mothers Pay It and Why?" The American Economic Review 92, no. 2: 354–58.

https://www.jstor.org/stable/3083431

Anderson, Meg. 2016. "Trump Often Uses the Campaign Spotlight To Promote His Own Brand." NPR, October 26. https://www.npr.org/2016/10/26/499441383/trump-often-uses-the-campaign-spotlight-to-promote-his-own-brand

Anderson, Sarah. 2018. "Five Charts that Show Why We Need to Tackle Gender Justice and Poverty Together." Institute for Policy Studies, May 17. https://ips-dc.org/five-charts-show-need-tackle-gender-justice-poverty-together/.

Andreeva, Nellie. 2011. "Fox Cancels 'America's Most Wanted' As Series, John Walsh Is Shopping It Around." Deadline, May 16. https://deadline.com/2011/05/fox-cancels-americas-most-wanted-as-series-john-walsh-is-shopping-it-around-132461/

Andrejevic, Mark. 2004. Reality TV: The Work of Being Watched. New York: Rowman & Littlefield.

Are You the One? 2019. season 8, episode 1, "Come One, Come All Part 1," MTV.

Arnovitz, Kevin. 2004. "Virtual Dictionary: A Guide to the Language of Reality TV." Slate, September 14. https://slate.com/news-and-politics/2004/09/a-reality-tv-lexicon.html

Associated Press. 2018. "Kathy Griffin to be Honored by West Hollywood for LGBTQ Activism." USA Today, June 5. https://www.usatoday.com/story/life/people/2018/06/05/kathy-griffin-honored-west-hollywood-lgbtq-activism/672139002/

Aurthur, Kate. 2017. "'The Bachelorette' Ratings Are Falling Hard." Buzzfeed News, July 11.

https://www.buzzfeednews.com/article/kateaurthur/the-bachelorette-ratings-are-falling-hard#.boggo9JZa

Aurthur, Kate, and Elizabeth Wagmeister. 2020. "'Vanderpump Rules' Fires Stassi Schroeder and Kristen Doute For Racist Actions." Vanity Fair, June 9. https://variety.com/2020/tv/news/stassi-schroeder-kristen-doute-fired-vanderpump-rules-1234629172/

Avellar, Sarah, and Pamela J. Smock. 2003. "Has the Price of Motherhood Declined over Time? A Cross - Cohort Comparison of the Motherhood Wage Penalty." Journal of Marriage and Family 65, no. 3: 597–607. https://doi.org/10.1111/j.1741-3737.2003.00597.x

The Bachelor. 2014. season 18, episode 9, "Week 9: Saint Lucia," ABC.

The Bachelor. 2015. season 19, episode 2, "Week 2: Tractor Race," ABC.

Bailey, Beth. 1989. From Front Porch to Back Seat: Courtship in 20th-Century America. Baltimore, MD: Johns Hopkins Press.

Bannon, Anne Louise. 2008. "19 Kids and Counting." Common Sense Media. Accessed January 30, 2021. https://www.commonsensemedia.org/tv-reviews/19-kids-and-counting

Barber, Michael E., Linda A. Foley, and Russell Jones. 1999. "Evaluations of Aggressive Women: The Effects of Gender, Socioeconomic Status, and Level of Aggression." Violence and Victims 14, no. 4: 353-363. doi: 10.1891/0886-6708.14.4.353.

Bass, Sandra. 2001. "Policing Space, Policing Race: Social Control Imperatives and Police Discretionary Decisions." Social Justice 28, no. 1: 156-176. https://www.jstor.org/stable/29768062.

Baudrillard, Jean. 1983. Simulations. New York: Semiotexte. 〔ジャン・ボードリヤール『シミュラークルとシミュレーション』新装版（叢書・ウニベルシタス　136）竹原あき子訳、法政大

学出版局、二〇〇八年（旧版：一九八四年）〕
Becker, Howard S. 1953. "Becoming a Marihuana User." American Journal of Sociology 59, no. 3: 235-242. https://www.journals.uchicago.edu/doi/pdf/10.1086/221326.
Becker, Howard. 1963. Outsiders: Studies in the Sociology of Deviance. New York: Free Press.〔ハワード・S・ベッカー『アウトサイダーズ――ラベリング理論とはなにか』村上直之訳、新泉社、一九九三年（旧版：一九七八年）〕
Bell, Christopher. 2010. American Idolatry: Celebrity, Commodity and Reality Television. Jefferson, N.C.: McFarland & Company.
Bennett, Kathleen. 1992. "Feminist Bisexuality: A Both/And Option for an Either/Or World." In Closer to Home: Bisexuality and Feminism, edited by Elizabeth Reba Weise, 205-231. Seattle, WA: The Seal Press.
Bertrand, Marianne, and Sendhil Mullainathan. 2004. "Are Emily and Greg More Employable Than Lakisha and Jamal? A Field Experiment on Labor Market Discrimination." American Economic Review 94, no. 4: 991-1013. doi: 10.125s7/0002828042002561.
Bialik, Kristen. 2017. "Key Facts about Race and Marriage, 50 Years after Loving v. Virginia." Pew Research Center, June 12. http://www.pewresearch.org/fact-tank/2017/06/12/key-facts-about-race-and-marriage-50-years-after-loving-v-virginia/
Bianchi, Suzanne M., Melissa A. Milkie, Liana C. Sayer, and John P. Robinson. 2000. "Is
Anyone Doing the Housework? Trends in the Gender Division of Household Labor." Social Forces 79, no. 1: 191–228. https://doi.org/10.1093/sf/79.1.191.
Biegert, Mark. 2017. "Naked and Afraid: Who Taps Out More?" Math Encounters Blog, April 18. http://mathscinotes.com/2017/04/naked-and-afraid-who-taps-out-more-men-or-women/
Bignell, Jonathan 2005. Big Brother: Reality TV in the Twenty-First Century. New York, NY:
Palgrave.
Biressi, Anita, and Heather Nunn. 2005. Reality TV: Realism and Revelation. New York: Columbia University Press.
Bittman, Michael, and Judy Wajcman. 2000. "The Rush Hour: The Character of Leisure Time and Gender Equity." Social Forces 79, no. 1: 165–89. https://doi.org/10.1093/sf/79.1.165.
Blickley, Leigh. 2018. "10 Years Ago, Screenwriters Went On Strike and Changed Television Forever." Huffington Post, February 12. https://www.huffingtonpost.com/entry/10-years-ago-screenwriters-went-on-strike-and-changed-television-forever_us_5a7b3544e4b08dfc92ff2b32
Blistein, Joe. 2018. "Megyn Kelly Out at NBC After Blackface Comments." Rolling Stone, October 26. https://www.rollingstone.com/tv/tv-news/megyn-kelly-nbc-fired-blackface-747389/
Bloomquist, Jennifer. 2015. "The Minstrel Legacy: African American English and the Historical Construction of 'Black' Identities in Entertainment." Journal of African American Studies 19, no. 4: 410-425. https://doi.org/10.1007/s12111-015-9313-1.
Bogle, Kathleen A. 2008. Hooking up: Sex, Dating, and Relationships on Campus. New York: NYU Press.
Bourdieu, Pierre. 1984. Distinction: A Social Critique of the

Judgement of Taste. London: Routledge and Kegan Paul. 〔ピエール・ブルデュー『ディスタンクシオン――社会的判断力批判1、2 普及版 (Bourdieu Library)』藤原書店、二〇二〇年〕

Bourdieu, Pierre. 1986. "The Forms of Capital." In Handbook of Theory, edited by JG Richardson, 241-258. New York, Greenwood.

Boylorn, Robin M. 2008. "As Seen on TV: An Autoethnographic Reflection on Race and Reality Television." Critical Studies in Media Communication 25, no. 4: 413-433. https://doi.org/10.1080/15295030802327758.

Breaking Amish. 2012. season 1, episode 2, "What Have We Gotten Ourselves Into?" TLC.

Brown, Lauren. 2016. "7 Story Lines on The Hills That Were Actually Totally Fake." Glamour, May 24. https://www.glamour.com/story/7-storylines-on-the-hills-that-were-actually-totally-fake.

Brown, Meaghen. 2017. "The Longer the Race, the Stronger We Get." Outside, April 11.

https://www.outsideonline.com/2169856/longer-race-stronger-we-get.

Brown Givens, Sonja M., and Jennifer L. Monahan. 2005. "Priming Mammies, Jezebels, and Other Controlling Images: An Examination of the Influence of Mediated Stereotypes on Perceptions of an African American Woman." Media Psychology 7, no. 1: 87-106. https://doi.org/10.1207/S1532785XMEP0701_5.

Brückner, Hannah, Anne Martin, and Peter S. Bearman. 2004. "Ambivalence and Pregnancy: Adolescents' Attitudes, Contraceptive Use and Pregnancy." Perspectives on Sexual and Reproductive Health 36, no. 6: 248-257. https://doi.org/10.1111/j.1931-2393.2004.tb00029.x.

Budig, Michelle J., and Paula England. 2001. "The Wage Penalty for Motherhood." American Sociological Review 66, no. 2: 204–25. https://www.jstor.org/stable/2657415.

Bureau of Justice Statistics. 2016. "U.S. Correctional Population at Lowest Level since 2002." December 29. https://www.bjs.gov/content/pub/press/cpus15pr.cfm

Bureau of Labor Statistics. 2019. "11. Employed Persons by Detailed Occupation, Sex, Race, and Hispanic or Latino Ethnicity." January 18. https://www.bls.gov/cps/cpsaat11.htm.

Butler, Judith. 1999. Gender Trouble: Feminism and the Subversion of Identity. New York: Routledge. 〔ジュディス・バトラー『ジェンダー・トラブル：フェミニズムとアイデンティティの攪乱 新装版』竹村和子訳、青土社、二〇一八年〕

Byrne, Anne, and Deborah Carr. 2005. "Caught in the Cultural Lag: The Stigma of Singlehood." Psychological Inquiry 16, no. 2/3: 84-91. https://www.jstor.org/stable/20447267.

Callanan, Valerie J., and Jared S. Rosenberger. 2011. "Media and Public Perceptions of the Police: Examining the Impact of Race and Personal Experience." Policing & Society 21, no. 2: 167-189. https://doi.org/10.1080/10439463.2010.540655.

Callis, April Scarlette. 2013. "The Black Sheep of the Pink Flock: Labels, Stigma, and Bisexual Identity." Journal of Bisexuality 13, no. 1: 82-105. https://doi.org/10.1080/15299716.2013.755730.

Callis, April S. 2014. "Where Kinsey, Christ, and Tila Tequila meet: Discourse and the Sexual (Non)-binary." Journal of Homosexuality 61, no. 12: 1627-1648. https://doi.org/10.1080/00918369.2014.951208

Calvert, Clay. 2000. Voyeur Nation: Media, Privacy and Peering in Modern Culture. Boulder, CO: Westview Press.

Campbell, Shannon B., Steven S. Giannino, Chrystal R. China, and Christopher S. Harris. 2008. "I Love New York: Does New York Love Me?" Journal of International Women's Studies 10, no. 2: 20-28. http://vc.bridgew.edu/jiws/vol10/iss2/3.

Carnevale, Anthony P., Megan L. Fasules, Michael C. Quinn, and Kathryn Peltier Campbell. 2019. Born to Win, Schooled to Lose: Why Equally Talented Students Don't Get Equal Chances to Be All They Can Be. Washington, DC: Georgetown University Center on Education and the Workforce. Accessed January 30, 2021. https://1gyhoq479ufd3yna29x7ubjn-wpengine.netdna-ssl.com/wp-content/uploads/ES-Born_to_win-schooled_to_lose.pdf.

Casserly, Meghan. 2011. "Can Bethenny Crack a Billion?" Forbes, May 17. https://www.forbes.com/2011/05/17/celebrity-100-11-bethenny-frankel-skinnygirl-bravo-money-makers.html#33e45c01430e

Cato, Mackenzie, and Francesca Renee Dillman Carpentier. 2010. "Conceptualizations of Female Empowerment and Enjoyment of Sexualized Characters in Reality Television." Mass Communication and Society 13, no. 3: 270-288. https://doi.org/10.1080/15205430903225589.

Celebrity Wife Swap. 2012. season 1, episode 1, "Tracey Gold/Carney Wilson," ABC.

The Challenge: Battle of the Exes. 2012. season 22, episode 7, "Love and Marriage," MTV.

Cherlin, Andrew. 2004. "The Deinstitutionalization of American Marriage." Journal of Marriage and the Family 66, no. 4: 848-861. https://doi.org/10.1111/j.0022-2445.2004.00058.x.

Cherlin, Andrew J. 2009. The Marriage-Go-Round: The State of Marriage and the Family in

America Today. New York: Knopf.

Cherlin, Andrew J. 2010. "Demographic Trends in the United States: A Review of Research in the 2000s." Journal of Marriage and Family 72, no. 3: 403-419.

https://doi.org/10.1111/j.1741-3737.2010.00710.x.

Chemers, Michael M. 2016. Staging Stigma: A Critical Examination of the American Freak Show. New York: Palgrave Macmillan.

Child Genius. 2015a. season 1, episode 1, "I Am Not a Tiger Mommy," Lifetime.

Child Genius. 2015b. season 1, episode 2, "Please Drink Some Water," Lifetime.

Chopped Junior. 2016, season 2, episode 10, "The Big Stink," Food Network.

Chudnofsky, Lisa. 2013. "Heather B from The First Season Of 'Real World': Where Is She Now?" MTV News, March 20. http://www.mtv.com/news/2384734/real-world-new-york-heather-b/

Cillizza, Chris. 2019. "Elizabeth Warren's Native American Problem Just Got Even Worse." CNN, February 6. https://www.cnn.com/2019/02/06/politics/elizabeth-warren-native-american/index.html.

Clark, Gregory. 2015. The Son Also Rises: Surnames and the History of Social Mobility. Princeton, NJ: Princeton University Press.〔グレゴリー・クラーク『格差の世界経済史』久保恵美子訳、日経BP社、二〇一五年〕

Cleveland, Jeanette N., Gwenith G. Fisher, and Katina B. Sawyer. 2015. “Work—Life Equality:

The Importance of a Level Playing Field at Home.” In Gender and the Work-Family

Experience, edited by Maura J. Mills, 177–99. New York: Springer.

Cloud, Dana L. 2018. Reality Bites: Rhetoric and the Circulation of Truth Claims in U.S. Political Culture. Columbus: The Ohio State University Press.

CNN. 2011. “McCain Invokes ‘Snooki’ Tweet, Warns of Twitter’s Dangers.” Political Ticker, May 17.

http://politicalticker.blogs.cnn.com/2011/05/17/mccain-invokes-snooki-tweet-warns-of-twitters-dangers/

Coleman, Robin R Means. 2014. African American Viewers and the Black Situation Comedy: Situating Racial Humor. New York: Routledge.

Colicchio, Tom. 2007. “Shave and A Haircut. Dim Wits.” Bravo TV Blog, January 17. http://www.bravotv.com/top-chef/season-2/blogs/tom-colicchio/shave-and-a-haircut-dim-wits

Collins, Patricia Hill. 1990. Black Feminist Thought: Knowledge, Consciousness, and the Politics of Empowerment. London: HarperCollins.

Collins, Patricia Hill. 2004. Black Sexual Politics: African Americans, Gender, and the New Racism. New York: Routledge.

Conley, Dalton. 2017. You May Ask Yourself: An Introduction to Thinking Like a Sociologist. New York: WW Norton & Company.

Cooley, Charles Horton. 1922. Human Nature and the Social Order. New York: Scribners.

Coontz, Stephanie. 2000. “Historical Perspectives on Family Studies.” Journal of Marriage and Family 62, no. 2: 283-297. https://doi.org/10.1111/j.1741-3737.2000.00283.x.

Coontz, Stephanie. 2005. Marriage, a History: From Obedience to Intimacy or How Love

Conquered Marriage. New York: Viking.

Corinthios, Aurelie. 2019. “Kristin Cavallari Says ‘Most’ of Her Storyline on The Hills ‘Wasn't Real.’” People, April 18. https://people.com/tv/kristin-cavallari-the-hills-fake-plotlines/.

Corner, John. 2002. “Performing the Real: Documentary Diversions.” Television & New Media 3, no. 3: 255-269. https://doi.org/10.1177/152747640200300302.

Crenshaw, Kimberlé. 1989. “Demarginalizing the Intersection of Race and Sex: A Black

Feminist Critique of Antidiscrimination Doctrine, Feminist Theory and Antiracist Politics.” University of Chicago Legal Forum 1, no. 8: 139-167.

Crimesider Staff. 2015. “Mom Accused of Leaving Kids at Food Court During Job Interview.” CBS News, July 20. https://www.cbsnews.com/news/texas-mom-accused-of-leaving-kids-at-food-court-during-job-interview/.

Crockett, Richard J., Thomas Pruzinsky, and John A. Persing. 2007. “The Influence of Plastic Surgery ‘Reality TV’ on Cosmetic Surgery Patient Expectations and Decision Making." Plastic and Reconstructive Surgery 120, no. 1: 316-324. doi: 10.1097/01.prs.0000264339.67451.71.

Cummings, Dolan 2002. Reality TV: How Real Is Real. London: Hodder & Stoughton.

Czerniawski, Amanda M. 2012. "Disciplining Corpulence: The Case of Plus-Size Fashion Models." Journal of Contemporary Ethnography 41, no. 2: 127-153. https://doi.org/10.1177/0891241611413579.

Dance Moms. 2012a. season 2, episode 14, "The Battle Begins," Lifetime.

Dance Moms. 2012b. season 2, episode 28, "Reunion: Off the Dance Floor, Part 2," Lifetime.

Davis, Allison P. 2017. "Regular, Degular, Shmegular Girl From the Bronx." The Cut, November 13. https://www.thecut.com/2017/11/cardi-b-was-made-to-be-this-famous.html.

Davis-Kean, Pamela E. 2005. "The Influence of Parent Education and Family Income on Child Achievement: The Indirect Role of Parental Expectations and the Home Environment." Journal of Family Psychology 19, no. 2: 294-304. doi: 10.1037/0893-3200.19.2.294.

Deadline Team. 2013. "'Here Comes Honey Boo Boo' Breaks Ratings Records When Mama June Kinda Ties the Knot" Deadline, September 12. https://deadline.com/2013/09/here-comes-honey-boo-boo-breaks-ratings-records-when-mama-june-kinda-ties-the-knot-585985/.

Deery, June. 2004. "Reality TV as Advertainment." Popular Communication 2, no. 1: 1-20. https://doi.org/10.1207/s15405710pc0201_1.

Deery, June. 2012. Consuming Reality: The Commercialization of Factual Entertainment. New York: Palgrave Macmillan.

Dehnart, Andy. 2007. "VH1 Sets Another Record as 4.43 Million People Watched I Love New York's Premiere." RealityBlurred, January 11. https://www.realityblurred.com/realitytv/2007/01/i-love-new-york-debut_ratings_record/.

Dehnart, Andy. 2018. "The Most-Popular Reality TV Shows of 2017." RealityBlurred, February 14. https://www.realityblurred.com/realitytv/2018/02/most-popular-reality-tv-shows-2017-ratings/

De Moraes, Lisa, and David Bloom. 2014. "What TV Series Do Rich and Smart People Watch? You Might Be Surprised." Deadline, June 11. https://deadline.com/2014/06/tv-series-most-watched-rich-educated-viewers-787403/.

DiMaggio, Paul. 1987. "Classification in Art." American Sociological Review 52, no. 4: 440-55. https://www.jstor.org/stable/2095290.

Dodes, Rachel. 2018. "The Show Goes on for Arrested 'Housewife' Luann de Lesseps." The New York Times, February 23. https://www.nytimes.com/2018/02/23/style/real-housewives-luann-de-lesseps-arrest-cabaret.html.

Domoff, Sarah E., Nova G. Hinman, Afton M. Koball, Amy Storfer - Isser, Victoria L. Carhart, Kyoung D. Baik, and Robert A. Carels. 2012. "The Effects of Reality Television on Weight Bias: An Examination of The Biggest Loser." Obesity 20, no. 5: 993-998. doi: 10.1038/oby.2011.378

Doyle, Sady. 2016. "America Loves Women Like Hillary Clinton

—as Long as They're Not Asking for a Promotion." Quartz, February 25. https://qz.com/624346/america-loves-women-like-hillary-clinton-as-long-as-theyre-not-asking-for-a-promotion/.

DuBois, W.E.B. 1903. The Souls of Black Folk. Paris: A.C. McClurg & Company.〔W・E・B・デュボイス『黒人のたましい 新装復刊』木島始、鮫島重俊、黄寅秀訳、未來社、二〇〇六年〕

Dubrofsky, Rachel E. 2006. "The Bachelor: Whiteness in the Harem." Critical Studies in Media Communication 23, no. 1: 39-56. https://doi.org/10.1080/07393180600570733.

Duck Dynasty. 2012. season 1, episode 1, "Family Funny Business," A&E.

Duckett, Elena, Marcela Raffaelli, and Maryse H. Richards. 1989. "'Taking Care': Maintaining the Self and the Home in Early Adolescence." Journal of Youth and Adolescence 18, no. 6: 549-565. doi: 10.1007/BF02139073.

Duggar, Jill, Jinger Duggar, Jessa Duggar, and Jana Duggar. 2014. Growing Up Duggar: From Our Hearts to Yours. New York: Howard Books.

Duh, Jane. 2017. "The 10 Worst Moms on TV Who Had No Business Having Kids." Betches, May 10. https://betches.com/ten-worst-tv-moms/.

Dunn, Christina. N.D. "Let's All Relax about Mommy Wine Culture." ScaryMommy. Accessed January 31, 2021. https://www.scarymommy.com/relax-mommy-wine-culture/.

Durkheim, Émile. [1897] 1951. Suicide. Translated by John A. Spaulding and George Simpson. Glencoe, IL: Free Press.〔デュルケーム『自殺論 改版』(中公文庫) 宮島喬訳、中央公論新社、二〇一八年)〕

Durkheim, Émile. [1901] 1982. The Rules of the Sociological Method. Translated by W. D. Halls. New York: Free Press.〔エミール・デュルケーム『社会学的方法の規準』(講談社学術文庫)菊谷和宏訳、講談社、二〇一八年〕

Durkheim, Émile. [1895] 2002. "The Normal and the Pathological." In Constructions of Deviance: Social Power, Context, and Interaction, edited by Patricia A. Adler and Peter Adler, 55-58. Belmont, CA: Wadsworth Thomson Learning.

Durrheim, Kevin, Michael Quayle, Kevin Whitehead, and Anita Kriel. 2005. "Denying Racism: Discursive Strategies Used by the South African Media." Critical Arts 19, no. 1–2: 167–186. doi:10.1080/02560040585310111.

Eagly, Alice H., Mona G. Makhijani, and Bruce G. Klonsky. 1992. "Gender and the Evaluation of Leaders: A Meta-analysis." Psychological Bulletin 111, no. 1: 3-22. https://doi.org/10.1037/0033-2909.111.1.3.

Eagly, Alice H., and Steven J. Karau. 2002. "Role Congruity Theory of Prejudice toward Female Leaders." Psychological Review 109, no. 3: 573-598. doi: 10.1037//0033-295X.109.3.573.

Eastwick, Paul W., and Eli J. Finkel. 2008. "Sex Differences in Mate Preferences Revisited: Do People Know What They Initially Desire in a Romantic Partner?" Journal of Personality and Social Psychology 94, no. 2: 245-264. https://doi.org/10.1037/0022-3514.94.2.245.

Edin, Kathryn, and Maria Kefalas. 2011. Promises I Can Keep: Why Poor Women Put Motherhood before Marriage. Berkeley: University of California Press.

Edwards, Leigh H. 2013. The Triumph of Reality TV: The Revolution in American Television. Santa Barbara, CA: Praeger.

Eliason, Michele J. 1997. "The Prevalence and Nature of Biphobia in Heterosexual Undergraduate Students." Archives of Sexual Behavior 26, no. 3: 317-326. https://doi.org/10.1023/A:1024527032040

Eliason, Mickey. 2000. "Bi-Negativity: The Stigma Facing Bisexual Men." Journal of Bisexuality 1, no. 2-3: 137-154. https://doi.org/10.1300/J159v01n02_05.

Elliott, Deni. 2012. "Democracy and Discourse: How Reality TV Fosters Citizenship." In The Ethics of Reality TV: A Philosophical Examination, edited by Wendy N. Wyatt and Kristie Bunton, 143-158. New York: Continuum.

England, Paula, and Reuben J. Thomas. 2006. "The Decline of the Date and the Rise of the College Hook up." In Family in Transition, edited by Arlene Skolnick and Jerome Skolnick, 151-162. Boston: Allyn Bacon.

Engstrom, Erika, and Beth Semic. 2003. "Portrayal of Religion in Reality TV Programming: Hegemony and the Contemporary American Wedding." Journal of Media and Religion 2, no. 3: 145-163. https://doi.org/10.1207/S15328415JMR0203_02.

Epstein, Steven. 1994. "A Queer Encounter: Sociology and the Study of Sexuality." Sociological

Theory 12, no. 2: 188–202. https://www.jstor.org/stable/201864.

Erickson, Angela C. 2018. "The Tangled Mess of Occupational Licensing." Cato Institute, September/October. https://www.cato.org/policy-report/septemberoctober-2018/tangled-mess-occupational-licensing

Eschholz, Sarah, Brenda Sims Blackwell, Marc Gertz, and Ted Chiricos. 2002. "Race and Attitudes toward the Police: Assessing the Effects of Watching 'Reality' Police Programs." Journal of Criminal Justice 30, no. 4: 327-341. https://doi.org/10.1016/S0047-2352(02)00133-2.

Ettachfini, Leila. 2019. "15 Women Weigh in on This Year's Divisive Women's March." Broadly, January 17. https://broadly.vice.com/en_us/article/kzv4yy/15-women-weigh-in-on-this-years-divisive-womens-march.

Everett, Ronald S., and Roger A. Wojtkiewicz. 2002. "Difference, Disparity, and Race/Ethnic Bias in Federal Sentencing." Journal of Quantitative Criminology 18, no. 2: 189-211. https://doi.org/10.1023/A:1015258732676.

Fair, Damien A., Alexander L. Cohen, Jonathan D. Power, Nico UF Dosenbach, Jessica A. Church, Francis M. Miezin, Bradley L. Schlaggar, and Steven E. Petersen. 2009. "Functional Brain Networks Develop from a 'Local to Distributed' Organization." PLoS Computational Biology 5, no. 5: n.p. https://doi.org/10.1371/journal.pcbi.1000381.

Fallon, Claire. 2018. "Congrats To 'Bachelorette' Winner Brett Kavanaugh." Huffington Post, July 10. https://www.huffpost.com/entry/bachelorette-brett-kavanaugh_n_5b4430d3e4b07aea75434957?4yj=&guccounter=1.

Fein, Ellen, and Sherrie Schneider. 1995. All the Rules: Time-Tested Secrets for Capturing the

Heart of Mr. Right. New York: Grand Central Publishing.

Fernandez, Celia. 2013. "55 Latinas Who Keep it Real on TV!" Latina, June 29. http://www.latina.com/entertainment/buzz/

latina-reality-stars-who-keep-it-real.

Ferris, Amber L., Sandi W. Smith, Bradley S. Greenberg, and Stacy L. Smith. 2007. "The Content of Reality Dating Shows and Viewer Perceptions of Dating." Journal of Communication 57, no. 3: 490-510. https://doi.org/10.1111/j.1460-2466.2007.00354.x.

Fiore, Andrew T., and Judith S. Donath. 2005. Homophily in Online Dating: When Do You Like Someone Like Yourself? Cambridge, MA: MIT Media Laboratory. Accessed January 31, 2021. http://smg.media.mit.edu/papers/Fiore/fiore_donath_chi2005_short.pdf.

Flores, Antonio. 2017. "How the U.S. Hispanic Population Is Changing." Pew Research Center, September 18. http://www.pewresearch.org/fact-tank/2017/09/18/how-the-u-s-hispanic-population-is-changing/.

Fogel, Joshua, and Lyudmila Kovalenko. 2013. "Reality Television Shows Focusing on Sexual Relationships Are Associated with College Students Engaging in One-Night Stands." Journal of Evidence-Based Psychotherapies 13, no. 2: 321-331. https://search.proquest.com/scholarly-journals/reality-television-shows-focusing-on-sexual/docview/1470800730/se-2?accountid=12043.

Fogel, Joshua, and Faye Krausz. 2013. "Watching Reality Television Beauty Shows is Associated with Tanning Lamp Use and Outdoor Tanning among College Students." Journal of the American Academy of Dermatology 68, no. 5: 784-789. https://doi.org/10.1016/j.jaad.2012.09.055.

Foucault, Michel. 1990. The History of Sexuality: An Introduction. New York: Vintage.〔ミシェル・フーコー『性の歴史1 知への意志』渡辺守章訳、新潮社、一九八六年〕

Foucault, Michel. 1995. Discipline & Punish: The Birth of the Prison. New York: Random House.〔ミシェル・フーコー『監獄の誕生——監視と処罰 新装版』田村俶訳、新潮社、二〇二〇年〕

Framke, Caroline. 2018. "How RuPaul's Comments on Trans Women Led to a Drag Race Revolt — and a Rare Apology." Vox, March 6. https://www.vox.com/culture/2018/3/6/17085244/rupaul-trans-women-drag-queens-interview-controversy.

Framke, Caroline, and Alex Abad-Santos. 2015. "The Rise and Fall of America's Next Top Model, Explained in 8 Moments." Vox, December 5. https://www.vox.com/2015/12/5/9851546/americas-next-top-model-series-finale-best-moments.

France, Lisa Respers. 2017. "How 'The Real World's' First Season Sparked Real Change." CNN, May 19. https://www.cnn.com/2017/05/19/entertainment/real-world-25th-anniversary/index.html.

France, Lisa Respers. 2018. "Jon Gosselin Says He and Kate Are Still Fighting over Custody." CNN, December 13. https://www.cnn.com/2018/12/12/entertainment/jon-kate-gosselin-custody/index.html.

Fredrickson, Barbara L., and Tomi - Ann Roberts. 1997. "Objectification Theory: Toward Understanding Women's Lived Experiences and Mental Health Risks." Psychology of Women Quarterly 21, no. 2: 173-206. https://doi.org/10.1111/j.1471-6402.1997.tb00108.x.

Fredrickson, Barbara L., Tomi-Ann Roberts, Stephanie M. Noll, Diane M. Quinn, and Jean M. Twenge. 1998. "That Swimsuit Becomes You: Sex Differences in Self-Objectification, Restrained Eating, and Math Performance." Journal of Personality and Social Psychology 75, no. 1: 269-284. https://doi.org/10.1037/0022-3514.75.1.269.

Friedman, Hilary L. 2013. Playing to Win: Raising Kids in a Competitive Culture. Berkeley: University of California Press.

Gabler, Neal. 1998. Life: The Movie. New York: Vintage.

Gamson, Joshua. 1998. Freaks Talk Back: Tabloid Talk Shows and Sexual Nonconformity. Chicago: University of Chicago Press.

Garber, Marjorie B. 1995. Vice Versa: Bisexuality and the Eroticism of Everyday Life. New York: Simon & Schuster.

Gardner, Eriq. 2012. "'The Bachelor' Racial Discrimination Lawsuit Dismissed." The Hollywood Reporter, October 15. https://www.hollywoodreporter.com/thr-esq/bachelor-racial-discrimination-lawsuit-dismissed-379100.

Garfinkel, Harold. 1964. "Studies of the Routine Grounds of Everyday Activities." Social Problems 11, no. 3: 225-250. https://doi.org/10.2307/798722.

Garrity, Amanda. 2019. "What Is Simon Cowell's Net Worth?" Good Housekeeping, January 9.

https://www.goodhousekeeping.com/life/entertainment/a20952987/simon-cowell-net-worth/.

Gates, Racquel. 2017. "What Snooki and Joseline Taught Me About Race, Motherhood, and Reality TV." Los Angeles Review of Books, October 21. https://lareviewofbooks.org/article/what-snooki-and-joseline-taught-me-about-race-motherhood-and-reality-tv/.

Gates, Racquel J. 2018. Double Negative: The Black Image and Popular Culture. Durham: Duke University Press.

Geiger, Abigail, and Gretchen Livingston. 2018. "8 Facts about Love and Marriage in America." Pew Research Center, February 13. http://www.pewresearch.org/fact-tank/2018/02/13/8-facts-about-love-and-marriage/.

Geiger, Wendy, Jake Harwood, and Mary Lee Hummert. 2006. "College Students' Multiple Stereotypes of Lesbians: A Cognitive Perspective." Journal of Homosexuality 51, no. 3: 165-182. https://doi.org/10.1300/J082v51n03_08.

Gerbner, George. 1969. "Toward 'Cultural Indicators': The Analysis of Mass Mediated Message Systems." AV Communication Review, 17: 137–148. https://doi.org/10.1007/BF02769102.

Gerbner, George, Larry Gross, Michael Morgan, and Nancy Signorielli. 1986. "Living with Television: The Dynamics of the Cultivation Process." In Perspectives on Media Effects, edited by Jennings Bryant and Dolf Zillmann, 17-40. Hillsdale, N.J.: Lawrence Erlbaum Associates.

Ghahremani, Tanya. 2012. "The 10 Worst Parents on Reality TV." Complex, January 10. https://www.complex.com/pop-culture/2012/01/10-worst-parents-on-reality-tv/11.

GLAAD. 2019. 2018-2019: Where Are We on TV. GLAAD Media Institute. Accessed January 31, 2021. http://glaad.org/files/WWAT/WWAT_GLAAD_2018-2019.pdf.

Glasser, Carol L., Belinda Robnett, and Cynthia Feliciano. 2009. "Internet Daters' Body Type Preferences: Race–Ethnic and

Gender Differences." Sex Roles 61, no. 1-2: 14-33. https://doi.org/10.1007/s11199-009-9604-x.

Goffman, Erving. 1959. The Presentation of Self in Everyday Life. Garden City, NY: Doubleday. 〔アーヴィング・ゴッフマン『行為と演技――日常生活における自己呈示』石黒毅訳、誠信書房、一九七四年〕

Goffman, Erving. 1963. Stigma: Notes on the Management of Spoiled Identity. New York: Simon & Schuster.〔アーヴィング・ゴッフマン『スティグマの社会学――烙印を押されたアイデンティティ 改訂版』石黒毅訳、せりか書房、二〇〇一年〕

Goffman, Erving. [1961] 2017. Asylums: Essays on the Social Situation of Mental Patients and Other Inmates. New York: Routledge. 〔『アサイラム――施設被収容者の日常世界 ゴッフマンの社会学3』石黒毅訳、誠信書房、一九八四年〕

Gold, Marissa. 2015. "Your New Favorite Hangover Cure: Countess LuAnn's Eggs a la Francaise." Glamour, September 19. https://www.glamour.com/story/hangover-cure-eggs-a-la-francaise.

Gonzalez-Barrera, Ana, and Mark Hugo Lopez. 2015. "Is Being Hispanic a Matter of Race, Ethnicity, or Both?" Pew Research Center, June 15. https://www.pewresearch.org/fact-tank/2015/06/15/is-being-hispanic-a-matter-of-race-ethnicity-or-both/.

Goode, William J. 2006. "The Theoretical Importance of the Family" In Family in Transition, edited by Arlene Skolnick and Jerome Skolnick, 14-25. Boston: Allyn Bacon.

Gopaldas, Ahir, and Anton Siebert. 2018. "Women over 40, Foreigners of Color, and Other Missing Persons in Globalizing Mediascapes: Understanding Marketing Images as Mirrors of Intersectionality." Consumption Markets & Culture 21, no. 4: 323-346. https://doi.org/10.1080/10253866.2018.1462170.

Greene, Theodore. 2014. "Gay Neighborhoods and the Rights of the Vicarious Citizen." City & Community 13, no. 2: 99-118. https://doi.org/10.1111/cico.12059.

Grindstaff, Laura 2002. The Money Shot: Trash, Class, and the Making of TV Talk Shows. Chicago: University of Chicago Press.

Grobe, Christopher. 2017. The Art of Confession: The Performance of Self from Robert Lowell to Reality TV. New York: NYU Press.

Groom, Nichola. 2008. "Tori Spelling Relishes Role as Gay Icon." Reuters, April 16. https://www.reuters.com/article/us-spelling/tori-spelling-relishes-role-as-gay-icon-idUSN14407249200804l6.

Grossman, Samantha. 2012. "American Idol's William Hung: Where Is He Now?" Time, January 19. http://newsfeed.time.com/2012/01/19/american-idols-william-hung-where-is-he-now/print/.

Guttmacher Institute. 2019. "Sex and HIV Education." April 1. https://www.guttmacher.org/state-policy/explore/sex-and-hiv-education?gclid=CjwKCAjwqfDlBRBDEiwAigXUaNjkMiIDVB5hUrxdoxCKAnrBrmymukYopZ5COxfMmvIaXpmXWD_tAxoCJgAQAvD_BwE

Hagi, Sarah. 2017. "90 Day Fiancé Is the Best Worst Show on Television." The Cut, October 20. https://www.thecut.com/2017/10/90-day-fiance-tlc-best-show.html.

Hamamoto, Darrell Y. 1994. Monitored Peril: Asian Americans and the Politics of TV Representation. Minneapolis: University of Minnesota Press.

Hamilton, Laura, Claudia Geist, and Brian Powell. 2011. "Marital Name Change as a Window into Gender Attitudes." Gender & Society 25, 2: 145-175. https://doi.org/10.1177/0891243211398653.

Harris, David A. 1999. "The Stories, the Statistics, and the Law: Why Driving While Black Matters." Minnesota Law Review 84, no. 2: 265-326. https://scholarship.law.umn.edu/cgi/viewcontent.cgi?article=2132&context=mlr.

Harris Insights & Analytics. 2014. "Doctors, Military Officers, Firefighters, and Scientists Seen as Among America's Most Prestigious Occupations." The Harris Poll, September 10. https://theharrispoll.com/when-shown-a-list-of-occupations-and-asked-how-much-prestige-each-job-possesses-doctors-top-the-harris-polls-list-with-88-of-u-s-adults-considering-it-to-have-either-a-great-deal-of-prestige-45-2/

Harris, Sheena. 2015. "Black Women: From Public Arena to Reality TV." In Real Sister: Stereotypes, Respectability, and Black Women in Reality Tv, edited by Jervette Ward, 16-30. New Brunswick, NJ: Rutgers University Press.

Harris-Perry, Melissa V. 2011. Sister Citizen: Shame, Stereotypes, and Black Women in America. New Haven, CT: Yale University Press.

Hartmann, Heidi I. 1979. "The Unhappy Marriage of Marxism and Feminism: Towards a More Progressive Union." Capital & Class 3, no. 2: 1-33. https://doi.org/10.1177/030981687900800102.

Hauser, Christine. 2020. "'Survivor' and Other Reality Shows Will Feature More Diverse Casts, CBS Says." The New York Times, November 11. https://www.nytimes.com/2020/11/11/business/media/cbs-reality-tv-diversity.html.

Hays, Sharon. 1996. The Cultural Contradictions of Motherhood. New Haven: Yale University Press.

Hegewisch, Ariane, and Heidi Hartmann. 2019. "The Gender Wage Gap: 2018 Earnings Differences by Race and Ethnicity." Institute for Women's Policy Research, March 7. https://iwpr.org/publications/gender-wage-gap-2018/.

Heilman, Madeline E., Aaron S. Wallen, Daniella Fuchs, and Melinda M. Tamkins. 2004. "Penalties for Success: Reactions to Women Who Succeed at Male Gender-typed Tasks." Journal of Applied Psychology 89, no. 3: 416-427. https://doi.org/10.1037/0021-9010.89.3.416.

Here Comes Honey Boo Boo. 2012. season 1, episode 1, "This Is My Crazy Family," TLC.

Herek, Gregory M. 1984. "'Beyond' Homophobia': A Social Psychological Perspective on Attitudes toward Lesbians and Gay Men." Journal of Homosexuality 10, no. 1-2: 1-21. https://doi.org/10.1300/J082v10n01_01.

Hill, Annette. 2015. Reality Tv: Key Ideas in Media & Cultural Studies. New York: Routledge.

Hill, Kashmir. 2012. "How Target Figured out a Teen Girl Was Pregnant Before Her Father Did." Forbes, February 16. https://www.forbes.com/sites/kashmirhill/2012/02/16/how-target-figured-out-a-teen-girl-was-pregnant-before-her-father-

did/#185ad5cd6668.
Himberg, Julia. 2014. “Multicasting: Lesbian Programming and the Changing Landscape of Cable TV.” Television & New Media 15, no. 4: 289-304. https://doi.org/10.1177/1527476412474351.
Hind, Katie, and Zoe Shenton. 2015. “Kim Kardashian: ‘By Objectifying Myself as a Woman I Hold the Power.” Mirror, July 1. https://www.mirror.co.uk/3am/celebrity-news/kim-kardashian-by-objectifying-myself-5979612.amp.
Hoarding: Buried Alive. 2010. season 1, episode 2, “Beyond Embarrassment,” TLC.
Holmes, Linda. 2018. “Under the Skin: Why That ‘Arrested Development’ Interview Is So Bad.” NPR, May 24. https://www.npr.org/2018/05/24/614009165/under-the-skin-why-that-arrested-development-interview-is-so-bad?fbclid=IwAR2GAQ7f-NxPYKiH2XQcOmZYnHc3m961NN-GrKA4ukiG_Z8Sue8R2m-09V2eg
Holmes, Su, and Deborah Jermyn. 2004. Understanding Reality Television. New York: Routledge.
hooks, bell. 1981. Ain’t I a Woman: Black Women and Feminism. Boston: South End Press.〔ベル・フックス『アメリカ黒人女性とフェミニズム――ベル・フックスの「私は女ではないの?」(世界人権問題叢書 73)』大類久恵監訳・柳沢圭子訳、明石書店、二〇一〇年〕
Horton, Donald, and R. Richard Wohl. 1956. “Mass Communication and Para-social Interaction: Observations on Intimacy at a Distance.” Psychiatry 19, no. 3: 215-229. https://doi.org/10.1080/00332747.1956.11023049.
HRC Staff. 2015. “Nine Times the Duggar Family Stood Against LGBT Equality.” Human Rights Campaign, February 18. https://www.hrc.org/blog/nine-times-the-duggar-family-stood-against-lgbt-equality.
Huff, Richard M. 2006. Reality Television. Westport, CT: Praeger.
Hurtado, Fernando. 2018. “‘The Riveras’ on Being the Only Latino Family on American Reality TV.” Circa, March 1. Retrieved from: https://www.circa.com/story/2018/03/01/hollywood/the-riveras-on-being-the-only-american-reality-show-about-a-latino-family.
Hutcherson, Donald T. 2012. “Crime Pays: The Connection Between Time in Prison and Future Criminal Earnings.” The Prison Journal, 92, no. 3: 315–335. https://doi.org/10.1177/0032885512448607.
Ignatiev, Noel. 2012. How the Irish Became White. New York: Routledge.
I Love New York. 2007. season 1, episode 1, “Do You Have Love for New York?” VH1.
Intersex Society of North America. 2008. “How Common Is Intersex?” Accessed January 31, 2021. http://www.isna.org/faq/frequency.
Jaffee, Sara, Avshalom Caspi, Terrie E. Moffitt, Jay Belsky, and Phil Silva. 2001. “Why Are Children Born to Teen Mothers at Risk for Adverse Outcomes in Young Adulthood? Results from a 20-year Longitudinal Study.” Development and Psychopathology 13, no. 2: 377-397. doi: 10.1017/S0954579401002103.
James, Sandy, Jody Herman, Susan Rankin, Mara Keisling, Lisa

Mottet, and Ma'ayan Anafi. 2016. "The Report of the 2015 U.S. Transgender Survey." National Center for Transgender Equity. Accessed January 31, 2021. http://www.ustranssurvey.org/.
Jenkins, Sarah Tucker. 2017. "Spicy. Exotic. Creature. Representations of Racial and Ethnic Minorities on RuPaul's Drag Race." In RuPaul's Drag Race and the Shifting Visibility of Drag Culture: The Boundaries of Reality TV, edited by Niall Brennan and David Gudelunas, 77-90. Cham, Switzerland: Palgrave MacMillan:
Jennings, Rebecca. 2019. "The Controversy around Trump's Fast-Food Football Feast, Explained." Vox, January 30. https://www.vox.com/the-goods/2019/1/15/18183617/trump-clemson-mcdonalds-burger-king-wendys-dominos.
Jersey Shore: Family Vacation. 2018. season 1, episode 14, "The Final Supper," MTV.
Johnson, Eric. 2016. "Kim Kardashian: Don't Like My Naked Selfies? Don't Look at Them." Recode, June 6. https://www.recode.net/2016/6/6/11864134/kim-kardashian-naked-selfies-podcast-kara-swisher.
Johnson, Rachel. 2016. "Rachel Johnson: Sorry Harry, But Your Beautiful Bolter Has Failed My Mum Test." Daily Mail, November 5. https://www.dailymail.co.uk/debate/article-3909362/RACHEL-JOHNSON-Sorry-Harry-beautiful-bolter-failed-Mum-Test.html.
Johnson, Steve. 2000. "'Survivor' Finale Posts Ratings Even Larger Than Show's Hype." Chicago Tribune, August 25. https://www.chicagotribune.com/news/ct-xpm-2000-08-25-0008250272-story.html.
Johnston, Josée, and Shyon Baumann. 2007. "Democracy versus Distinction: A Study of
Omnivorousness in Gourmet Food Writing." American Journal of Sociology 113, no. 1: 165-
204. https://doi.org/10.1086/518923.
Kane, Emily W. 2006. "'No Way My Boys Are Going to Be Like That!' Parents' Responses to Children's Gender Nonconformity." Gender & Society 20, no. 2: 149-176. https://doi.org/10.1177/0891243205284276.
Katz, Josh. 2016. "'Duck Dynasty' vs. 'Modern Family': 50 Maps of the U.S. Cultural Divide." The New York Times, December 27. https://www.nytimes.com/interactive/2016/12/26/upshot/duck-dynasty-vs-modern-family-television-maps.html.
Kaufman, Amy. 2018. Bachelor Nation: Inside the World of America's Favorite Guilty Pleasure. New York: Dutton.
Kaufman, Seth. 2013. "What We Write About When We Write About Reality TV." Huffington Post, January 15. https://www.huffingtonpost.com/seth-kaufman/what-we-write-about-when-_b_2474548.html.
Kavka, Misha. 2008. Reality Television, Affect and Intimacy: Reality Matters. New York: Palgrave Macmillan.
Kavka, Misha. 2012. Reality Tv. Edinburgh: Edinburgh University Press.
Kearney, Melissa S., and Phillip B. Levine. 2015. "Media Influences on Social Outcomes: The Impact of MTV's 16 and Pregnant on Teen Childbearing." American Economic Review, 105, no. 12: 3597-3632. doi: 10.1257/aer.20140012.
Keeping Up with the Kardashians. 2007. season 1, episode 1, "I'm

Watching You," E!
Kerr, Breena. 2019. "How MTV's 'Are You the One?' Is Changing Dating Shows." Rolling Stone, August 30. https://www.rollingstone.com/tv/tv-features/how-mtv-are-you-the-one-changing-dating-shows-877673/.
Kessler, Glenn. 2021. "Trump Made 30,573 False or Misleading Claims as President. Nearly Half Came in His Final Year." Washington Post, January 23. https://www.washingtonpost.com/politics/how-fact-checker-tracked-trump-claims/2021/01/23/ad04b69a-5c1d-11eb-a976-bad6431e03e2_story.html.
Kilborn, Richard 1994. "'How Real Can You Get?' Recent Developments in 'Reality'
Television." European Journal of Communication 9, no. 4: 421–39. https://doi.org/10.1177/0267323194009004003.
Kirby, Douglas, and Gina Lepore. 2007. Sexual Risk and Protective factors: Factors Affecting Teen Sexual Behavior, Pregnancy, Childbearing and Sexually Transmitted Disease. Washington, DC: ETR Associates and The National Campaign to Prevent Teen and Unplanned Pregnancy, November 26. http://recapp.etr.org/recapp/documents/theories/RiskProtectiveFactors200712.pdf.
Kirschenman, Joleen, and Katherine Neckerman. 1991. "We'd Love to Hire Them, but. . .: The Meaning of Race for Employers." In The Urban Underclass, edited by Christopher Jencks and Paul E. Peterson, 203-34. Washington, DC: Brookings Institution.
Kochhar, Rakesh. 2018. "The American Middle Class is Stable in Size, but Losing Ground Financially to Upper-Income Families." Pew Research Center, September 6. https://www.pewresearch.org/fact-tank/2018/09/06/the-american-middle-class-is-stable-in-size-but-losing-ground-financially-to-upper-income-families/.
Koppel, Ted. 2001. ABC News Nightline, June 14.
Kost, Kathryn, and Stanley Henshaw. 2014. US Teenage Pregnancies, Births, and Abortions, 2010: National and State Trends by Age, Race, and Ethnicity. New York, NY: Guttmacher Institute.
Kraszewski, Jon. 2017. Reality TV. New York: Routledge.
Kraidy, Marwan. 2010. Reality Television and Arab Politics: Contention in Public Life. New York: Cambridge University Press.
Krueger, Joachim, Jutta Heckhausen, and Jutta Hundertmark. 1995. "Perceiving Middle-Aged Adults: Effects of Stereotype-Congruent and Incongruent Information." The Journals of Gerontology Series B: Psychological Sciences and Social Sciences 50B, no. 2: 82-93. https://doi.org/10.1093/geronb/50B.2.P82.
Laqueur, Thomas 1990. Making Sex: Body and Gender from the Greeks to Freud. Cambridge: Harvard University Press. 〔トマス・ラカー『セックスの発明——性差の観念史と解剖学のアポリア』高井宏子・細谷等訳、工作舎、一九九八年〕
Lareau, Annette. 2002. "Invisible Inequality: Social Class and Childrearing in Black Families and White Families." American Sociological Review, 67, no. 5: 747-776. https://doi.org/10.2307/3088916.
Lawless, Jill, and Leanne Italie. 2020. "Questions of Racism Lin-

ger as Harry, Meghan Step Back." AP News, January 14. https://apnews.com/1420bd1ff04ac8f330bdd9cf9d061e52.

Leah, Rachel. 2018. "Former 'Transparent' Star Jeffrey Tambor Admits to Being 'Mean' but Denies Being a 'Predator.'" Salon, May 7. https://www.salon.com/2018/05/07/former-transparent-star-jeffrey-tambor-admits-to-being-mean-but-denies-being-a-predator/.

Lefebvre, Henri. [1991] 2014. "The Production of Space," In The People, Place, and Space

Reader, edited by Jen Jack Gieseking, William Mangold, Cindi Katz, Setha Low, and Susan

Saegert, 289–93. New York: Routledge.

Lemert, Edwin M. 1999. "Primary and Secondary Deviation." In Theories of Deviance, Fifth Edition, edited Stuart H. Traub and Craig B. Little, 380-390. Itasca, IL: F.E. Peacock.

Lemons, J. Stanley. 1977. "Black Stereotypes as Reflected in Popular Culture, 1880-1920." American Quarterly. 29, no. 1: 102-116. https://doi.org/10.2307/2712263.

Lena, Jennifer C. 2019. Entitled: Artistic Legitimation and the Democratization of Taste. Princeton, NJ: Princeton University Press.

Lenig, Stuart. 2017. The Bizarre World of Reality Television. Santa Barbara, CA: Greenwood.

Lévi-Strauss, Claude. [1949] 1994. "Kinship as Sexual Property Exchange." In Four Sociological Traditions: Selected Readings, edited by Randall Collins, 227-243. New York: Oxford University Press.

Lewis, Tania. 2008. Smart Living: Lifestyle Media and Popular Expertise. New York: Peter Lang.

Leyva, Rodolfo. 2018. "Experimental Insights into the Socio-cognitive Effects of Viewing Materialistic Media Messages on Welfare Support," Media Psychology 22, no. 4: 1-25. https://doi.org/10.1080/15213269.2018.1484769.

Lichter, S. Robert, and Daniel R. Amundson. 2018. "Distorted Reality: Hispanic Characters in TV Entertainment," In Latin Looks: Images of Latinas and Latinos in the U.S. Media, edited by Clara E. Rodriguez, 89-104. New York, NY: Routledge.

Lin, Ken-Hou, and Jennifer Lundquist. 2013. "Mate Selection in Cyberspace: The Intersection of Race, Gender, and Education." American Journal of Sociology 119, no. 1: 183-215. https://doi.org/10.1086/673129.

Lindemann, Danielle J. 2012. Dominatrix: Gender, Eroticism, and Control in the Dungeon. Chicago, IL: University of Chicago Press.

Lindemann, Danielle J. 2019. Commuter Spouses: New Families in a Changing World. Ithaca, NY: Cornell University Press.

Live PD. 2020. season 4, episode 9, "02.29.20," A&E.

Lockdown. 2007. season 1, episode 3, "Inside Maximum Security," National Geographic.

Lofton, Kathryn. 2017. Consuming Religion. Chicago: University of Chicago Press.

Longo, Gina Marie. 2018. "Keeping It in 'the Family': How Gender Norms Shape US Marriage Migration Politics." Gender & Society 32, no. 4: 469-492. https://doi.org/10.1177/0891243218777201.

López, Gustavo, Neil G. Ruiz, and Eileen Patten. 2017. "Key

Facts about Asian Americans, a Diverse and Growing Population." Pew Research Center, September 8. https://www.pewresearch.org/fact-tank/2017/09/08/key-facts-about-asian-americans/.

López-Sintas, Jordi, and Tally Katz-Gerro. 2005. "From Exclusive to Inclusive Elitists and Further: Twenty Years of Omnivorousness and Cultural Diversity in Arts Participation in the USA." Poetics 33, no. 5-6: 299-319. https://doi.org/10.1016/j.poetic.2005.10.004.

Lorber, Judith. 1994. Paradoxes of Gender. New Haven, CT: Yale University Press.

Love Is Blind. 2020. season 1, episode 1, "Is Love Blind?" Netflix.

Lundy, Lisa K., Amanda M. Ruth, and Travis D. Park. 2008. "Simply Irresistible: Reality TV Consumption Patterns." Communication Quarterly 56, no. 2: 208-225. https://doi.org/10.1080/01463370802026828.

Maglio, Tony. 2018. "Summer 2018 TV Shows with the Richest and Poorest Viewers." The Wrap, June 28. https://www.thewrap.com/summer-2018-tv-shows-richest-poorest-viewers-photos/.

Mahajan, Deepa, Olivia White, Anu Madgavkar, and Mekala Krishnan. 2020. "Don't Let the Pandemic Set Back Gender Equality." Harvard Business Review, September 16. https://hbr.org/2020/09/dont-let-the-pandemic-set-back-gender-equality.

Married to Medicine. 2013. season 1, episode 1, "A Taste of Your Own Medicine," Bravo.

Martins, Yolanda, Marika Tiggemann, and Alana Kirkbride. 2007. "Those Speedos Become Them: The Role of Self-Objectification in Gay and Heterosexual Men's Body Image." Personality and Social Psychology Bulletin 33, no. 5: 634-647. https://doi.org/10.1177/0146167206297403.

Marx, Karl. 1867. Capital: A Critique of Political Economy. Translated by Samuel Moore and Edward Aveling. New York: International Publishers.〔カール・マルクス『資本論1〜12』日本共産党中央委員会社会科学研究所監修、新日本出版社、二〇一九〜二〇二一年〕

Marx, Karl. [1852] 1963. The Eighteenth Brumaire of Louis Bonaparte. New York: International Publishers.〔カール・マルクス『ルイ・ボナパルトのブリュメール一八日』植村邦彦訳、太田出版、一九九六年〕

Marx, Karl. [1852] 1994. "The Class Basis of Politics and Revolution." In Four Sociological Traditions: Selected Readings, edited by Randall Collins, 17-35. New York: Oxford University Press.

Marx, Karl and Friedrich Engels. [1846] 1994. "Materialism and the Theory of Ideology." In Four Sociological Traditions: Selected Readings, edited by Randall Collins, 13-17. New York: Oxford University Press.

Marx, Karl and Friedrich Engels. [1848] 1994. "History as Class Struggle." In Four Sociological Traditions: Selected Readings, edited by Randall Collins, 3-12. New York: Oxford University Press.

Massey, Douglas S., and Nancy A. Denton. 1993. American Apartheid: Segregation and the Making of the Underclass. Cambridge, MA: Harvard University Press.

Mattingly, Marybeth J., and Suzanne M. Bianchi. 2003. “Gender Differences in the Quantity and Quality of Free Time: The U.S. Experience.” Social Forces 81, no. 3: 999–1030. https://doi.org/10.1353/sof.2003.0036.

McBee, Matthew T. 2006. “A Descriptive Analysis of Referral Sources for Gifted Identification Screening by Race and Socioeconomic Status.” Journal of Secondary Gifted Education, 17, no. 2: 103–111. https://doi.org/10.4219/jsge-2006-686.

McCall, Leslie. 2005. “The Complexity of Intersectionality.” Signs 30, no. 3: 1771-1800. https://doi.org/10.1086/426800.

McNearney, Allison. 2017. “Money Survey: 78% Still Think Men Should Pay for the First Date.” Money, February 14. http://money.com/money/4668232/valentines-day-men-pay-first-date/.

Mead, George Herbert. [1934] 1994. “Thought as Internalized Conversation.” In Four Sociological Traditions: Selected Readings, edited by Randall Collins, 290-303. New York: Oxford University Press.

Mejia, Zameena. 2018. “Kylie Jenner Reportedly Makes $1 Million per Paid Instagram Post—Here’s How Much Other Top Influencers Get.” CNBC.com, July 31.

https://www.cnbc.com/2018/07/31/kylie-jenner-makes-1-million-per-paid-instagram-post-hopper-hq-says.html.

Merton, Robert K. 1938. “Social Structure and Anomie.” American Sociological Review 3, no. 5: 672-82. https://doi.org/10.2307/2084686.

Merton, Robert. 1968. Social Theory and Social Structure. New York: Free Press.

Michael, Robert T., John H. Gagnon, Edward O. Laumann, and Gina Kolata. 1994. Sex in America: A Definitive Survey. Boston: Little, Brown and Company.〔ロバート・T・マイケル他『セックス・イン・アメリカ——はじめての実態調査』近藤隆文訳、日本放送出版協会、一九九六年〕

Mill, Roy, and Luke C.D. Stein. 2016. “Race, Skin Color, and Economic Outcomes in Early Twentieth-Century America.” Arizona State University Mimeo. Accessed January 31, 2021. http://www.bu.edu/econ/files/2012/01/Mill_RaceSkinColor-Outcomes.pdf.

The Millionaire Matchmaker. 2008. season 1, episode 1, “Dave/Harold,” Bravo.

Mills, C. Wright. 1959. The Sociological Imagination. New York: Oxford.〔C・ライト・ミルズ『社会学的想像力』(ちくま学芸文庫）伊奈正人，中村好孝訳、筑摩書房、二〇一七年〕

Mintz, Steven. 2010. “American Childhood as a Social and Cultural Construct.” In Families as They Really Are, edited by Barbara J. Risman and Virginia E. Rutter, 56-67. New York: Norton.

Mitchell, Ojmarrh, and Michael S. Caudy. 2015. “Examining Racial Disparities in Drug Arrests.” Justice Quarterly 32, no. 2: 288-313. https://doi.org/10.1080/07418825.2012.761721.

Mitovich, Matt Webb. 2015. “TLC Cancels 19 Kids & Counting in Wake of Josh Duggar Molestation Scandal.” TVLine, July 16. https://tvline.com/2015/07/16/19-kids-and-counting-cancelled-josh-duggar-molestation-scandal/.

Montemurro, Beth. 2008. “Toward a Sociology of Reality Television.” Sociology Compass 2, no. 1: 84–106. doi: 10.1111/j.1751-9020.2007.00064.x.

Moors, Amy C., Jes L. Matsick, Ali Ziegler, Jennifer D. Rubin, and Terri D. Conley. 2013. "Stigma toward Individuals Engaged in Consensual Nonmonogamy: Robust and Worthy of Additional Research." Analyses of Social Issues and Public Policy 13, no. 1: 52-69. https://doi.org/10.1111/asap.12020.

Morrissey, Tracie Egan. 2010. "The Real World: Drunk Guy Throws Other Drunk Guy Off Two-Story Balcony." Jezebel, February 25. https://jezebel.com/the-real-world-drunk-guy-throws-other-drunk-guy-off-tw-5480482.

Morrissey, Tracie Egan. 2012. "Blackface Happened on MTV." Jezebel, March 8. https://jezebel.com/460838864.

Moss, Philip I., and Christopher Tilly. 2001. Stories Employers Tell: Race, Skill, and Hiring in America. New York: Russell Sage Foundation.

Muñoz, Jose Esteban. 1998. "Pedro Zamora's Real World of Counterpublicity: Performing an Ethics of the Self." In Hispanisms and Homosexualities, edited by Sylvia Molloy and Robert McKee Irwin, 175-196. Durham, NC: Duke University Press.

Murray, Susan 2004. "'I Think We Need a New Name for It': The Meeting of Documentary

and Reality TV." In Reality TV: Remaking Television Culture, edited by Susan Murray and Laurie Ouellette, 40-56. New York, NY: NYU Press.

Murray, Susan, and Laurie Ouellette. 2009. "Introduction." In Reality TV: Remaking Television Culture, edited by Susan Murray and Laurie Ouellette, 1-22. New York: NYU Press.

My Big Fat American Gypsy Wedding. 2012. season 1, episode 2, "14 and Looking for Mr. Right," TLC.

My Strange Addiction. 2010. season 1, episode 2, "Thumb Sucker / Bodybuilder," TLC.

My Strange Addiction. 2011. season 1, episode 7, "Eats Couch Cushion / Furry," TLC.

Nabi, Robin L., Carmen R. Stitt, Jeff Halford, and Keli L. Finnerty. 2006. "Emotional and Cognitive Predictors of the Enjoyment of Reality-based and Fictional Television Programming: An Elaboration of the Uses and Gratifications Perspective." Media Psychology 8, no. 4: 421-447. https://doi.org/10.1207/s1532785xmep0804_5.

Naked and Afraid. 2013. season 1, episode 1, "The Jungle Curse," Discovery.

Nellis, Ashley. 2016. The Color of Justice: Racial and Ethnic Disparity in State Prisons. The Sentencing Project, June 14. https://www.sentencingproject.org/publications/color-of-justice-racial-and-ethnic-disparity-in-state-prisons/.

Nelson, Libby. 2016. "Hillary Clinton's Popularity Surges When Bad Things Happen to Her." Vox, July 11. https://www.vox.com/2016/7/11/12105960/hillary-clinton-popularity-poll-approval-ratings.

90 Day Fiancé: Happily Ever After? 2018. season 3, episode 1, "Home Sweet Home?" TLC.

Nordyke, Kimberly. 2007. "It's Tequila with a Twist." The Hollywood Reporter, December 20. https://www.hollywoodreporter.com/news/tequila-a-twist-157504.

Nussbaum, Emily. 2016. "Big Gulp: Drinking and Drama on 'Vanderpump Rules.'" The New Yorker, May 16. https://www.newyorker.com/magazine/2016/05/23/drinking-and-drama-on-

vanderpump-rules.
Obama, Michelle. 2018. Becoming. New York: Crown.〔ミシェル・オバマ『マイ・ストーリー』長尾莉紗・柴田さとみ訳、集英社、二〇一九年〕
O'Connor, Clare. 2013. "Duck Dynasty's Brand Bonanza: How A&E (And Walmart) Turned Camo into $400 Million Merchandise Sales." Forbes, November 6. https://www.forbes.com/sites/clareoconnor/2013/11/06/duck-dynastys-brand-bonanza-how-ae-and-walmart-turned-camo-into-400-million-merchandise-sales/#2d08c6201714.
Orbe, Mark P. 1998. "Constructions of Reality on MTV's 'The Real World': An Analysis of the Restrictive Coding of Black Masculinity." Southern Communication Journal 64, no. 1: 32-47. https://doi.org/10.1080/10417949809373116.
Ouellette, Laurie, and James Hay. 2008. Better Living Through Reality TV. Oxford: Blackwell.
Pager, Devah. 2003. "The Mark of a Criminal Record." American Journal of Sociology 108, no. 5: 937-975. https://doi.org/10.1086/374403.
Pager, Devah, and Diana Karafin. 2009. "Bayesian Bigot? Statistical Discrimination, Stereotypes, and Employer Decision Making." The Annals of the American Academy of Political and Social Science 621, no. 1: 70-93. https://doi.org/10.1177/0002716208324628.
Palmer-Mehta, Valerie, and Alina Haliliuc. 2009. "'Flavor of Love' and the Rise of Neo-Minstrelsy on Reality Television." In Pimps, Wimps, Studs, Thugs and Gentlemen: Essays on Media Images of Masculinity, edited by Elwood Watson, 85-105. Jefferson, NC: McFarland.
Papacharissi, Zizi, and Andrew L. Mendelson. 2007. "An Exploratory Study of Reality Appeal: Uses and Gratifications of Reality TV Shows." Journal of Broadcasting & Electronic Media 51, no. 2: 355-370. https://doi.org/10.1080/08838150701307152.
Pariona, Amber. 2018. "Incarceration Rates by Race, Ethnicity, and Gender in the U.S." WorldAtlas, February 28. https://www.worldatlas.com/articles/incarceration-rates-by-race-ethnicity-and-gender-in-the-u-s.html.
Park, Sung-Yeon, Mark A. Flynn, Alexandru Stana, David T. Morin, and Gi Woong Yun. 2015. "'Where Do I Belong, from Laguna Beach to Jersey Shore?': Portrayal of Minority Youth in MTV Docusoaps." Howard Journal of Communications 26, no. 4: 381-402. https://doi.org/10.1080/10646175.2015.1080636.
Parker, Stefanie. 2020. "How Many Bachelor Couples Are Married? Spoiler Alert: More Than You Think!" Parade, December 22. https://parade.com/124942/parade/bachelor-couples-still-together/.
Parreñas, Rhacel Salazar. 2001. Servants of Globalization: Women, Migration, and Domestic Work. Stanford, CA: Stanford University Press.
PBS n.d. "Lance Loud: A Death in an American Family." Accessed January 31, 2021. https://www.pbs.org/lanceloud/american/
Pearce, Susan, Elizabeth Clifford, and Reena Tandon. 2011. Immigration and Women: Understanding the American Experience. New York: NYU Press.
Peterson, Richard A., and Roger M. Kern. 1996. "Changing High-

brow Taste: From Snob to
Omnivore." American Sociological Review. 61, no. 5: 900-7. https://doi.org/10.2307/2096460.

Peterson, Richard A., and Albert Simkus. 1992. "How Musical Tastes Mark Occupational Status
Groups." In Cultivating Differences: Symbolic Boundaries and the Making of Inequality, edited
by Michèle Lamont and Marcel Fournier, 152-86. Chicago, IL: Chicago University Press.

Pew Research Center. 2015. "Modern Immigration Wave Brings 59 Million to U.S., Driving Population Growth and Change Through 2065," September 28. https://www.pewhispanic.org/2015/09/28/modern-immigration-wave-brings-59-million-to-u-s-driving-population-growth-and-change-through-2065/.

Pew Research Center. 2017. "Fact Sheet: Changing Attitudes on Gay Marriage," June 26. https://www.pewforum.org/fact-sheet/changing-attitudes-on-gay-marriage/.

Pew Research Forum. 2015. "America's Changing Religious Landscape," May 12. http://www.pewforum.org/2015/05/12/americas-changing-religious-landscape/.

Phares, Vicky, Ari R. Steinberg, and J. Kevin Thompson. 2004. "Gender Differences in Peer and Parental Influences: Body Image Disturbance, Self-worth, and Psychological Functioning in Preadolescent Children." Journal of Youth and Adolescence 33, no. 5: 421-429. https://doi.org/10.1023/B:JOYO.0000037634.18749.20.

Pickens, Therí A. 2014. "Shoving Aside the Politics of Respectability: Black Women, Reality TV, and the Ratchet Performance." Women & Performance: A Journal of Feminist Theory 25, no. 1: 41-58. https://doi.org/10.1080/0740770X.2014.923172.

Plaugic, Lizzie. 2017. "Fyre Fest Reportedly Paid Kendall Jenner $250K for a Single Instagram Post." The Verge, May 4. https://www.theverge.com/2017/5/4/15547734/fyre-fest-kendall-jenner-instagram-sponsored-paid.

Poniewozik, James. 2012. "The Morning After: Honey Boo Boo Don't Care." Time, August 9. http://entertainment.time.com/2012/08/09/the-morning-after-honey-boo-boo-dont-care/.

Popenoe, David. 1993. "American Family Decline, 1960-1990: A Review and Appraisal." Journal of Marriage and the Family 55, no. 3: 527-542. https://doi.org/10.2307/353333.

Porter, Rick. 2019. "TV Ratings: 'AGT Champions' Premiere Tops Steady 'Bachelor.'" The Hollywood Reporter, January 8. https://www.hollywoodreporter.com/live-feed/bachelor-agt-champions-tv-ratings-monday-jan-7-2019-1174479.

Postman, Neil. [1985] 2005. Amusing Ourselves to Death: Public Discourse in the Age of Show Business. New York: Penguin. 〔ニール・ポストマン『愉しみながら死んでいく：思考停止をもたらすテレビの恐怖』今井幹晴訳、三一書房、二〇一五年〕

Pozner, Jennifer L. 2010. Reality Bites Back: The Troubling Truth about Guilty Pleasure TV. Berkeley, CA: Seal Press.

Praderio, Caroline. 2018. "A Woman Paused During a 106-Mile Ultra-Marathon to Breastfeed Her 3-Month-Old Son." Insider, September 12. https://www.thisisinsider.com/woman-breastfeeds-son-ultra-marathon-sophie-power-2018-9.

Press, Joy. 2020. "Reality TV's New Reality in the COVID Era."

Vanity Fair, September 25. https://www.vanityfair.com/hollywood/2020/09/reality-tvs-new-reality-in-the-covid-era.

Project Runway. 2019a, season 17, episode 1, "First Impressions," Bravo.

Project Runway. 2019b, season 17, episode 6, "Power Play," Bravo.

Pullen, Christopher. 2006. "Gay Performativity and Reality Television: Alliances, Competition, and Discourse." In The New Queer Aesthetic on Television, edited by James R. Keller and Leslie Stratyner, 160-176. Jefferson, NC: McFarland & Company.

Punyanunt-Carter, Narissra Maria. 2010. "Parasocial Relationships in Dating and Makeover Reality Television." In Fix Me Up: Essays on Television Dating and Makeover Shows, edited by Judith Lancioni, 68-78. Jefferson, N.C.: McFarland & Company.

Quinn, Dave. 2017. "Bachelor Alum Leah Block Apologizes After Rachel Lindsay Calls Out Her Racially Insensitive Tweet." People, June 23. https://people.com/tv/leah-block-the-bachelorette-rachel-lindsay-racist-tweet/.

The Real Housewives of Atlanta. 2009. season 2, episode 1, "New Attitude, Same ATL," Bravo.

The Real Housewives of Beverly Hills. 2011. season 2, episode 5, "$25,000 Sunglasses?!" Bravo.

The Real Housewives of Beverly Hills. 2012. season 2, episode 23, "Reunion: Part 3," Bravo.

The Real Housewives of New York City. 2008. season 1, episode 1, "Meet the Wives," Bravo.

The Real Housewives of New York City. 2015a. season 7, episode 13, "Sonja Island," Bravo.

The Real Housewives of New York City. 2015b. season 7, episode 15, "Don't Be All, Like, Uncool," Bravo.

The Real Housewives of New York City. 2015c. season 7, episode 20, "Reunion--Part 1," Bravo.

The Real Housewives of New York City. 2018. season 10, episode 19, "Life Is a Cabaret," Bravo.

The Real Housewives of Orange County. 2011. season 6, episode 12, "Fashion Victim," Bravo.

The Real World. 1992a. season 1, episode 1, "This Is the True Story. . ." MTV.

The Real World. 1992b. season 1, episode 9, "Julie in a Homeless Shelter?" MTV.

The Real World. 1993. season 2, episode 6, "Is David Going Home?" MTV.

The Real World. 2009a. season 23, episode 1, "Looks Can Be D.C.-ving," MTV.

The Real World. 2009b. season 23, episode 2, "Bipartisan Lovin'," MTV.

Riddle, Karyn, and J. J. De Simone. 2013. "A Snooki Effect? An Exploration of the Surveillance Subgenre of Reality TV and Viewers' Beliefs about the 'Real' Real World." Psychology of Popular Media Culture 2, no. 4: 237-250. doi: 10.1037/ppm0000005.

Richter, Nicole. 2011. "Ambiguous Bisexuality: The Case of A Shot at Love with Tila Tequila." Journal of Bisexuality 11, no. 1: 121-141. https://doi.org/10.1080/15299716.2011.545316.

Riese. 2019. "Cast Full of Lesbians: 15 TV Shows That Put Queer Women First." Autostraddle, February 22. https://www.autostraddle.com/cast-full-of-lesbian-15-tv-shows-about-lesbian-bisexual-women-l-word-torch-449586/.

Risman, Barbara J. 2004. "Gender as a Social Structure: Theory Wrestling with Activism." Gender & Society 18, no. 4: 429-450. https://doi.org/10.1177/0891243204265349.

Rivers, Caryl, Rosalind C. Barnett, and Grace K. Baruch. 1979. Beyond Sugar and Spice: How Women Grow, Learn, and Thrive. New York: Ballantine Books.

Robehmed, Natalie. 2018. "How 20-Year-Old Kylie Jenner Built a $900 Million Fortune in Less Than 3 Years." Forbes, July 11. https://www.forbes.com/sites/forbesdigitalcovers/2018/07/11/how-20-year-old-kylie-jenner-built-a-900-million-fortune-in-less-than-3-years/#19b21dd7aa62.

Roca, Teresa. 2017. "'90 Day Fiancé' Star Danielle Accuses Ex Mohamed of Fraud & Stealing Money." Radar Online, October 2. https://radaronline.com/exclusives/2017/10/90-day-fiance-star-danielle-accuses-ex-mohamed-fraud-stealing-money/.

Rose, Randall L., and Stacy L. Wood. 2005. "Paradox and the Consumption of Authenticity through Reality Television." Journal of Consumer Research 32, no. 2: 284-296. https://doi.org/10.1086/432238.

Roth, April L. 2003. "Contrived Television Reality: Survivor as a Pseudo-Event." In

Survivor Lessons: Essays on Communication and Reality Television, edited by Matthew J. Smithand Andrew F. Wood, 27-36. Jefferson, NC: McFarland & Company.

Rouse, Wade. 2015. "Real Housewives of New York Recap: Who Brought the Naked Man Home in the Turks & Caicos?" People, July 14. https://people.com/tv/real-housewives-of-new-york-recap-luann-de-lesseps-says-dont-be-all-uncool/.

Rubin, Gayle. 1975. "The Traffic in Women: Notes on the 'Political Economy' of Sex." In Toward an Anthropology of Women, edited by Rayna R. Reiter, 157-210. New York: Monthly Review Press.

Rubin, Gayle. 1999. "Thinking Sex: Notes for a Radical Theory of the Politics of Sexuality." In Culture, Society and Sexuality: A Reader, edited by Richard Parker and Peter Aggleton, 143-178. London: UCL Press.

RuPaul's Drag Race. 2011. season 3, episode 2, "Jocks in Frocks," Logo TV.

Ryan, Camille L., and Kurt Bauman. 2016. "Educational Attainment in the United States: 2015." Census.gov. March. Accessed February 1, 2021. https://www.census.gov/content/dam/Census/library/publications/2016/demo/p20-578.pdf.

Sakala, Leah. 2014. "Breaking Down Mass Incarceration in the 2010 Census: State-by-State Incarceration Rates by Race/Ethnicity." Prison Policy Initiative, May 28. https://www.prisonpolicy.org/reports/rates.html.

Sanders, Alan R., Eden R. Martin, Gary W. Beecham, S. Guo, K. Dawood, G. Rieger, J. A. Badner et al. 2015. "Genome-Wide Scan Demonstrates Significant Linkage for Male Sexual Orientation." Psychological Medicine 45, no. 7: 1379-1388. doi: 10.1017/S0033291714002451.

Sawyer, Wendy, and Peter Wagner. 2019. "Mass Incarceration:

The Whole Pie." Prison Policy Initiative, March 19. https://www.prisonpolicy.org/reports/pie2019.html.

Schalet, Amy. 2006. "Raging Hormones, Regulated Love: Adolescent Sexuality in the United States and the Netherlands." In Family in Transition, edited by Arlene Skolnick and Jerome Skolnick, 129-134. Boston: Allyn Bacon.

Schneider, Mac. 2019. "The Truth behind the TV Show Cops." Vox, May 3. https://www.vox.com/2019/5/3/18527391/truth-behind-tv-show-cops.

Schneider, Michael. 2018. "These Are the 100 Most-Watched TV Shows of the 2017-18 Season: Winners and Losers." IndieWire, May 25. https://www.indiewire.com/2018/05/most-watched-tv-shows-2017-2018-season-roseanne-this-is-us-walking-dead-1201968306/.

The Sentencing Project. 2019. "Criminal Justice Facts." Accessed February 1, 2021. https://www.sentencingproject.org/criminal-justice-facts/

17 Kids and Counting. 2008. season 1, episode 8, "Trading Places, Duggar Style," TLC.

Sexuality Information and Education Council of the United States. 2018. A History of Federal Funding for Abstinence-Only-Until-Marriage Programs. August. https://siecus.org/wp-content/uploads/2018/08/A-History-of-AOUM-Funding-Final-Draft.pdf.

A Shot at Love with Tila Tequila. 2007a. season 1, episode 1, "Surprise! I Like Boys and Girls," MTV.

A Shot at Love with Tila Tequila. 2007b. season 1, episode 2, "Can't We All Just Get Along," MTV.

Signorielli, Nancy, and Michael Morgan. 1996. "Cultivation Analysis: Research and Practice." In An Integrated Approach to Communication Theory and Research, edited by Don W. Stacks and Michael B. Salwen, 111-126. New York: Routledge.

Simien, Justin. 2014. Dear White People. New York: Simon and Schuster.

Simmel, Georg. 1964. The Sociology of Georg Simmel. Translated and edited by Kurt H. Wolff. New York: Free Press.

Simmel, Georg. [1903] 1971. "The Metropolis and Mental Life." In On Individuality and Social Forms, edited by Donald N. Levine, 324-339. Chicago, IL: University of Chicago Press.

Simon, Mallory, Sara Sidner, and Ralph Ellis. 2019. "Other Racist Photos Found in Northam's Medical School Yearbook." CNN, February 3. https://www.cnn.com/2019/02/03/politics/northams-medical-school-yearbook/index.html.

Sister Wives. 2010. season 1, episode 1, "Meet Kody and the Wives," TLC.

Sister Wives. 2016. season 10, episode 1, "Catfishing Fallout," TLC.

16 and Pregnant. 2010. Season 2, "Life After Labor Finale Special," MTV.

Skeggs, Beverley. 2009. "The Moral Economy of Person Production: The Class Relations of Self-Performance on 'Reality' Television." The Sociological Review, 57, no. 4: 626–644. https://doi.org/10.1111/j.1467-954X.2009.01865.x.

Skeggs, Bev, Nancy Thumim, and Helen Wood. 2008. "'Oh Goodness, I Am Watching Reality TV': How Methods Make Class in Audience Research." European Journal of Cultural Studies 11, no. 1: 5-24. https://doi.org/10.1177/1367549407084961.

Smith-Shomade, Beretta E. 2002. Shaded Lives: African-American Women and Television. New Brunswick: Rutgers University Press.

Snapped. 2011. season 6, episode 9, "Cynthia George," Oxygen.

Snooki & Jwoww: Moms with Attitude. 2019. season 1, episode 13, "Snooki & JWoww's DNA Test Results Will Shock You," MTV YouTube.

Spector, Nicole. 2015. "Cosmopolitan Cover Calling Kardashians 'America's First Family' Sparks Backlash." Today, October 5. https://www.today.com/popculture/cosmopolitan-cover-calling-kardashians-americas-first-family-sparks-backlash-t48321.

Stanger-Hall, Kathrin F., and David W. Hall. 2011. "Abstinence-Only Education and Teen Pregnancy Rates: Why We Need Comprehensive Sex Education in the US." PloS One 6, no. 10: e24658. https://doi.org/10.1371/journal.pone.0024658.

Statista. 2016. "Which of the Following Genres of Reality TV Shows Do You Typically Watch?" Statista Research Department, September 25. https://www.statista.com/statistics/617828/popularity-reality-tv-genres-usa/.

Statista. 2019. "Popularity of Reality TV Genres in the U.S. 2016, By Gender." Statista Research Department, September 25. https://www.statista.com/statistics/623255/popularity-reality-tv-genres-gender-usa/.

Stefanone, Michael A., and Derek Lackaff. 2009. "Reality Television as a Model for Online Behavior: Blogging, Photo, and Video Sharing." Journal of Computer-Mediated Communication 14, no. 4: 964-987. https://doi.org/10.1111/j.1083-6101.2009.01477.x.

Stefanone, Michael A., Derek Lackaff, and Devan Rosen. 2010. "The Relationship between Traditional Mass Media and 'Social Media': Reality Television as a Model for Social Network Site Behavior." Journal of Broadcasting & Electronic Media 54, no. 3: 508-525. https://doi.org/10.1080/08838151.2010.498851.

Steffensmeier, Darrell and Stephen Demuth. 2000. "Ethnicity and Sentencing Outcomes in US Federal Courts: Who Is Punished More Harshly?" American Sociological Review 65, no. 5: 705-729. https://doi.org/10.2307/2657543.

Stokes, Wendy. 2018. "Top 10 Richest Chefs in the World." The Frisky, November 11.

https://thefrisky.com/top-10-richest-chefs-in-the-world/.

Students for Fair Admissions, Inc. v. President and Fellows of Harvard College. 2018. Civil Action No. 1:14-cv -14176-ADB. U.S. District Court for the District of Massachusetts, Boston Division. June 15. https://int.nyt.com/data/documenthelper/43-sffa-memo-for-summary-judgement/1a7a4880c-b6a662b3b51/optimized/full.pdf#page=1.

Suggitt, Connie. 2018. "10 Record-Breaking Celebrity Achievements from 2018." Guinness World Records, December 21. http://www.guinnessworldrecords.com/news/2018/12/10-record-breaking-celebrity-achievements-from-2018-552082.

Suhr, Hiesun Cecilia. 2012. "Raising Popularity through Social Media: A Case Study of the Tila Tequila Brand." International Journal of the Humanities 9, no. 11: 9-22. https://doi.org/10.18848/1447-9508/CGP/v09i11/43371.

Supernanny. 2005. season 1, episode 4, "The Wischmeyer Family," ABC.

Survivor. 2000a. season 1, episode 3, “Quest for Food” CBS.
Survivor. 2000b. season 1, episode 4, “Too Little, Too Late?” CBS.
Sutherland, Edwin H., and Donald R. Cressey. 1966. Principles of Criminology. Philadelphia, PA: Lippincott. 〔E.H.Sutherland, D.R.Cressey『刑事学原論 第一、第二』平野竜一、所一彦訳、有信堂、一九六二～六四年〕
Teeman, Tim. 2018. “‘Real Housewife’ Luann de Lesseps on Jail, Blackface, and Getting Groped by Russell Simmons.” The Daily Beast, April 6. https://www.thedailybeast.com/real-housewife-luann-de-lesseps-on-jail-blackface-and-getting-groped-by-russell-simmons.
Tejada, Chloe. 2017. “‘Asian Bachelorette’ Is the Reality Show We All Need Right Now.” Huffington Post, August 3. https://www.huffingtonpost.ca/2017/08/03/asian-bachelorette_a_23063431/.
Terry-Humen, Elizabeth, Jennifer Manlove, and Kristin A. Moore. 2005. Playing Catch-up: How Children Born to Teen Mothers Fare. Washington, D.C.: National Campaign to Prevent Teen Pregnancy. January. https://www.childtrends.org/wp-content/uploads/01/PlayingCatchUp.pdf.
Thomas, Mary E. 2005. “‘I Think It’s Just Natural’: The Spatiality of Racial Segregation at a U.S. High School.” Environment and Planning A. 37, no. 7: 1233-1248. https://doi.org/10.1068/a37209.
Thomas, W. I., and Dorothy Swaine Thomas. 1928. The Child in America: Behavior Problems and Programs. New York: Knopf.
Thornton, Arland, and Linda Young - DeMarco. 2001. “Four Decades of Trends in Attitudes
toward Family Issues in the United States: The 1960s through the 1990s.” Journal of Marriage and Family 63, no. 4:1009–37. https://doi.org/10.1111/j.1741-3737.2001.01009.x.
Tilly, Charles. 1999. “The Trouble with Stories.” In The Social Worlds of Higher Education: Handbook for Teaching in a New Century, edited by Ronald Aminzade and Bernice Pescosolido, 256-270. Thousand Oaks: Pine Forge Press.
Toddlers & Tiaras. 2009a. season 1, episode 2, “Miss Georgia Spirit,” TLC.
Toddlers & Tiaras. 2009b. season 2, episode 1, “Universal Royalty,” TLC.
Toddlers & Tiaras. 2011a. season 3, episode 11, “Universal Royalty, Texas,” TLC.
Toddlers & Tiaras. 2011b. season 4, episode 12, “Precious Moments Pageant,” TLC.
Toddlers & Tiaras. 2012. season 4, episode 19, “Precious Moments Pageant 2011,” TLC.
Toffel, Hope. 1996. “Crazy Women, Unharmed Men, and Evil Children: Confronting the Myths About Battered People Who Kill Their Abusers, and the Argument for Extending Battering Syndrome Self-Defenses to All Victims of Domestic Violence.” Southern California Law Review 70, no. 1: 337-380.
Toossi, Mitra and Teresa L Morisi. 2017. “Women in the Workforce Before, During, and after the Great Recession.” U.S. Bureau of Labor Statistics. July. https://www.bls.gov/spotlight/2017/women-in-the-workforce-before-during-and-after-the-great-recession/pdf/women-in-the-workforce-before-

during-and-after-the-great-recession.pdf.

Top Chef. 2007. Season 2, episode 11, "Sense and Sensuality," Bravo.

Turner, Graeme. 2006. "The Mass Production of Celebrity: 'Celetoids,' Reality TV and the 'Demotic Turn'." International Journal of Cultural Studies 9, no. 2: 153-165. https://doi.org/10.1177/1367877906064028.

Umstead, R. Thomas. 2013. "A&E's 'Duck Dynasty' Debut Draws 11.8 Million Viewers." Next TV, August 15. https://www.nexttv.com/news/ae-s-duck-dynasty-debut-draws-118-million-viewers-357791.

Undercover Boss. 2012. season 3, episode 4, "Checkers & Rally's," CBS.

United States Bureau of Labor Statistics. 2008. "Table 1. Time Spent in Primary Activities (1) and the Percent of Married Mothers and Fathers Who Did the Activities on an Average Day by Employment Status and Age of Youngest Own Household Child, Average for the Combined Years 2003–06," May 8. http://www.bls.gov/news.release/atus2.t01.htm.

Valenzuela, Sebastián, Daniel Halpern, and James E. Katz. 2014. "Social Network Sites, Marriage Well-being and Divorce: Survey and State-level Evidence from the United States." Computers in Human Behavior 36: 94-101. https://doi.org/10.1016/j.chb.2014.03.034.

Vandenbosch, Laura, and Steven Eggermont. 2011. "Temptation Island, The Bachelor, Joe Millionaire: A Prospective Cohort Study on the Role of Romantically Themed Reality Television in Adolescents' Sexual Development." Journal of Broadcasting & Electronic Media 55, no. 4: 563-580. https://doi.org/10.1080/08838151.2011.620663.

Vaughn, Allison A., Stacy A. Teeters, Melody S. Sadler, and Sierra B. Cronan. 2017. "Stereotypes, Emotions, and Behaviors toward Lesbians, Gay Men, Bisexual Women, and Bisexual men." Journal of Homosexuality 64, no. 13: 1890-1911. https://doi.org/10.1080/00918369.2016.1273718.

Victory Institute. 2019. Out for America 2019: A Census of Out LGBTQ Elected Officials Nationwide. Accessed February 1, 2021. https://victoryinstitute.org/wp-content/uploads/2019/06/Victory-Institute-Out-for-America-Report-2019.pdf.

Vincent, Clark E. 1951. "Trends in Infant Care Ideas." Child Development 22, no. 3: 199-209. https://doi.org/10.2307/1126306.

Wade, Lisa. 2017. American Hookup: The New Culture of Sex on Campus. New York: Norton.

Wagner, Chandi. 2017. "School Segregation Then & Now: How to Move Toward a More Perfect Union." Center for Public Education, January. https://www.nsba.org/-/media/NSBA/File/cpe-school-segregation-then-and-now-report-january-2017.pdf.

Walsh, Paul. 2018. "Minnesota Rep Drafts Bill to Ban 'The Bachelor's' Arie from the State." Star Tribune, March 8. http://www.startribune.com/minnesota-rep-drafts-bill-to-ban-the-bachelor-from-the-state/476275923/.

Wang, Grace. 2010. "A Shot at Half-Exposure: Asian Americans in Reality TV Shows." Television & New Media, 11, no. 5: 404–427. https://doi.org/10.1177/1527476410363482.

Wang, Wendy, and Kim Parker. 2014. "Record Share of Americas

Have Never Married." Pew
Research Center, September 24.
https://www.pewsocialtrends.org/2014/09/24/record-share-of-americans-have-never-married/
Warner, Kristen J. 2015. "They Gon' Think You Loud Regardless: Ratchetness, Reality Television, and Black Womanhood." Camera Obscura: Feminism, Culture, and Media Studies 30, no. 1: 129-153. https://doi.org/10.1215/02705346-2885475.
Weber, Brenda R. 2009. Makeover TV: Selfhood, Citizenship, and Celebrity. Durham: Duke University Press.
Weber, Lindsey. 2016. "Why the Women Always Outperform the Men on 'Naked and Afraid.'" Elle, May 12. https://www.elle.com/culture/movies-tv/a36301/why-women-do-better-on-naked-and-afraid/
Weber, Max. [1922] 1968. "The Distribution of Power within the Political Community: Class, Status, Party." In Economy and Society: An Outline of Interpretive Sociology, edited by Guenther Roth and Claus Wittich, 926-940. New York: Bedminster Press.
Weber, Max [1904] 2012. The Protestant Ethic and the Spirit of Capitalism. Translated by Stephen Kalberg. New York: Routledge.〔マックス・ウェーバー『プロテスタンティズムの倫理と資本主義の精神 (Nikkei BP classics)』中山元訳、日経BP社、二〇一〇年〕
Wegenstein, Bernadette, and Nora Ruck. 2011. "Physiognomy, Reality Television and the Cosmetic Gaze." Body & Society 17, no. 4: 27-54. https://doi.org/10.1177/1357034X11410455.
West, Candace, and Don H. Zimmerman. 1987. "Doing Gender." Gender & Society 1, no. 2: 125-151. https://doi.org/10.1177/0891243287001002002.
West, Carolyn. M. 2018. "Mammy, Sapphire, Jezebel, and the Bad Girls of Reality Television: Media Representations of Black Women." In Lectures on the Psychology of Women, Fifth Edition, edited by Joan Chrisler and Carla Golden, 139-158. Long Grove, IL: Waveland.
Weston, Kath. 1997. Families We Choose: Lesbians, Gays, Kinship. New York: Columbia
University Press.
Whiting, Beatrice Blyth, and Carolyn Pope Edwards. 1988. Children of Different Worlds. Cambridge, MA: Harvard University Press.
Whiting, Jackie. 2013. "The Worst Parenting Moments from Reality TV Moms." College Humor, May 10. http://www.collegehumor.com/post/6888370/the-worst-parenting-moments-from-reality-tv-moms.
Whiting, Susan, Cloves Campbell, and Cheryl Pearson-McNeil. 2013. Resilient, Receptive and Relevant: The African-American Consumer 2013 Report. The Nielsen Company, September. https://www.iab.com/wp-content/uploads/2015/08/Nielsen-African-American-Consumer-Report-Sept-2013.pdf.
Wilcox, W. Bradford, and Wendy Wang. 2017. The Marriage Divide: How and Why Working Class Families Are More Fragile Today. Washington DC: American Enterprise Institute, September 25. https://ifstudies.org/blog/the-marriage-divide-how-and-why-working-class-families-are-more-fragile-today.
Wilkerson, Isabel. 2020. Caste: The Origins of Our Discontents.

New York: Random House.

Williams, Aaron, and Armand Emamdjomeh. 2018. "Segregation Map: America's Cities 50 Years after the Fair Housing Act." Washington Post, May 10. https://www.washingtonpost.com/graphics/2018/national/segregation-us-cities/.

Wilson, John Paul, Kurt Hugenberg, and Nicholas O. Rule. 2017. "Racial Bias in Judgments of Physical Size and Formidability: From Size to Threat." Journal of Personality and Social Psychology 113, no. 1: 59-80. https://doi.org/10.1037/pspi0000092.

Wilson, William Julius. 1996. When Work Disappears: The World of the New Urban Poor. New York: Vintage Books.

Wirtz, Andrea L., Tonia C. Poteat, Mannat Malik, and Nancy Glass. 2020. "Gender-based Violence against Transgender People in the United States: A Call for Research and Programming." Trauma, Violence, & Abuse 21, no. 2: 227-241. https://doi.org/10.1177/1524838018757749.

Wong, Y. Joel, Jesse Owen, Kimberly K. Tran, Dana L. Collins, and Claire E. Higgins. 2012. "Asian American Male College Students' Perceptions of People's Stereotypes about Asian American Men." Psychology of Men & Masculinity 13, no. 1: 75-88. https://doi.org/10.1037/a0022800.

Yahr, Emily. 2014. "'Here Comes Honey Boo Boo' Canceled After Reports about Mama June's Connection with Convicted Child Molester." The Washington Post, October 24. https://www.washingtonpost.com/news/arts-and-entertainment/wp/2014/10/24/here-comes-honey-boo-boo-canceled-after-reports-about-mama-junes-connection-with-convicted-child-molester/?noredirect=on&utm_term=.c91463afa5e2.

Yapalater, Lauren. 2016. "56 Things Built Under the Kardashian/Jenner Empire." BuzzFeed, June 6. https://www.buzzfeed.com/lyapalater/things-built-under-the-kardashianjenner-empire.

Zulkey, Claire. 2012. "Here Comes Honey Boo Boo – 'It Is What It Is.'" AV Club, September 26. https://tv.avclub.com/here-comes-honey-boo-boo-it-is-what-it-is-1798174331.

Zurbriggen, Eileen, and Elizabeth M. Morgan. 2006. "Who Wants to Marry a Millionaire? Reality Dating Television Programs, Attitudes Toward Sex, and Sexual Behaviors." Sex Roles 54, no. 1/2: 1-17. doi: 10.1007/s11199-005-8865-2.

【著者】
ダニエル・J・リンデマン（Danielle J. Lindemann）
社会学者。リーハイ大学の社会学准教授兼大学院研究部長。著書に Dominatrix: Gender, Eroticism, and Control in the Dungeon (University of Chicago Press, 2012)、Commuter Spouses: New Families in a Changing World（Cornell University Press, 2019）がある。

【訳者】
高里ひろ（たかさと・ひろ）
翻訳家。上智大学卒業。訳書にバーバラ・H. ローゼンワイン『怒りの人類史』（青土社）、トム・ニコルズ『専門知は、もういらないのか』（みすず書房）『世界を変えた 100 人の女の子の物語』(共訳、河出書房新社) などがある。

リアリティ番組の社会学
『リアルワールド』、『サバイバー』から『バチェラー』まで

2022 年 8 月 25 日　第一刷印刷
2022 年 9 月 10 日　第一刷発行

著者　ダニエル・J・リンデマン
訳者　高里ひろ

発行者　清水一人
発行所　青土社

〒 101-0051　東京都千代田区神田神保町 1-29　市瀬ビル
［電話］03-3291-9831（編集）　03-3294-7829（営業）
［振替］00190-7-192955

印刷・製本　ディグ
装丁　大倉 真一郎

ISBN978-4-7917-7484-5　Printed in Japan

索　引

さ行

た行

な行

は行

ま行

や行

ら行

わ行